高等职业教育计算机类系列教材

Python编程基础

曹 文 编著

U0256235

机 械 工 业 出 版 社

本书包含6个模块、10个学习单元，内容主要涵盖了 Python 编程的3种程序结构、6种数据类型，函数和面向对象程序设计的基础知识，以及 Web 应用程序设计相关内容。本书在编写过程中落实立德树人的根本任务，实践"岗课赛证"融通的育人模式，关注学生发展，着眼于行动学习，聚焦过程设计，注重学用相长、知行合一。

本书可作为各类职业院校计算机类及相关专业的教材，也可供 Python 爱好者参考。

本书配有电子课件、微课视频、源代码等教学资源，选用本书作为教材的教师均可登录机械工业出版社教育服务网(www.cmpedu.com)免费注册下载，或联系编辑(010-88379197)咨询。

图书在版编目（CIP）数据

Python编程基础/曹文编著. —北京：机械工业出版社，2024.2
高等职业教育计算机类系列教材
ISBN 978-7-111-75199-1

Ⅰ．①P… Ⅱ．①曹… Ⅲ．①软件工具—程序设计—高等职业教育—教材 Ⅳ．①TP311.561

中国国家版本馆CIP数据核字（2024）第043500号

机械工业出版社（北京市百万庄大街22号 邮政编码100037）
策划编辑：徐梦然 责任编辑：徐梦然 侯 颖
责任校对：马荣华 张 薇 封面设计：马精明
责任印制：刘 媛

涿州市般润文化传播有限公司印刷

2024 年 4 月第 1 版第 1 次印刷
184mm×260mm・20 印张・348 千字
标准书号：ISBN 978-7-111-75199-1
定价：59.00 元

电话服务 网络服务
客服电话：010-88361066 机 工 官 网：www.cmpbook.com
          010-88379833 机 工 官 博：weibo.com/cmp1952
          010-68326294 金 书 网：www.golden-book.com
封底无防伪标均为盗版 机工教育服务网：www.cmpedu.com

前言

编写代码的能力是计算机类专业学生高质量就业的关键。"Python编程基础"作为专业基础课程，其教材需要既能满足编程入门学习的要求，又适合职业院校学生的学习特点。

一、本书特点

（1）落实立德树人的根本任务

本书以党的二十大精神为引领，全面贯彻落实党的教育方针，通过"一传承三加强"四条主线，融价值塑造、能力锻造、知识传授三位于一体，培养德智体美劳全面发展的社会主义建设者和接班人。"一传承三加强"四条主线具体如下：

传承中华优秀传统文化，增强文化自信（学习单元1）；

加强职业素养教育，增强工匠精神（学习单元2、8、10）；

加强爱国主义教育，增进政治认同（学习单元3、5、6）；

加强网络安全教育，践行总体国家安全观（学习单元4、7、9）。

（2）实践"岗课赛证"融通的育人模式

本书对标计算机程序设计员国家职业技能标准，并有效衔接学生技能竞赛和考证需求，遵循教育和学习规律，对课程内容进行解构/结构化和有机序化，系统构建课程内容。

1）基于初级程序员岗位的目标定位，强化掌握Python的3种程序结构（学习单元1、3、4）、6种数据类型（学习单元2、5、6），以及基于二者之上的函数（学习单元7、8）和面向对象程序设计（学习单元9）。

2）基于全国计算机等级考试二级Python语言程序设计的需要，突出了网络爬虫、数据分析、数据可视化、程序设计（学习单元5、6、7、9），以及应用程序打包（学习单元8）等Python第三方库的学习，突出了Python应用生态理念。

3）基于学生技能竞赛的需要，增加了Web应用程序设计的相关内容（学习单元10）。

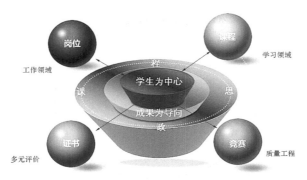

（3）关注学生发展，着眼于行动学习

本书摒弃手册式教材大而全的特点，以学生的学习为中心、以任务为驱动、以产出为导向，将常用的知识点讲精、讲透，所学即所用。让学生能快速掌握Python编程技能，关注学生的学习收获，增强学习的成就感，产生正向学习激励。

（4）聚焦过程设计，注重学用相长、知行合一

本书注重职业院校学生的学习特点，基于工作过程，以解决问题为目标设计每个模块的核心知识和技能。首先，从用户的角度阐述任务需求；然后，以代码为核心，介绍任务的实现和迭代，同步讲解必要的知识点；最后，对模块内容进行总结，帮助学生进行归纳提炼，促进抽象思维的训练。

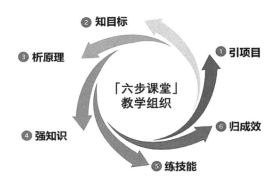

二、教学建议

本书包含6个模块、10个学习单元，内容主要涵盖了Python编程的3种程序结构、6种数据类型，函数和面向对象程序设计的基础知识，以及Web应用程序设计的相关内容，建议开设60个学时。

本书可作为各类职业院校计算机类及相关专业的教材，也可供Python爱好者参考。本书配有电子课件、微课视频、源代码等教学资源。

本书中的项目代码仓库托管在Azure DevOps云，有需要的读者可以直接下载或复制。

http访问地址为https://caowen@dev.azure.com/caowen/pyBook_Case/_git/pyBook_Case。

Git地址为git@ssh.dev.azure.com:v3/caowen/pyBook_Case/pyBook_Case。

本书在编写过程中得到课程建设团队成员邓慈云、唐紫珺、胡柳的支持，在此表示感谢。

限于编者的经验和水平，书中难免有错漏之处，恳请各位读者批评指正。

编著者

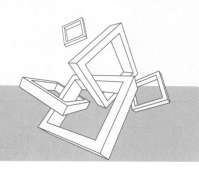

二维码索引

名称	图形	页码	名称	图形	页码
导学　认识计算机和程序		1	学习单元2　任务3　打印信息图卡的时间戳		47
导学　认识Python		6	学习单元2　单元小结		49
学习单元1　任务概述		16	学习单元3　任务概述		52
学习单元1　任务1　使用顺序语句画太极图		19	学习单元3　任务1　使用for循环画矩形及竖辅助线		56
学习单元1　任务2　使用变量控制填涂颜色和画笔粗细		21	学习单元3　任务1　使用while循环画矩形横辅助线		61
学习单元1　单元小结		24	学习单元3　任务2　使用循环语句画五角星		65
学习单元2　任务概述		25	学习单元3　任务3　学习嵌套循环语句		69
学习单元2　任务1　使用数字表示计算机性能指标		28	学习单元3　单元小结		70
学习单元2　任务2　使用字符串格式化图卡信息		36	学习单元4　任务概述		71

（续）

名称	图形	页码	名称	图形	页码
学习单元4　任务1　使用分支程序结构打印ASCII表		76	学习单元5　单元小结		115
学习单元4　任务3　使用嵌套分支结构加/解密信息		84	学习单元6　任务概述		116
学习单元4　单元小结		88	学习单元6　单元小结		154
学习单元5　任务概述		90	学习单元7　任务概述		158
学习单元5　任务1　读取文件数据		94	学习单元7　任务1　使用函数复用代码		161
学习单元5　任务2　提取分词后的关键词列表		96	学习单元7　任务2　使用位置参数获取照片经纬度		166
学习单元5　任务3　统计分词关键词出现的频次		103	学习单元7　任务3　使用关键字参数查询地址信息		171
学习单元5　任务4　排序关键词并绘制词云图		104	学习单元7　任务4　使用默认值参数查询地址信息		173
学习单元5　任务5　学习复制和清空列表		107	学习单元7　任务5　使用不定长参数查询地址信息		177
学习单元5　任务6　使用元组改写关键词统计		110	学习单元7　单元小结		178

（续）

名称	图形	页码	名称	图形	页码
学习单元8　任务概述1		180	学习单元9　单元小结		263
学习单元8　任务概述2		183	学习单元10　任务概述		266
学习单元8　单元小结		221	学习单元10　单元小结		299
学习单元9　任务概述		224	附录A　搭建Python开发环境		300

目录

前言

二维码索引

导学　　//1

模块1　程序和数据

学习单元1　使用海龟绘图画太极图　//16

任务1　使用顺序语句画太极图　//19

任务2　使用变量控制填涂颜色和画笔粗细　//21

单元小结　//24

学习单元2　打印计算机信息图卡　//25

任务1　使用数字表示计算机性能指标　//28

任务2　使用字符串格式化图卡信息　//36

任务3　打印信息图卡的时间戳　//47

单元小结　//49

模块2　程序的控制结构

学习单元3　使用海龟绘图画五角星　//52

任务1　使用循环和迭代画背景图形　//55

任务2　使用循环语句画五角星　//65

任务3　学习嵌套循环　//69

单元小结　//70

学习单元4　恺撒密码加/解密信息　//71

任务1　使用分支程序结构打印 ASCII 表　//76

任务2　使用多分支结构对齐表格　//81

任务3　使用嵌套分支结构加/解密信息　//84

任务4　使用布尔表达式减少分支嵌套　//87

单元小结　//88

模块3　数据结构

学习单元5　绘制词云图　//90

任务1　读取文件数据　//94

任务2　提取分词后的关键词列表　//96

任务3　统计分词关键词出现的频次　//103

任务4　排序关键词并绘制词云图　//104

任务5　学习复制和清空列表　//107

任务6　使用元组改写关键词统计　//110

单元小结　//115

学习单元 6　绘制人口普查数据图表　//116

　　任务 1　使用字典存储人口数据　//119

　　任务 2　遍历并排序全国人口数据字典值　//125

　　任务 3　创建全国人口数柱状图　//131

　　任务 4　创建地区人口分布地图　//134

　　任务 5　学习集合数据类型　//151

单元小结　//154

模块 4　函数与代码复用

学习单元 7　获取照片拍摄地址信息　//158

　　任务 1　使用函数复用代码　//161

　　任务 2　使用位置参数获取照片经纬度　//166

　　任务 3　使用关键字参数查询地址信息　//171

　　任务 4　使用默认值参数查询地址信息　//173

　　任务 5　使用不定长参数查询地址信息　//177

单元小结　//178

学习单元 8　批量创建文件夹 GUI 工具　//180

　　任务 1　规划并组织项目文件结构　//184

　　任务 2　使用高阶函数拼接父、子目录路径　//194

　　任务 3　使用生成器和迭代器进行流水号计数　//201

　　任务 4　使用闭包及装饰器实现进度条　//208

　　任务 5　打包应用程序　//219

单元小结　//221

模块 5　面向对象程序设计

学习单元 9　采集网络图书数据　//224

　　任务 1　初步认识类和对象　//228

　　任务 2　编写爬虫基类　//243

　　任务 3　检索并爬取当当网图书信息　//249

　　任务 4　检索并爬取豆瓣网图书信息　//255

单元小结　//263

模块 6　Web 应用程序设计

学习单元 10　用 Flask 开发系统监控看板应用　//266

　　任务 1　开发三层架构的监控看板 Web 应用　//269

　　任务 2　开发前后端分离的监控看板 Web 应用　//291

单元小结　//299

附录 A　搭建 Python 开发环境　//300

附录 B　Python 快速参考　//307

参考文献　//309

1. 认识计算机

1946年，第一台计算机ENIAC（Electronic Numerical Integrator and Computer）诞生，它是第一台用于通用目的的电子计算机，主要用于军事的弹道和抛物线计算。现代社会，计算机已经深深地融入人们生活的方方面面，无论是交通出行、网络购物、上网冲浪，还是手机、电视等消费娱乐电子产品都离不开计算机的身影。在20世纪40年代，一台计算机就占满了整整一间房间，而如今，计算机的体积越来越小、性能越来越高。摩尔定律认为计算机的处理器运算速率或总体处理能力每两年将翻一番。计算机已从神秘的庞然大物变成多数人都不可或缺的工具。

扫一扫，查看视频

美籍匈牙利数学家冯·诺依曼（John von Neumann）提出了存储程序原理（1945），并确定了存储程序计算机（von Neumannor Stored Program Architecture）的五大组成部分和基本工作方法，如图0-1所示。计算机把程序本身当作数据来对待，程序指令（instruction）和该指令处理的数据（data）用同样的方式存储，工作时按一定顺序从存储器中取出指令加以执行并自动连续工作。虽然计算机技术发展得很快，但存储程序原理至今仍然是计算机内在的基本工作原理，也仍然是人们理解计算机系统功能与特征的基础。几乎所有的数字计算机都基于这个基础架构，其特性对当今流行的编程语言产生了很大的影响，奠定了现代计算机的基本结构，并开创了程序设计的时代。

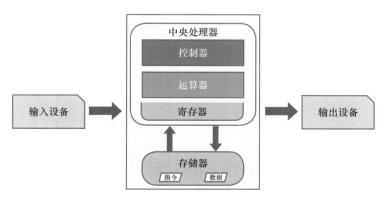

图0-1　冯·诺依曼存储程序计算机

计算机的五大组成部分。

1）运算器：进行计算，包括算术运算和逻辑运算。

2）控制器：指挥、协调计算机各部件工作。它和运算器、寄存器及内部总线等共同组成了中央处理器，也就是常说的CPU。

3）存储器：这里主要是指主存，也就是平常所说的内存，它用于存储指令和数据。CPU读/写数据只能直接和内存打交道，不能直接读/写磁盘等辅助存储器里的数据。

4）输入设备：将数据发送到计算机，允许与计算机进行交互并控制数据。最常用或最主要的输入设备是键盘和鼠标。

5）输出设备：接收/显示数据的外围设备，通常用于显示、投影或物理复制。显示器和打印机是计算机中最常使用的两种输出设备。

2. 认识计算机程序

程序（program）是一组计算机能识别和执行的指令（instruction）集合，它详细地规定了计算机要执行的步骤，设计和实现这些步骤就是编程。了解计算机和编程已经成为许多行业的必备技能，就连青少年STEAM教育中都把学习编程作为重要内容之一。

软件（software）是计算机用于执行特定作业（job）的程序，通常用于提供特定的功能或服务。现代的软件都非常复杂，很难见到仅由简单的指令组成的程序了。不仅如此，程序大多还需要处理复杂的、大量的数据，从某种意义上来说，软件=程序+数据结构⊖。如果说硬件是计算机的"骨骼"，那么软件就是计算机的"灵魂"，没有软件，大多数计算机将毫无用处。

（1）计算机编程语言的发展历程

计算机编程语言允许人们以计算机理解的方式向计算机发出指令。随着科技的进步，可使用的编程语言也越来越多。从发展历程来看，大致经历了如下几个阶段。

第一代：机器语言。计算机能直接识别的只有0和1，机器语言把指令和操作数直接用0和1组成的序列来表示。这样的程序虽然执行效率高，但移植性和阅读性都很差，普及难度大。比如，对于英特尔（Intel）CPU，执行指令"10110000"表示将值读入CPU。

第二代：汇编语言。汇编语言就是将机器语言符号化，将一串很枯燥的机器指令转化成一个可读性更强的字母（英文单词）或符号，用十进制或者十六进制来表示数据。但汇编语言同样也是直接对硬件进行编程。比如，用助记符"ADD"表示相加，用"MOV"表示将值移动到内存中指定的位置。

每个品牌的CPU都有自己的机器语言指令集，相应地，每个品牌的CPU也有自己的汇编语言指令集。不同品牌的CPU指令集一般都是不通用的，这就意味着，需要为不同的系统单独编写软件。

第三代：高级程序设计语言。高级程序设计语言接近于数学语言或人类自然语言，同时又不依赖于具体的计算机硬件，也就是说，用户不用关心计算机内部指令的执行和数据的传递。自20世纪50年代以来，高级程序设计语言发展大致经历了结构化/面向过程的语言和面向对象的语言两个阶段。面向过程的语言的典型代表就是C语言，一直到现在它还占有非常重要的地位。比较流行的面向对象的语言有Java、C#、C++等。Python对面向过程方式和面向对象方式

⊖ 数据结构是指相互之间存在一种或多种特定关系的数据元素的集合，是计算机存储、组织数据的方式。通常情况下，精心选择的数据结构可以带来更高的运行或者存储效率。

的编程都支持，没有做限制要求。

既然计算机只能识别0和1，那么对于用高级程序设计语言编写的程序，计算机是怎样识别并执行的呢？这就需要在编写的代码和计算机之间引入一个"翻译"，它负责将"人类可读"的代码转化成"机器可读"的指令。这个"翻译"有两种工作模式：一种模式是把程序代码一次性翻译完成，再送给计算机执行，该"翻译"器称为编译器（compiler）；另一种模式是"同声传译"，即取一条指令、翻译一条指令就立即送给计算机执行，然后再去取下一条指令，继续翻译、执行，周而复始，直到执行完整个程序，该"翻译"器称为解释器（interpreter）。

● 编译：编译器将源代码/高级语言程序，一次性转换成目标代码，批处理。
● 解释：解释器将源代码逐条转换成目标代码，同时逐条运行目标代码。

编译模式和解释模式各有优劣。一般来说，编译模式减少了执行过程中"翻译"的中断，执行速度会快一些。但因为编译是针对特定平台的，程序的移植性就大大减弱。而解释模式就刚好相反，虽然损失了速度，但它天生就具有可移植性，因为程序的执行主要依赖的是运行于操作系统之上的虚拟机。

Python是一种解释型语言，通过开发工具编写好代码后，保存为.py扩展名的源代码文件/文本文件，然后交由Python解释器进行处理执行。为了提高解释模式的执行速度，Python解释器会做一些优化处理，对于重复调用的代码/模块先编译成字节码（.pyc），下次再遇到相同代码时，只要当前运行的程序源码没有改动，就不会进行编译，直接使用字节码，而不用重复"翻译"了。Python解释器可能还需要根据程序调用的模块（包括第三方的），去引用相关库进行解析处理，当解释器完成源代码到虚拟机指令的转换后，程序就可以在计算机中反复多次运行了。Python程序从编写到运行的过程如图0-2所示。

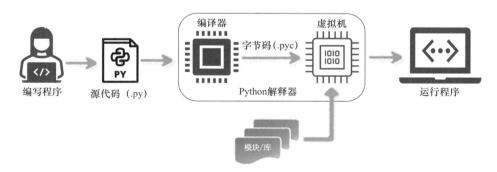

图0-2　Python程序从编写到运行的过程

（2）计算机程序的表示

众所周知，编程是需要设计的，那如何将现实生活中的求解问题用简单的"语言"进行描述，以便于工程师之间进行探讨和交流呢？用图形的方式无疑是最快捷的。下面来介绍两种图形描述方法：IPO图和流程图。

1）IPO图（input-process-output diagram）。IPO图显示程序的输入、处理步骤和输出，用于描述流程的结构，广泛应用于系统分析和软件工程。IPO是"输入—处理—输出"

的简称，能够方便地描绘输入数据、处理数据和输出数据的关系。输入通常来自键盘，也可以来自文件；处理步骤就是算法的步骤；输出是显示在屏幕上或纸张上的结果，当然，输出也可以写入文件。IPO图如图0-3所示。

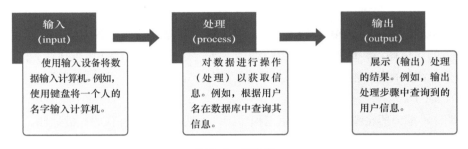

图0-3　IPO图

- 输入：求解问题需要提供的数据，通过输入设备/文件等送入计算机中。
- 处理：产生输出所需的操作步骤，即算法。
- 输出：将问题求解的最终结果展现出来或存入文件等。

图0-4所示是泡茶的IPO。输入就是茶叶和水，输出就是一杯茶，处理分为3个步骤：首先，烧开水；然后，把茶叶放入茶壶中；最后，把开水倒入茶壶。

2）流程图（flowchart）。流程图以独立的图形来表达决策和结果。它由赫尔曼·戈德斯汀（Herman Goldstine）和约翰·冯·诺伊曼（John von Neumann）在20世纪40年代开发，用于开发计算机程序。流程图展现了一个一步一步（step-by-step）的向导式的解决问题思路，把一个复杂的问题逐步分解成小问题求解，是一种结构化编程的思想。流程图用规定的符号描述，不同的图形表示不同的意义，包括数据的输入/输出、逻辑判断、处理顺序等。

图0-5所示是一个登录系统进行账号和密码验证的简单流程图示例。

图0-4　泡茶的IPO　　　　　　　　图0-5　流程图示例

流程图的主要符号及其含义见表0-1。

表0-1　程序流程图的主要符号及其含义

符　号	图　例	含　义
椭圆	结束	表示流程的开始和结束
平行四边形	输入账号和密码	表示数据的输入和输出
菱形	账号密码 是否正确?	表示条件判断，决定执行的选择
矩形	登录系统	表示处理
箭头	↓	表示工作流方向

📶　画图工具推荐。Windows平台下推荐微软的Visio软件，其内置了丰富的模板、图形库，能自动识别图形连接的关联点，有助于用户快速将创意变成概念图形。在软件设计中，Visio除了能用于便捷地绘制流程图外，还支持绘制UML图、E-R图，以及界面设计等。

此外，开源的绘制流程图的工具draw.io表现也非常优秀。它拥有大量的免费素材和模板，甚至不需要安装软件，可直接在线创建流程图。另外，它也提供了各种操作系统下的客户端，还可以在Visual Studio Code中安装扩展/插件"Draw.io Integration"来使用draw.io。

（3）计算思维与编程

计算思维（computational thinking，CT）对信息时代的创新发展至关重要，简单地说，计算思维的核心就是基于计算机考虑问题求解。计算思维这一概念并不是突然产生的，从古代的算盘到近代的图灵机，都蕴含这个思想。人们所使用的工具影响着人们的思维方式和思维习惯，从而也将深刻地影响着人们的思维模式。学习一门编程语言不仅是停留在掌握这门语言的语法、语义和编写一些简单的代码这一层面，更重要的是一种对思维方式的训练、一种利用工具和技术解决问题能力的锻炼。教育部高等学校计算机科学与技术教学指导委员会编制的《高等学校计算机科学与技术专业人才专业能力构成与培养》中也将计算思维列入计算机专业人才的四个专业基本能力培养要求之一（四个专业能力分别为：计算思维能力、算法设计与分析能力、程序设计与实现能力、系统能力）。从狭义角度，计算机思维可以理解为如何按照计算机求解问题的基本方式去考虑问题的求解，以便构建出相应的算法和基本程序等。可以认为，计算思维能力主要包括：问题的符号表示、问题求解过程的符号表示、逻辑思维、抽象思维、形式化证明、建立模型、实现类计算、实现模型计算、利用计算机技术等。

具体来说，计算思维是求解问题的一条途径，将大问题拆分成确定的一个一个的小问题，再利用所掌握的计算机知识找出解决问题的办法。也就是说，编程其实就是把现实世界中要解决的问题设计成计算机数字世界中能处理的代码，让计算机按照算法设计自动执行程序指令，最终求解。

计算思维主要包括4个部分。

1）解构/分解（decomposition）目标：自顶向下进行功能分解，将大问题拆分成可管理、可实现的小目标，同时厘清各个部分之间的关联，以及整体与部分的关系。减小目标有利于降低认知和解决问题的难度。

2）模式识别（pattern recognition）：发现事物的特征，找出拆分后各个部分之间的异同。意识到模式中的相似性和差异是计算思维的一个重要的部分，能够看到一个元素是更大模式的一部分，可以为后续预测提供依据。

3）模式归纳/抽象化（abstraction）：探寻形成这些模式背后的一般原理，对识别的模式进行归纳和概括，剔除与问题无关的模式，聚焦信息的相关性，以帮助解决问题。

4）算法开发（algorithmic thinking）：针对相似的问题提供step-by-step向导式的解决办法。

编程是训练计算思维很好的途径。对程序设计而言，首先是对要解决问题进行抽象和建模，进而设计算法和选择合适的数据结构，最后编程实现。

本书将在后面结合海龟画太极图的案例详细介绍计算机思维。

3. 认识Python

（1）走进Python

扫一扫，查看视频

Python由吉多·范罗苏姆（Guido van Rossum）创建，于1991年首次发布。它强调代码的可读性，并显著地利用了重要的空白空间。其语言构造和面向对象方法旨在帮助程序员为小型和大型项目编写清晰、合理的代码。Python的设计哲学是简单、优雅、明确，它是一门很好的编程入门语言。Python是一种解释型的、强类型的高级通用编程语言，具有高效的高级数据结构及面向对象编程支持。它虽然简单，但极具生产力，开发效率非常高。它像"胶水"一样，通过引入丰富的第三方模块/库来提供强大的解决问题能力，让程序员聚焦目标。Python追求的是找到最好的解决方案。

Python语言有以下一些特点。

● 简单，简洁，易学。Python是一门易于学习且功能强大的编程语言。它提供了高效的高级数据结构，还能简单有效地支持面向对象编程；同时也借鉴了简单脚本和解释语言的易用性，学习起来比较容易。

● 为可读性而设计。Python是一门高级程序设计语言，类自然语言编程，代码的可读性强。

● 灵活的编程语言——"胶水"语言。Python解释器本身就内置了许多标准库，涉及网络编程、多媒体编程、互联网应用等。除此之外，Python还有许多免费的第三方模块/库。Python解释器易于扩展，可以使用C或C++（或者其他可以通过C调用的语言）扩展新的功能和数据类型。

● 免费，开源，跨平台。Python是由一个大型的志愿者服务团队来开发和维护的，可以从Python软件基金会（Python Software Foundation，PSF）免费获取。Python是FLOSS（free/libre and open source software，免费/自由和开源软件）的一个样例。简单地理解就是，可以自由分发这个软件的副本，阅读其源代码，对它进行更改，并把它作为新的免费软件的一部分。Python是跨平台的，无论在什么操作系统下做开发，编写的Python程序基本都可以运行，包括MacOS、Windows、Linux和UNIX。甚至通过非官方的构建，也可以在Android和iOS上运行。这种可移植性既适用于不同的架构，也适用于不同的操作系统。

> 《Python之禅》（*The Zen of Python*）。程序员都想用简单的办法来解决问题，这个Python社区倡导的理念包含在Tim Peters撰写的《Python之禅》中。它代表着Python编程和设计的哲学。在终端启动Python，输入"import this"将输出19条指导原则，涉及Python设计的原则与哲学，有助于理解与使用这种语言。

（2）Python的应用

Python的应用非常广泛，包括人工智能、金融服务和数据科学等领域，许多知名网站如豆瓣、YouTube等都是用Python开发的，很多大企业如百度、阿里、腾讯、微软、Google、Facebook等都是Python的深度用户和贡献者。想进一步了解Python的成功应用案例，可以参考Python官网的"Python Success Stories"。

Python的主要应用领域有：

● 机器学习模型（machine learning models）。机器学习是从数据中提取知识，用机器模拟或实现人类的学习能力，从而实现人工智能。Python为数据科学家提供了强大的数值计算包和大量的通用功能及专用功能，成为数据科学家和机器学习开发人员的首选语言。

● 人工智能项目（artificial intelligence projects）。Python自身免费开源的特性使得大量专业人员都参与到Python第三方开源人工智能工具包的构建中，所以Python积累了丰富的开源工具包，能快速开发人工智能项目且商用。例如，平时生活中常见的看图识字、语言识别、文字转语音等人工智能应用可以快速通过Python部署。

● Web应用项目（web applications）。利用Django、Flask等流行的Web开发框架，Python可以快速进行Web项目的中后端开发。

● 自动化工具（automation utilities）。一方面，运维管理系统有大量重复性的工作，用Python编写的系统管理脚本在可读性、性能、扩展性等方面都优于普通的shell脚本；另一方面，在自动化测试领域，Python+Selenium已成为Web自动化测试的黄金搭档。

● 其他。Python丰富的内置模块功能已经非常强大，Python自身不提供的功能，也能通过集成第三方功能模块/库来实现。

4. Python的基本语法规则

（1）缩进（indentation）

Python将多行代码块/语句体组织在一起，不像其他大多数的编程语言一样用括号或其他标志/关键词（如Java中用的一对大括号"{ }"，T-SQL中用的"Begin…End"），而是采用缩进的方式，即在每行代码前面采用相同的空格来对齐代码，形成逻辑上的一个整体。

也就是说，不同层级的程序代码块/语句体拥有相同的空格数，这些空格（Space/Tab）数的不同代表着代码语句体的不同。一般建议用1个<Tab>键作为4个<Space>键对待。

对于新手来说，在缩进上常犯错误。如图0-6所示，第6行代码中多缩进了一个Tab宽度，导致其与第3行本应属于同一个代码块的却没有在一起。系统会发出"IndentationError: unexpected indent"编译错误提示信息。

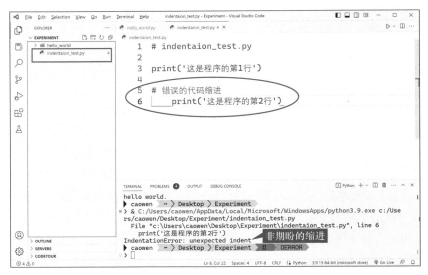

图0-6　Python语法的缩进规则

（2）注释（comment）

注释是对程序代码的说明，主要是对代码的解释和介绍。为程序添加适当的注释有助于团队成员快速了解代码。对程序员来说，写注释是一种良好的习惯。注释不是功能代码，不具有任何的功能，Python解释器不会对注释文字做任何处理。

Python的注释有两种写法：一种是行注释，一种是块注释。

1）行注释。行注释一般用于简单的备注说明，文字不长，一行就能写完。单行注释以#号开头。例如下列代码中，第1行和第2行都是注释。

```
1  #这是我的第一个程序
2  #great hello world
3  print("hello world.")
```

2）块注释。块注释一般用于注释文字比较多的情况。使用3个单引号或者3个双引号将注释内容包含起来。在严格意义上来说，Python并没有所谓的块注释，但由于Python会忽略未分配给变量的字符串文本，可以利用三重引号（"""…"""或'''…'''）包含多行文本特性达到编写多行注释的目的。例如下列代码中一对3个单引号之间的内容都是注释。

```
1  '''
2  这是我的第一个程序
3  great hello world
4  '''
5  print("hello world.")
```

把3个单引号换成3个双引号，作用也是一样的。

```
1  """
2  这是我的第一个程序
3  great hello world
4  """
5  print("hello world.")
```

注释除了为阅读程序提供帮助外，在软件开发实践中，还有助于提高开发效率。调试程序时，有时很难确定错误在哪一行或者哪几行。如果直接删除代码，回头发现删错了，还要重新编写。最好的办法就是使用注释符，先把不确定的代码加注释符，屏蔽起来，再一步一步解除注释进行调试。

```
1  # This is a comment in my code it does nothing
2  # print('Hello world')
3  # print("Hello world")
4  # No output will be displayed!
```

（3）续行符

Python虽然对每一行写多长并没有限制，但从程序员的角度，适当的缩减或分多行来编写程序，可读性更强。建议每行代码的长度不要超过79个字符。对于多行语句，就要做续行处理。续行是指为了程序的可读性和美观，将本是一行的代码分多行编写，也就是将逻辑上的一行从物理上分隔成多行表达。在Python中用反斜杠"\"来表示续行。

```
1  print("中国，北京", \
2        "湖南，长沙", \
3        "湖北，武汉", \
4        "江西，南昌")
5
6  print("中国，北京", "湖南，长沙", "湖北，武汉", "江西，南昌")
```

在上述代码中，第1～4行代码实现的功能和第6行代码实现的功能是完全一样的，但很明显，前者的可读性更强。需要注意的是，续行符后不能有空格，必须直接换行。此外，列表、元组、字典内的元素多行编写时不需要续行符。

除了使用续行符换行以外，前面介绍的块注释中也是可以直接换行的。例如，函数定义中的注释内容包含在一个块注释中，可以自由分行。此内容在后面函数相关单元将做进一步介绍。

（4）代码格式

软件开发是一个团队活动，随着代码量的增加，有必要统一代码风格。Python项目大多都遵循PEP 8（PEP，Python Enhancement Proposals，Python改进提案）。PEP 8中的核心要点包括：

- 缩进：建议用4个空格，不要用制表符，制表符会引起混乱。
- 换行：一行不超过79个字符，换行的小屏阅读体验更好。
- 注释：最好把注释放到单独一行；使用文档字符串；注释内容不要超过72个字符。
- 空行：适当增加空行用于分隔较大的代码块。

● 空格：一般来说，运算符前后、逗号后要用空格，但不要直接在括号内使用。

● 类和函数的命名要一致：按惯例，命名类用大驼峰命名法（Upper Camel Case），命名函数与方法用lowercase_with_underscores命名法。

PEP 8并不是一种强制要求。事实上，每个企业都有自己的编码规范作为代码审核的标准。PEP 8只是一种最佳实践的推荐，是一种共同遵守的约定俗成，能够减少沟通成本。

5. 简单的I/O操作

根据IPO的思想，计算机完成计算需要输入指令和数据，完成计算后会将结果输出。那么，Python是通过什么方式进行输入/输出（I/O）操作的呢？最简单的就是使用print（）函数和input（）函数。

（1）print（）输出函数

print，顾名思义，就是用于打印输出。print（）函数○就是把程序的处理结果进行打印输出，默认输送到显示器。它能同时处理多个参数，包括数字和字符串。它输出的字符串不带引号，且各参数项之间会插入一个空格。print（）函数的原型如下：

print(value, …, sep=' ', end='\n', file=sys. stdout, flush=False)

● value：输出的内容，可以是字符串、数字，也可以是一个计算表达式。

● sep：每个输出项之间的分隔符，默认为一个空格。

● end：输入结尾符，默认是一个回车符，也就是输入完成后光标跳到下一行。

● file：重定向输出到文件，默认为标准输出设备，即显示器。

● flush：是否立即把内容输出到流文件，不做缓存。

print（）函数示例如图0-7所示。

图0-7　print( )函数示例

图0-7中的语句执行后将输出：我是Python，今年31岁了。

print（）函数的功能非常强大。它不仅能把结果输出到显示器，还能输出到文件；不仅能将值简单输出，还能通过格式控制、换行控制等输出复制的输出效果。后续单元将进一步探讨。print（）函数还经常用于程序的调试。判断不出程序哪里有错误时，可以通过一条print（）语句输出程序在执行时变量的中间结果，查看是否满足预期值，进而判断程序是否有错。

（2）input（）输入函数

input（）函数的功能是从标准输入设备（即键盘）获取信息。它接收任意输入，返回的是一个字符串数据。

○　函数就是预先写好了的、完成某个特定功能的程序代码。

```
1  >>> name = input("你叫什么名字? ")
2  你叫什么名字? python↵
3  >>> print("我的名字叫", name)
4  我的名字叫python
```

从上述第2行代码可以看出，input（）函数中的提示信息将会照原样显示出来，直接在提示信息后从键盘输入内容，如python↵，name将会接收这个内容。可以通过print（）语句把name存储的内容输出出来。

（3）eval（）表达式计算函数

eval（）函数的功能是将引号包裹起来的字符串当成有效的表达式来求值并返回计算结果。eval（）能方便地对字符串进行计算、转换数据类型、动态地产生代码，从而适应用户的变化。

```
1  >>> x = 4
2  >>>eval('1+2+3+x')
3  10
4  >>> country = '中国'
5  >>> capital = '北京'
6  >>>eval("capital + '是' + country + '的首都'")
7  '北京是中国的首都'
```

在上面的代码中，第2行的eval（）函数计算了引号中包含的计算表达式并将计算结果10输出；第6行的eval（）函数将几个字符串合并在一起形成一句话。

eval（）函数可以用来执行任何代码对象，这一特性很可能被黑客利用，引发安全问题。

例如在图0-8中，用户从键盘输入的不是一个值，而是一行Python代码，作用是显示当前目录下的文件。很显然，这些内容是不应该让用户看到的。特别是，Python还可以直接调用操作系统功能对文件系统进行删除操作，这是致命的。

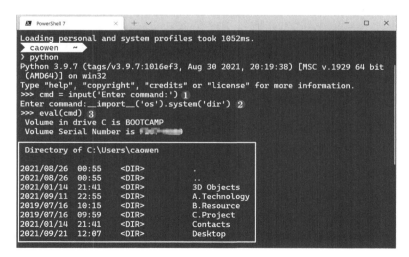

图0-8　eval（）函数可能成为攻击的漏洞

当遇到一个没有见过的函数或数据类型时，如何才能知道它的用法呢？在Python中，可以使用两个函数来查看。

● help()：用来查看函数的详细使用信息，类似于操作手册。例如help(print)，将输出内置函数print()的详细使用说明。再如help("topics")，可以查看python中常见的topics，并进一步查看具体的topic内容介绍。

● dir()：用来查询一个类或者对象所有的属性、方法。也就是说，当想知道某个类、模块有哪些功能可供调用时，可以使用dir()。例如dir(str)，可以输出字符串类型数据能进行的操作函数有哪些。

6. 程序的运行方式

（1）交互模式

交互模式（shell）是指利用Python解释器即时响应用户输入的代码，即时给出输出结果。交互式一般用于调试少量代码。直接与Python解释器进行交互，输入一条Python语句，解释器马上进行处理。例如在图0-9中，在终端输入"python"❶进入Python的交互式执行环境，会显示当前Python的版本等信息，同时出现3个大于符号">>>"，它是Python的主提示符（primary prompt），提示用户输入下一条指令。例如，输入"print('hi, python')"语句❷会输出一个字符串"hi，python"❸；若直接输入"1+1"❹，解释器会立刻返回计算结果"2"❺。

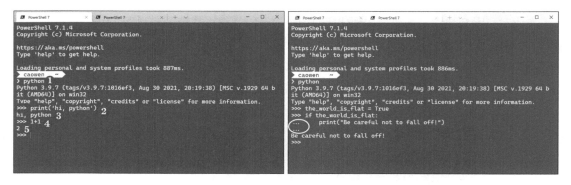

图0-9　Python的交互式执行模式

如果输入的程序代码还没有结束，会显示3个点"..."，它是Python的辅助提示符（secondary prompt），提示用户继续输入程序代码。要退出交互模式，使用exit()函数。

（2）脚本模式

在脚本（script）执行模式下，将Python程序写在一个或多个文件中，启动Python解释器批量执行文件中的代码。脚本模式是最常用的编程方式。

可以使用任一文本编辑器编写代码，保存为.py文件，然后到终端通过Python命令执行.py文件。例如在图0-10中，先在记事本中编写代码，然后在终端进入.py文件所在的文件夹❶，再通过"python xxx.py"命令执行Python源代码文件❷，执行的结果会直接在终端中反馈。

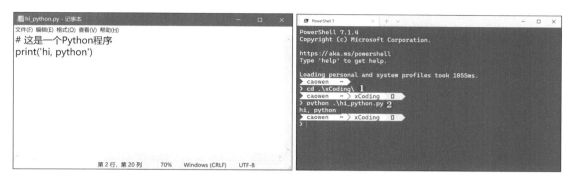

图0-10　Python的脚本执行模式

（3）IDLE编程环境

软件开发是编码、编译、构建、调试、运行等一系列的操作，如果每个工序都手动操作执行，效率势必比较低。应用集成开发环境（integrated development environment，IDE）将大大提高开发效率。安装Python解释器时，默认会安装一个叫作IDLE的集成开发环境，它提供编写代码、测试和执行程序所需的工具。

启动IDLE后，会直接进入交互模式，光标停留在解释器等待输入指令的地方。在交互模式下，可以直接输入Python语句开始编程，如图0-11所示。

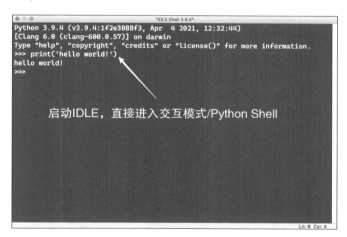

图0-11　Python IDLE的交互模式

IDLE还自带了一个文本编辑器，可以在里面编写代码。在其中，关键字、数据等会用不同的颜色进行显示，更易于阅读。编写完代码后，将代码文件保存到磁盘中就可以执行了。选择【Run（运行）】→【Run Module（运行模块）】菜单命令，IDLE将执行hello_world.py代码文件，并将执行的结果反馈到IDLE窗口中。从图0-12可以看到，命令行环境被重启了，其作用是将当前上下文中定义的变量等进行清除，确保程序在一个初始、默认的环境中执行。

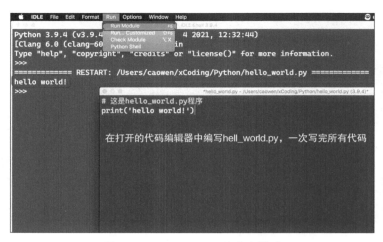

图0-12　Python IDLE的脚本模式

　　需要注意的是，除了Python自带的IDLE，还有许多优秀的适合Python开发的IDE工具。它们除了提供基本的代码编辑功能外，还提供诸如静态代码检查、语法高亮、格式美化、智能代码提示、程序调式、单元测试、版本管理，以及项目管理等功能。常见的IDE工具有微软公司的Visual Studio Code、JetBrains公司的PyCharm，以及Spyder IDE、Jupyter Notebook等。

模块 1　程序和数据

- 学习单元 1　使用海龟绘图画太极图 // 16
- 学习单元 2　打印计算机信息图卡 // 25

学习单元1
使用海龟绘图画太极图

扫一扫，查看视频

任务概述

1. 太极图

本单元将通过绘制一幅太极图来体会Python的顺序语句的执行。

太极源出于《周易》，后来被道家引用。《易传·系辞》："是故，易有太极，是生两仪，两仪生四象，四象生八卦，八卦定吉凶，吉凶生大业。"太极是什么呢？太极就是个圆圈，是指形而上的"空"。太极图（见图1-1）是以黑白两个鱼形纹组成的圆形图案，俗称阴阳鱼图。我国宋代理学家周敦颐曾著有《太极图说》，他认为："无极而太极。太极动而生阳，动极而静，静而生阴，静极复动。一动一静，互为其根。"太极图形象化地表达了运动、对立和统一。它阴阳轮转，相反相成，即阴阳相易，一阴一阳之谓道。

图1-1　太极图

太极图呈圆形，柔中有刚、静中有动，象征事物的永恒、循环式的运动状态。"动静有常，刚柔断矣。"圆圈内的左右两部分，左侧为白鱼，鱼头向上代表阳；右侧为黑鱼，头向下代表阴。

17世纪，德国哲学家、数学家莱布尼茨总结发明了二进制。二进制中，一切数据只用0和1来表示，基数为2、逢2进1。计算机使用的二进制理念和阴阳/乾坤的思想是相通的。对此，李约瑟（J.Needham，1900—1995）博士评论说："莱布尼茨除了发展二进位制算术以外，也是现代数理逻辑的创始人和计算机制造的先驱，这并不是一种巧合。……中国的影响对他形成代数语言或数学语言的概念至少起了部分作用，正如《周易》中的顺序系统预示了二进位制的算术一样。"

2. 任务分析

❶ 目标解构：观察发现，阴阳鱼是由阴鱼和阳鱼两个部分组成，且阴鱼和阳鱼基本上是对称的（见图1-2），旋转180°，阴鱼和阳鱼的位置就能刚好对调了。也就是说，只需要画出阴鱼或者阳鱼的一个，另一个就能方便地画出来了。这样，画太极阴阳鱼的目标就转换为画阴鱼或阳鱼的目标了。

❷ 模式识别：从整体上看，阴鱼和阳鱼组成的封闭区间其实就是一个完整的大圆圈，阴鱼或阳鱼的鱼头和鱼尾由两个半径相同、方向相反的半圆组成，而鱼身是一个两倍半径的半圆，鱼眼就是一个小整圆。也就是说，画太极阴阳鱼，实际上就是在画半圆和圆。

❸ 模式归纳：将整个太极阴阳鱼图置于海龟作图画布的坐标系中可以很清晰地标注出画圆或半圆形的坐标点。这里将阴鱼和阳鱼鱼头相交的地方置于画布的中心原点(0,0)。作为演示，在此假设太极阴阳鱼组成的完整大圆半径为R，则鱼头半圆的半径为0.5R，鱼眼半径为0.15R，阳鱼鱼眼的圆心位置为(0,0.5R)，由此可以计算得出鱼眼圆圈起始点坐标为(0,0.35R)，如图1-3所示。画阴鱼相关的坐标点与阳鱼相似，只是y轴坐标值为负数。本任务中，将太极图大圆圈的半径R设置为200。

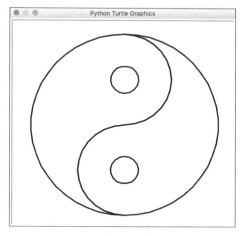

图1-2　阴鱼和阳鱼对称分布

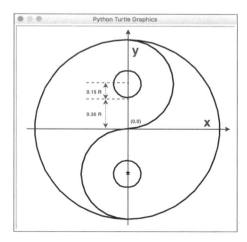

图1-3　画布坐标中的太极图

❹ 算法设计：借助海龟库可以方便地作图，使用海龟的circle（ ）方法画圆或者半圆，使用left（ ）或者right（ ）转动海龟正前方的面对方向，使用forward（ ）可以控制海龟向前移动。详细的程序设计流程图如图1-4所示。

从流程图可以看出，整个画图的过程都朝一个方向按序执行，没有分叉路径、没走回头路，这就是结构化程序设计中的顺序程序结构。

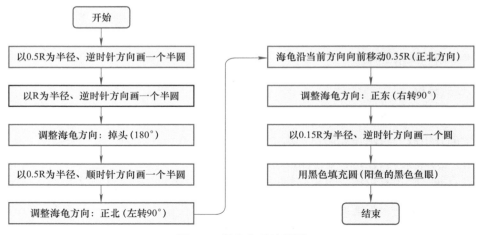

图1-4　画阳鱼的流程图

3. 任务准备

海龟绘图可追溯到20世纪60年代，最初来自于Wally Feurzeig、Seymour Papert和Cynthia Solomon于1967年所创造的Logo语言，这是一种教育编程语言。作为LOGO程序设计语言的一部分，海龟绘图很适合用来学习编程。Python的海龟（turtle）库提供了一个丰富的图形用户接口（graphical user interfaces，GUI），它是一个预先安装的Python库，通过其提供的虚拟画布，程序员可以方便地绘制出精美的形状和图案。

可以设想，有一只海龟在一张白纸上爬行，爬行经过的地方将画出一条轨迹线，许多的轨迹线就组成了图形。打开画布，海龟默认在画布的原点（即屏幕中央）、头朝向正东方向（角度为0°），通过坐标值可以控制海龟移动的距离，通过角度值可以控制小海龟移动的方向，如图1-5所示。

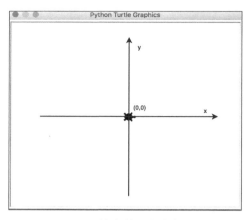

图1-5　海龟绘图的坐标系

在Python程序中要使用海龟绘图，只需要使用语句"import turtle"将海龟库引入程序即可。默认会由环境自动生成一个名叫turtle的Turtle类实例，通过使用turtle提供的方法可以实现海龟的移动。

海龟画圆函数的语句为：

turtle.circle（radius，extent=None，steps=None）

● radius：指定圆的半径，圆心在海龟左边radius个单位。如果radius为正值则朝逆时针方向绘制圆弧，否则朝顺时针方向绘制。

● extent：为一个夹角，360°为一个整圆，180°为半圆。

● steps：圆实际是以其内切正多边形来近似表示的，其边的数量由steps指定，此方法可用来绘制正多边形。

任务1　使用顺序语句画太极图

1. 使用顺序语句画阳鱼

Python编程中的顺序语句可以简单理解为从上至下逐条执行。例如画太极图的过程，先画鱼头，再画鱼身，最后画鱼眼，相关代码依次逐行执行，每执行一行代码，屏幕上将多增加一条线。

扫一扫，查看视频

画阳鱼的实现过程如下：

```python
# 引入海龟绘图库
import turtle
# 初始化画布
turtle.reset（）

# 设置光标的外观为一只海龟图像
turtle.shape（"turtle"）

#设置画图的速度为normal，即正常速度
turtle.speed（speed='normal'）

# 设置海龟画笔线条的粗细
turtle.pensize（3）
```

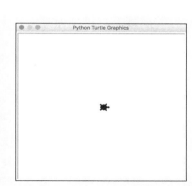

```python
# =================== 画阳鱼 ===================
# 1）画鱼头：半径为200/2、弧度为180°，画一个半圆
# 如果半径值为正数，则为逆时针方向
# 反之，则为顺时针方向
turtle.circle（200/2,180）
```

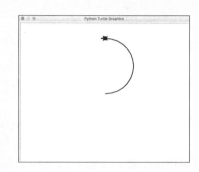

2）画鱼身：再接着以两倍半径画一个半圆
turtle.circle（200, 180）

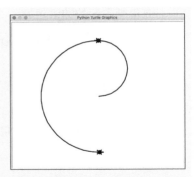

让海龟调转方向
turtle.left（180）

负数表示顺时针方向画半圆；完成阳鱼的外轮廓绘制
turtle.circle（-200/2, 180）

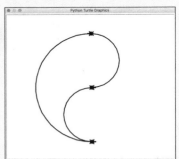

3）画阳鱼的黑色鱼眼
调整海龟的方向为正北
turtle.left（90）
#因为此段海龟移动的路径不需要画出来，所以提笔不留痕
turtle.penup（）

海龟向前移动一个距离，准备画鱼眼（圆圈）
turtle.forward（200 * 0.35）
调整海龟的方向为正东
turtle.right（90）

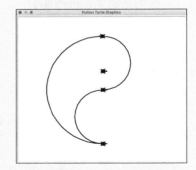

黑色线条、黑色填充阳鱼的鱼眼
turtle.color（"black", "black"）
turtle.pendown（）
turtle.begin_fill（）
turtle.circle（200 * 0.15）
turtle.end_fill（）

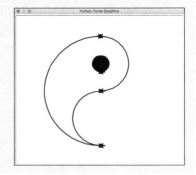

2. 使用顺序语句画阴鱼

画阴鱼的过程和画阳鱼基本相似，不同的是阳鱼是白色鱼身黑色鱼眼，而阴鱼是黑色鱼身白色鱼眼。画阴鱼的详细代码如下：

```
1    # ============ 画阴鱼（黑色）============
2    # 移动海龟到原点位置，准备画阴鱼部分。画完阳鱼后，海龟朝正东方向
3    turtle.right（90）
4    turtle.penup（）
5    turtle.forward（200 * 0.35）
6    turtle.right（90）
7    # 画阴鱼的外轮廓
8    turtle.pendown（）
9    turtle.color（"black"，"black"）
10   turtle.begin_fill（）
11   turtle.circle（100，180）
12   turtle.circle（200，180）
13   turtle.left（180）
14   turtle.circle（-100，180）
15   turtle.end_fill（）
16
17   # 画阴鱼的眼睛，将画笔颜色设置为白色
18   turtle.color（"white"，"white"）
19   turtle.left（90）
20   turtle.penup（）
21   turtle.forward（200 * 0.35）
22   turtle.right（90）
23   turtle.pendown（）
24   turtle.begin_fill（）
25   turtle.circle（200 * 0.15）
26   turtle.end_fill（）
27
28   # 画图结束，隐藏海龟，保持画布显示状态
29   turtle.hideturtle（）
30   turtle.done（）
```

思考：在本任务中，在画阴鱼时把与阳鱼重合部分的线条重复画了一次。请大家想一想，在画阴鱼时，如果不画两鱼的重合线，只画阴鱼的鱼身外轮廓，还能不能正确填充封闭区域呢？动手探究一下吧。

任务2　使用变量控制填涂颜色和画笔粗细

高级程序设计语言中，用于编写程序的单个指令称为语句（statement）。Python语句一般由关键字、操作符、特殊符号和其他编程元素组成，并按正确的顺序排列以执行操作。

扫一扫，查看视频

1. 用变量装载数据

变量（variable）是存储在计算机内存中的一个数据，在程序运行过程中要用到。那么，程序中怎么使用它呢？需要给它起个名字，也就是变量名。Python中对变量的命名，以及后续将要学习到的函数（function）、类（class）、模块（module）等的命名都有相应的规范，即标识符（identifier）词法定义。有效的标识符字符包括：

● 大、小写字母，即A～Z、a～z。

● 数字，即0～9，但不能以数字开头。

● 下划线，即_。

此外，在Python中，变量名严格区分大小写，且不能是保留字（即程序设计语言的关键字，后面会详细介绍）。例如，变量"my_name"和"MY_NAME"是两个不同的变量。此外，给变量命名时，中间不能有空格，如"my name"是不正确的。

前面介绍过PEP 8推荐的代码风格，事实上，对于变量，也有一些最佳实践：

● 变量名：最好能见名知意，既简短又具有描述性。例如，student_id比id更容易理解为表示学生的编号。

● 大小写：一般推荐用全小写为变量命名，虽然用大写字符也没有错，但一般将大写字符认为是常量，即值不会改变的量。

● 慎用小写字母l和大写字母O，因为容易和数字1、0混淆产生误读。

对Python而言，变量其实就是为计算机内存中的一块存储空间贴上了一个标签，对程序而言，它反映两个要素：一是数据的类型（type），例如，是一个数字10，还是一个字符串"redcolor"；二是数据的值（value），例如，是整数10，还是小数1.0。在Python中创建一个变量非常简单，只要给一个名字，然后用赋值符号（=，等号）将值赋给变量就可以了。例如，创建一个表示画笔粗细的变量pen_width=3，表示创建了一个数值型变量的pen_width，它的值是3，如图1-6所示。

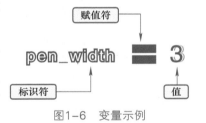

图1-6　变量示例

Python中两个最基本的数据类型是数字和字符串，数字又有3种类型：整数、浮点数、虚数（没有复数，复数由实数加虚数构成）。例如，表示画笔的粗细，数字10就比数字3的线条更粗；字符串类型用单引号（'）或双引号（"）标注，例如，'hello world'和"hello world"的效果是一样的。

使用变量可以方便地批量替换值，当需要用到不同的值时，只需要修改变量的值即可，而不需要在所有该值出现的地方一个一个地去修改。例如，在画阳鱼时需要用到黑色画笔、白色填充，而画阴鱼时需要用黑色画笔、黑色填充，在画鱼眼时又需要黑白对调。下面使用变量改造代码：

```
1    # 画笔的粗细
2    pen_width = 3
3    # 设置海龟画笔线条的粗细
4    #turtle. pensize（3）
5    turtle. pensize（pen_width）
6
7    # 画笔的颜色
8    pen_color = "black"
9    # 填充的颜色
10   fill_color = "white"
11   #turtle. color（"black"，"white"）
12   turtle. color（pen_color，fillcolor）
13
14   # 画圆的半径
15   radius = 200
16   #turtle. circle（200）
17   turtle. circle（radius）
```

在上述代码中，把画笔的粗细、颜色及填充的颜色都定义成变量，用pen_width表示线条的粗细、用pen_color表示画笔的颜色、用fill_color表示填充的颜色。这样，在需要更改画笔颜色、线条粗细的地方，就不需要修改turtle. pensize（）、turtle. color（）等代码，只要修改变量的值，后面用到该变量的地方就会动态变化了。

2. 关键字

关键字（keyword）又称为保留字，是Python语言本身的一部分，不能作为一般标识符来使用。查看Python的关键词，可以使用help（"keywords"）命令，或者import keyword/keyword. kwlist命令。图1-7显示的是Python 3.9.4的关键字。需要注意的是，Python是区分大小写的，也就是说，使用Python关键字时，必须与图1-7中列出来的一模一样。

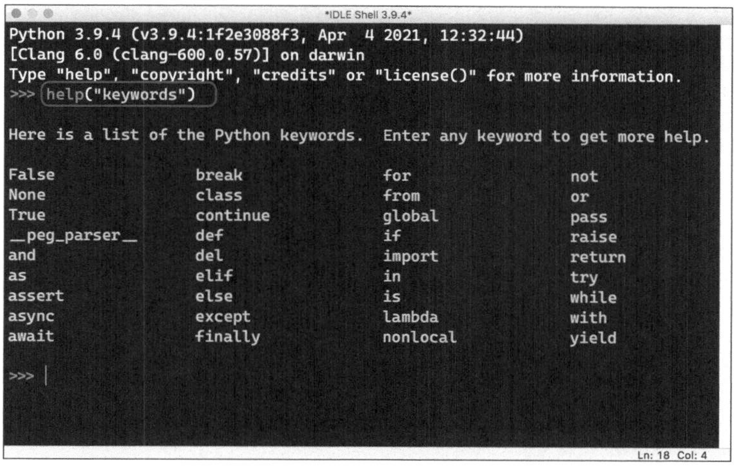

图1-7　Python 3.9.4的关键字

3. 深入了解Python变量

Python是一门动态解释性强类型的脚本语言：编写时无须定义变量类型，运行时变量类型强制固定；无须编译，在解释器环境直接运行。

（1）强类型语言与弱类型语言

● 强类型语言是一种强制数据类型定义的语言。变量在没有进行强制数据类型转换前，不允许两种不同类型的变量直接操作。例如，Python不允许将一个字符串和一个整数进行相加（如"Python"+6会报错）。

● 弱类型语言也称弱类型定义语言。和强类型语言相反，不同类型的两个变量允许不经过显式数据类型转换就可以直接操作。例如，JavaScript可以直接将整型变量与字符变量相加进行拼接操作（如"Python"+6，会得到一个字符串"Python6"）。

（2）静态语言与动态语言

● 静态语言：它的数据类型是在编译期进行检查的，也就是说，变量在使用前要声明变量的数据类型。这样做的好处是把类型检查放在编译期，提前检查可能出现的类型错误。

● 动态语言：在运行期进行数据类型检查，也就是说，在编写代码的时候可以不指定变量的数据类型。

>>> 单 元 小 结 >>>

扫一扫，查看视频

Python优雅的语法和动态数据类型，以及解释性语言的本质，使它成为多数平台上编写脚本和快速开发应用的理想语言。Python语言采用缩进组织代码块，可以使用#注释一行代码，或使用一对3个"""或3个'''注释一段代码。Python使用input（）和print（）函数实现简单的I/O操作。可以使用变量存储和访问计算机内存中的值，变量的命名应该要见名知意，但不能使用Python的保留字作为变量名。编写的Python程序既可以以交互方式逐行执行，也可以以脚本方式批量执行。

从计算思维的角度来解决问题，主要包括目标解构、模式识别、模式归纳/抽象化和算法设计几个步骤。可以通过程序设计流程图来表示各种结构、阐释算法。

学习单元2
打印计算机信息图卡

学习目标

- 熟练使用数字类型数据及其格式化
- 熟练使用字符串类型数据及其格式化
- 熟练对字符串进行索引和切片操作
- 熟练使用int/float/str
- 了解并使用日期和时间数据
- 具有严谨细致的工匠精神

在程序设计中，定义好变量后，关注点将从变量的类型和变量的值转到运算符（operator）和表达式（expression）。运算符用于表示程序指令执行怎样的操作，比如加法、减法等。Python中的大多数操作符和数学中的运算符是一样的。

Python中有6种基本数据类型，包括：数字（number）和字符串（string）两种基本数据类型，以及列表（list）、字典（dictionary）、元组（tuple）和集合（set）4种容器（collection）数据类型/结构。本单元先介绍数字和字符串两种数据类型。

任务概述

1. 计算机信息图卡

计算机的CPU、内存和磁盘使用/占用情况是人们使用计算机时比较关心的信息，特别是当操作计算机时发现运行不流畅、有卡顿感时，总是先去查看哪些进程的CPU占用率比较高。本单元将制作一个计算机运维数据的信息图卡，通过第三方库获取计算机的主要运维数据并进行格式化打印，打印外观为一张信息卡片。数据项主要包括：CPU的利用情况、内存使用情况，以及磁盘的使用情况等。最后，在信息图卡的底部打印获取这些数据的日期和时间。计算机信息图卡的最终效果如图2-1所示。

扫一扫，查看视频

```
+------------------------------------------+
|              计算机信息图卡                |
|------------------------------------------|
| CPU:   物理CPU 4 个；逻辑CPU 4 个。        |
| 利用率: 90.70%                            |
|                                          |
| 内存:                                     |
| 总计: 8 G; 已用: 6.6 G; 可用: 1.3 G。     |
| 已使用: 82.5%                             |
|                                          |
| 磁盘                        | 占比: 71 %  |
| 总计: 249 G | 已用: 176 G  | 空余: 73 G  |
+------------------------------------------+
```

打印时间: 23:16:56 PM 2023-03-14(Tue)

图2-1 计算机信息图卡

2. 任务分析

❶ 目标解构：计算机信息图卡是一个字符图卡，由字符、文字、数字组成，从最终成果

图可以看出，主要包括：由字符"+"和"-"组成的表格，由文字格式化输出的提示信息，以及由数字格式化输出的运维数据。

❷ 模式识别：打印信息图卡主要涉及数值计算，以及数值、字符串的格式化。其中，数值的格式化包括精度控制和等宽度输出控制等，此外，还包括存储单位的换算问题；字符串的格式化主要涉及占位宽度、换行输出；日期的格式按"年—月—日"的形式，时间按"小时:分钟:秒钟"24小时格式显示。

❸ 模式归纳：数值和字符串的格式化方式有多种实现方法。组成表格线的字符如果相同可以使用字符串的乘法（*）操作做重复，如果不同可以使用加法（+）操作做拼接。数值的格式化主要涉及精度控制和等宽控制，数值的计算过程中还会涉及类型转换和四舍五入。

❹ 算法设计：首先，利用第三方模块获取计算机的运维数据；然后，进行数据计算，主要是单位换算，获取的容量原始数据是用字节（Byte）表示，要换算成单位GB；最后，进行精度和宽度的格式化输出。

3. 任务准备

（1）psutil模块

psutil（python system and process utilities）是一个跨平台的用于获取运行进程和系统利用率（CPU、内存、磁盘、网络、传感器）的Python库。psutil还提供了许多命令行工具提供的功能，如ps、top、netstat、ifconfig、df、kill等。

psutil不是Python的内置模块，需要安装。什么是模块？可以理解为一个封装好了的软件包，它能实现特定的功能。Python作为"胶水"语言可以轻易地将已经封装好的软件包引入自己的项目中。pip命令就是Python包管理工具（Python 3.4+中已经自带pip，可以直接使用），它提供了对Python包的查找、下载、安装、卸载的功能，使用pip可以更方便地管理这些令人惊叹的、丰富的第三方模块。

pip的功能非常强大，安装一个模块或软件包，可以使用"pip install"命令，如图2-2所示。默认从Python Package Index网站下载安装，也可以从国内镜像站点下载安装。安装psutil模块的命令如下：

```
pip install psutil
```

国内有许多镜像站点提供了Python软件包下载安装服务，如清华大学开源镜像站，对临时使用和永久使用该站点进行Python包安装都提供了详细的介绍和配置说明。

pip常用的命令有：

- pip --version   # 显示版本信息
- pip --help   # 获得帮助信息
- pip install --upgrade pip   # 更新pip
- pip install <Package Name>   # 默认安装最新版本的包

- pip install <Package Name>==1.0.1　　　# 安装指定版本的包
- pip uninstall <Package Name>　　　# 卸载安装的包
- pip search <Package Name>　　　# 查找软件包
- pip list　　　# 列出已经安装了的软件包

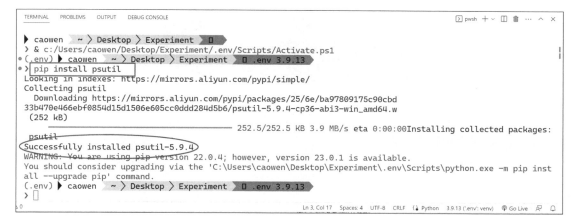

图2-2　使用pip安装psutil模块

虚拟环境。在项目开发中常会用到许多第三方包，不同的项目需求和运维环境对包及其版本有不同的需求，即使是相同的包，不同应用程序有时可能会需要特定的版本。例如，项目A需要psutil 5.8版本，但B项目需要5.7的版本才能正确运行。怎样在同一台计算机上隔离出多个开发环境呢？Python提供了虚拟环境的概念，它允许Python用户和应用程序在安装和升级Python分发包时不会干扰到同一系统上运行的其他Python应用程序。创建虚拟环境的步骤如下：

1）创建项目文件夹，并将项目文件夹设置为当前工作目录路径。

2）执行指令"python3 -m venv <.env>"，将在当前目录下创建一个名叫".env"的虚拟环境。当然，用户可以任意取一个自己喜欢的虚拟环境名称。

3）激活虚拟环境。在Windows中使用.env\Scripts\activate.bat，在macOS系统上执行source .env/bin/activate，将激活创建的虚拟环境。

激活虚拟环境后，所用终端的提示符将会改变，显示正在使用的虚拟环境名称。在当前环境中做的修改和执行的命令都只影响当前项目环境。

如图2-3所示，成功激活虚拟环境后，终端提示符会多了一个".env"的标记，表明当前正在使用.env虚拟环境，这时，执行pip list指令④只会列出当前虚拟环境下安装的软件包，而不是计算机默认当前用户环境下安装的软件包。虚拟环境就相当于一个抽屉，在这个抽屉中安装的任何软件包都不会影响到其他抽屉。

图2-3　创建虚拟环境

（2）psutil中用到的函数

计算机信息图卡中包含了3类数据：CPU、内存和磁盘。psutil中有相应的函数可以进行获取。

● psutil.cpu_count(logical=True)：获取物理或逻辑CPU的数量。如果参数logical=True，则表示获取逻辑CPU数；如果为False，则表示获取物理CPU数。

● psutil.cpu_percent(interval=None,percpu=False)：获取CPU的占用率，返回一个浮点数。interval>0.0表示以阻塞方式计算，否则表示以非阻塞方式计算。

● psutil.virtual_memory()：以命名元组的形式返回有关系统内存使用情况的统计信息，其中包括以下字段（以字节表示）：total——总大小，不包括交换内存；available——剩余有效内存；used——已经使用了的内存。

● psutil.disk_usage(path)：返回路径磁盘的使用情况，使用情况统计信息作为命名元组返回，包括：total——总计大小；used——已使用；free——空余。

任务1　使用数字表示计算机性能指标

表示数字或数值的数据类型称为数字类型。Python语言有3种数字类型：整型（int）、浮点型（float）和复数型（complex），分别对应数学中的整数、实数和复数。Python对整型数据的长度没有限制，能一直大到占满可用内存。

扫一扫，查看视频

1．计算容量信息

（1）计算

数值最基本的计算就是四则混合运算，Python代码中使用的操作符和数学里使用的运算符略有差异，但代表的数学计算意义是一致的。Python支持直接进行计算，也就是可以将Python shell当作计算器来使用。Python的数值基本运算符见表2-1。

表2-1　Python的数值基本运算符

数 学 符 号	Python运算符	意　义	示　例	结　果
+	+	加法	2+3	5
−	−	减法	2-1	1
×	*	乘法	2*3	6
÷	/	除法	1/2	0.5
x^n	**	求幂	2**3	8

数学计算中可以分别获得除法计算的商和余数。例如，$5÷2=2……1$，即5除以2的结果，商为2、余数为1。在Python中怎样分别求商和余数？看下面的代码。

```
1   >>> 5 / 2
2   2.5
3   >>> 5 // 2
4   2
5   >>> 5 % 2
6   1
7   >>>divmod(5, 2)
8   (2, 1)
9   >>> pow(2, 3)
10  8
11  >>>(1 + 3) * 2
12  >>> 8
```

Python中用整除（//）得到商（第3行），用求余（%）运算符得到余数（第5行）。此外，还可以通过divmod（）函数把除数和余数运算结果结合起来（第7行），返回一个包含商和余数的一对值(a // b，a % b)。当然，除法运算中除数不能为0。函数pow(x，y)能求x的y次幂（第9行）。

运算符和操作数组成了表达式。操作数可以是常量、变量或函数结果。运算符可以是算术、逻辑和关系运算符。表达式一般会返回一个计算结果，然后通过赋值符给变量赋值。如果在交互模式中只输入一个表达式，Python解释器会直接返回计算结果的值。

当然，在计算中如果需要改变计算的优先顺序，可以像数学中一样，使用括号强制提升优先级。如在上述代码中，乘法运算符的优先级本来高于加法运算符的，但"1+3"用括号括起来了，会优先计算加法后再进行乘法计算（第11行）。

（2）赋值

赋值其本质就是将值绑定到变量上，赋值符就是等于号（=），其意义是代表左右两边类型相同、值相等。要改变一个变量的值，只要将该变量置于赋值符的左边，将新的值或者表达式置于赋值符的右边即可。Python允许同时为多个变量赋值，也可以同时为多个变量赋不同的值。

1）同步赋值。同时给多个变量赋值，每个值都可以不相同。将多个变量用逗号隔开，放到赋值符的左边，将对应要赋的值或表达式也用逗号隔开，放到赋值符的右边。语法格式如下：

<变量1>，…，<变量N>= <表达式1>，…，<表达式N>

下面用同步赋值来求解一个经典的问题：假设你手上有一瓶酱油和一瓶醋，现在需要把酱油和醋对调一下，即用装酱油的瓶子来装醋，用装醋的瓶子来装酱油，请问怎样解决这个问题呢？

也许你想到了答案，对！找一个空瓶子来：首先，把酱油倒入空瓶子中，腾空酱油瓶；然后，把醋倒入酱油瓶；最后，把临时存放在空瓶子中的酱油倒入醋瓶子中。用Python代码实现如下：

执行对调代码：

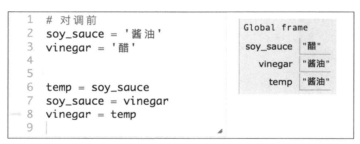

这是一个传统思路的实现方式，通过3行代码（第6～8行）完成了酱油和醋的交换，但不够优雅，更简洁的办法是通过同步赋值。

```
 1   # 对调前
 2   soy_sauce = '酱油'
 3   vinegar = '醋'
 4
 5   # temp = soy_sauce
 6   # soy_sauce = vinegar
 7   # vinegar = temp
 8
 9   soy_sauce, vinegar = vinegar,soy_sauce
10   
```

Global frame
soy_sauce "醋"
vinegar "酱油"

Python只需要一行代码（第9行）、不需要额外再新增临时变量即可实现。

2）多个变量赋相同值。使多个变量拥有相同的值，等于是把一个值绑定到多个变量上，多个变量之间用"，"隔开，赋值符号"="右边给出值或表达式。语法格式如下：

<变量1>,…,<变量N>= <表达式>

下面来看一段示例代码：

```
1  >>> a=b=c=9
2  >>> a
3  9
4  >>> b
5  9
6  >>> c
7  9
```

由上述代码可见，通过一行代码就将a、b、c这3个变量同时指向了数值"9"（第1行），实现了多个变量一次性赋相同值的效果。

（3）增强赋值

增强赋值（augmented assignment statement）是指在单个语句中将二元运算和赋值语句合为一体，先进行二元运算，然后再将计算结果进行赋值的操作。增强赋值运算符见表2-2。

表2-2　增强赋值运算符

序　号	符　　号	示　　例	含　　义
1	+=	a += b	a = a + b
2	-=	a -= b	a = a - b
3	*=	a *= b	a = a * b
4	/=	a /= b	a = a / b
5	//=	a //= b	a = a // b
6	%=	a %= b	a = a % b
7	**=	a **= b	a = a ** b

假如a,b=3,6，那么执行a+=b后，a=3+6=9，而b的值计算前后没有变化。

（4）类型转换和四舍五入

Python是强数据类型的编程语言，一般不同数据类型的两个变量是不能进行二元计算的，需要进行类型转换。类型转换包括隐式数据类型转换和显示数据类型转换。隐式数据类型转换是指一个低精度类型数据和一个高精度类型数据进行计算时，低精度类型数据会向高精度类型转换后再进行计算，其结果为高精度类型。例如，一个整数加一个浮点数，其结果会是浮点数。

```
1   >>> x = 10
2   >>> y = 2.4
3   >>> x + y
4   12.4
5   >>> int(2.6)
6   2
7   >>> int('90')
8   90
9   >>> float(4)
10  4.0
11  >>> float('12.5')
12  12.5
```

在上面的代码中，x是一个整数（第1行），y是一个浮点数（第2行），相加得到一个浮点数（第4行）。

强制数据类型转换是通过转换函数来实现的。例如，要将一个浮点数转换成整数（第5行），或者将一个整数字符转换成整数（第7行），都可以使用int（）函数。类似地，要将一个整数转换成浮点数（第9行），或者将一个浮点字符串转换成浮点数（第11行），就要使用float（）函数。

打印计算机信息图卡时，psutil获得的磁盘使用占用率是一个浮点数，此处，需要显示一个整数比例，那就需要用到int（）函数进行数据类型的转换。

```
1   # 简化演示，此处只计算主挂载点下的磁盘容量
2   disk_percent = int(psutil.disk_usage('/').percent)
```

运行结果如图2-4所示。

由上面的代码可以发现，int(2.6)只能得到整数2，而不是数学里四舍五入的结果3。在数值计算中，经常需要获取特定精度的数值，

图2-4　磁盘使用率占比

进行四舍五入计算，Python函数round（）可以实现该功能，语法格式如下：

```
round(number[, ndigits ])
```

round（）函数会返回number舍入到小数点后ndigits位精度的值，如果ndigits被省略或为None，则返回最接近输入值的整数。值会被舍入到最接近的$10^{-ndigits}$次幂的倍数，如果存在两个与number距离相等的$10^{-ndigits}$的倍数，则会向偶数方向进行舍入。因此，round(0.5)和round(-0.5)均为0，而round(1.5)为2。

对浮点数执行round（）的结果可能会令人惊讶。例如，round(2.675,2)将给出2.67而不是期望的2.68。这不是程序错误，这一结果是由于大多数十进制小数实际上都不能以浮点数精确地表示而造成的，相关内容将在后面浮点数的尾数不确定中进行介绍。

（5）存储容量的单位与换算

计算机中是用二进制的0和1来表示数据的，每一个二进制位的0或者1称为一比特（bit，b），8比特组成一个字节（byte，B）。字节是计算机中数据存储的基本单元，计算机中的所有数据，不论是保存在磁盘文件上的还是网络上传输的数据（文字、图片、视频、音频、文件等）都是由字节组成的。更大的单位还有千字节（KB）、兆字节（MB）、吉字节（GB）、太字节（TB）等，换算关系如下：1024B=1KB；1024KB=1MB；1024MB=1GB。

回到任务的实现，获取到内存的大小后，得到的是字节数，需要换算成GB，同时采用四舍五入求近似取整，具体实现代码如下：

```
1   # 内存大小
2   memo = psutil.virtual_memory( )
3   # 单位为KB，换算成GB
```

```
4    memo_total, memo_used, memo_available =  \
5              round(memo.total / 1024 / 1024 / 1024), \
6              round(memo.used / 1024 / 1024 / 1024, 1), \
7              round(memo.available / 1024 / 1024 / 1024, 1)
```

上面的代码中，对总内存数保留整数（第5行），而对已经使用内存数和剩余有效内存数保留了一位小数位（第6～7行），最后将总内存、已使用内存和有效剩余内存采用同步赋值方式，一次性分别赋值给memo_total、memo_used、memo_available这3个变量。

在日常生活中，为了简单估算容量，有时也按1000的近似值做计算，除以3个1024，近似等于10^9，Python中可以采用科学计数法1e9表示，等效于数学中的1×10^9。下面是计算磁盘容量的详细代码：

```
1    # 简单估算容量，不采用1024，而是1000
2    disk_total = round(psutil.disk_usage('/').total / 1e9)
3    disk_used = round(psutil.disk_usage('/').used / 1e9)
4    disk_free = round(psutil.disk_usage('/').free / 1e9)
```

注意：此处计算磁盘容量的代码不是最终所需，后续还将会继续改造该部分代码。

2. 格式化数值显示

格式化主要是为了达到特定的输出样式，对数字的输出精度、占位宽度及附加特殊符号（例如，百分号"%"表示占比）等进行控制输式。旧式的格式化方法是以求余运算符"%"作为格式控制引导符，但更推荐使用字符串内置的format()函数进行格式化。

格式化一个整数值可以指定输出宽度，不足宽度的高位可以指定补位字符。例如，表示月份的序号从1～12有12个数字，但1～9月份的序号只有1位数，而10～12月份的序号有两位数，为了输出的美观性，只有1位数宽的月份可以在高位补"0"输出，即01,02,03,…,10,11,12。实现代码如下：

```
1    # 月份的数字序号
2    >>>jan_num = 1
3    >>>dec_num = 12
4    >>> print("%02d" % jan_num)
5    01
6    >>> print("%d" % dec_num)
7    12
```

其中，"%02d"的意义是：

● %: 格式化引导符，表示后面是一个格式化控制。

● 0: 不足宽度高位补0。

● 2: 输出宽度为2个字符。

● d: 表明输出的是一个整数。

浮点数的格式化一般会需要指定精度，即小数点后保留的指定位数，可能还需要输出"%"号等字符。图2-5所示是"%05.2f%%"格式控制的意义。

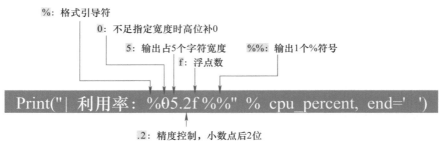

图2-5 %05.2f%%格式控制的意义

打印计算机信息图卡时，无论是计算机物理CPU数量，还是逻辑CPU数量，都是一个整数，用"%d"表示；而CPU的占用率是一个浮点数，带有小数位，这里设置带两位小数。需要注意的是，在一个语句中输出了两个及以上值时，格式控制字符串后的多个变量/值需要用圆括号括起来，形如"%d……%d"%（va1，va2）。

```
1    # %引导符格式化字符串
2    # 物理和逻辑CPU个数
3    print("物理CPU %d个；逻辑CPU %d个。        |" % \
4         (psutil.cpu_count(logical=False)，psutil.cpu_count( )))
5
6    # CPU占用率
7    cpu_percent = psutil.cpu_percent(interval=1)
8
9    # %引导符格式化数字
10   print("| 利用率: %05.2f%%" % cpu_percent, end=' ')
```

函数cpu_count(logical=False)表示求计算机CPU的数量，如果函数标签logical设置为False，则得到的是物理CPU数量，不设置该标签/默认，则得到的是逻辑CPU数量（第4行）。percent(interval=1)用于获取CPU的占用率，当interval>0.0时，比较间隔（阻塞）之前和之后经过的系统CPU时间（第7行）。

运行结果如图2-6所示。

3. 有趣的数值计算

（1）数字驻留

```
|--------------------------------|
| CPU:   物理CPU 4 个；逻辑CPU 4 个 |
| 利用率: 90.70%                   |
|--------------------------------|
```

图2-6 格式化整数和浮点数

为了减少对象的频繁创建与销毁，Python对-5～256之间的数值进行了缓存，也就是说，创建后一直会保留在内存中以供下次使用，这就是数字驻留。因为变量的名称实际上就是指向值在内存中的地址，所以，可以通过判断保存在内存中值的地址是否相同，从而判断两个大小相同的变量或值是不是指向相同的一块内存空间。这里介绍3个比较变量的操作符和函数。

● id(object)：函数，返回一个对象在内存中的地址值。该值是一个整数，在此对象的生命周期中是唯一、不变的。

● ==：比较操作符，比较两个对象的值大小是否相等。

● is：身份/同一性运算符，用来判断两个对象是否指向同一个内存空间。

从下面的测试代码可以看出，当变量a和b的值为10时，数字驻留了，这时的a和b实际上引用的是内存中相同的一块空间，a和b的值相等、地址相同。当重新赋值为1000时，数字没有驻留，虽然a和b两个变量的值都为1000，大小相等，但却是存储在内存的不同地址空间。

```
 1   >>> a = 10
 2   >>> b = 10
 3   >>> a == b
 4   True
 5   >>> a is b
 6   True
 7   >>>id(a)
 8   4494907984
 9   >>>id(b)
10   4494907984
11   >>> a = 1000
12   >>> b = 1000
13   >>> a == b
14   True
15   >>> a is b
16   False
17   >>>id(a)
18   4542877264
19   >>>id(b)
20   4542877040
```

注意：因为执行环境不同，id( )函数获取变量的地址值并不会和上面的示例代码一样，在此只要比较两次对变量的操作是否相同即可。

（2）浮点数的尾数不确定性

一个简单的十进制数字加法计算，如0.1+0.2=0.3，在Python里会得到怎样的结果？

看到图2-7中的结果是不是很意外，并没有得到精确结果0.3，后面还带了一个尾数。为什么会出现这种情况呢？其实当某个浮点数并不能被二进制精确表示的时候，就会出现不确定尾数。类似于十进制中1/3，表示为0.3、0.33、0.333、0.3333、……只是表示无限接近实际值，但它们都永远不会精确等于1/3。大多数情况下，输入的十进制浮点数都只能近似地以二进制浮点数形式存储在计算机中。例如，在以2为基数的情况下，1/10就是一个无限循环小数0.000110011001100110011001100110011001100110011001100110011……

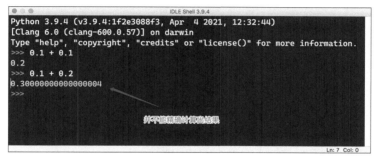

图2-7　浮点数尾数

这样就能很好地理解为什么前面介绍的四舍五入函数没有得到预期的值了。下面通过Decimal( )函数来看看一个浮点数到底在内存中表示成什么。

```
1  # Decimal( )表示Python中的高精度实数
2  >>> from decimal import Decimal
3  >>> Decimal(2.675)
4  #在内存中的真实数值
5  #Decimal('2.67499999999999982236431605974953532218933310546875')
6  >>> round(2.675,2)
7  2.67
```

从上面的代码可以看出，因为二进制不能精确地表示浮点型数，2.675在计算机内存中的实际值比其真实值要略微小一点（第5行），使用四舍五入函数保留小数点后2位时，并没有进位（第7行）。

任务2　使用字符串格式化图卡信息

1. 了解计算机如何表示字符

（1）了解编码

扫一扫，查看视频

生活中，字符（character）是一个信息单位，它是各种文字和符号的统称，比如一个英文字母、汉字、标点符号等。计算机只识别由0、1组成的数字，为了将日常生活中用到的字符在计算机中显示和存储，就需要对字符编码（character encoding）表示，将字符集中的字符（char）映射为字节（byte）流，也就是为字符集中每个字符指定一个数字编号（字符码）。常见的字符编码方案有ASCII编码、GBK编码、UTF-8编码等。编码（encoding）的过程是将字符转换成字节流，解码（decoding）的过程是将字节流解析为字符。不同的编码方案规定的字符的个数不同，能表示的字符数也不同，即字符集（character set）大小不同。例如，ASCII字符集总共有128个字符，主要包含了西文字符系统。而用于汉字编码的字符集[一] 定义了7445个字符，其中汉字6763个。2022年新修订发布的《信息技术　中文编码字符集》[二]强制性国家标准，共收录汉字87887个，包括《通用规范汉字表》全部汉字和多种少数民族文字，覆盖我国绝大部分生僻字及专业领域用字。该标准实施后将规范字编码方式，确保传输的文字信息在收发双方显示一致，并有效解决了生僻字信息系统的录入、传输与交换问题。

所以从数量上看，一般来说，表示一个英文字符用一个字节即可，而表示一个汉字至少需要用两个字节。信息在计算机中的表示如图2-8所示。

　一　《信息交换用汉字编码字符集 基本集》（GB/T 2312-1980）。
　二　《信息技术 中文编码字符集》（GB 18030-2022）。

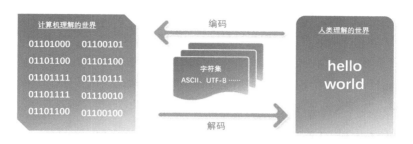

图2-8　信息在计算机中的表示

例如，平常编程中用到字符"A"，它对应的ASCII编码是十进制整数65，因此写入存储设备的时候就是b'01000001'。

```
1   # 字符与Unicode编码
2   >>> '\u6211\u7231\u4e2d\u56fd'
3   '我爱中国'
4
5   # 字符的个数并不是编码字符的个数
6   >>>len('\u6211\u7231\u4e2d\u56fd')
7   4
```

中文字符串"我爱中国"这4个汉字对应的Unicode编码分别是OX6211、OX7231、OX4e2d、OX56fd，这是编码十进制值的十六进制表示，要从Unicode码得到相应的字符，可以使用Python的转义字符"\u"（第2行）。注意，字符的长度是编码对应字符的数量，而不是编码值字符的个数。可以使用求字符串长度的len( )函数进行校验（第6行）。

（2）字符串和编码

Python 3中使用str表示字符串数据类型。所谓字符串，顾名思义，就是由许多字符组成的、连接而成的一个串。字符串对象用于存储文本，字符串就是字符的序列。

```
1   # 创建字符串变量
2   # 单引号
3   str_en = 'Python'
4
5   # 双引号
6   str_zh = "我爱中国"
7
8   # 三引号
9   str_triple = '''这里可以是一段文字'''
```

在Python中，用成对的单引号（第3行）、双引号（第6行）或三引号（第9行）引起来的常量数据都是字符串类型的值。Python 3中的字符串类型使用Unicode标准（UTF-8）来表示字符。

Unicode编码有多种方案，包括UTF-8、UTF-16、UTF-32。UTF（unicode transformation　format）是Unicode转换格式的意思。其中，UTF-8已成为网络数据中

电子邮件、网页以及其他应用程序的首选编码方案。Python源代码本身就是一个文本文件，默认情况下，Python源码文件的编码是UTF-8，这种编码支持世界上大多数语言的字符，可以用于字符串字面值、变量、函数名及注释。要正确显示这些字符，代码编辑器必须能识别UTF-8编码，而且必须使用支持文件中所有字符的字体。如果不使用默认编码，则要声明源代码文件的编码，在源代码文件的第一行要写成特殊注释。

```
1   #!/usr/local/bin/python3
2   # -*- coding: gb2312 -*-
3   ......
```

第1行代码表示该文件是个".py"程序，执行的时候需要Python解释器来执行，这是脚本语言共同遵守的规则，指定了用来执行该脚本的解释器。第2行表明编码格式，主要用来显示中文等，该用法在Linux系统中比较常见。如果正在用Visual Studio Code来编写Python程序，在状态栏上会显示图2-9所示的信息。当然，也可以自己选择用其他的编码重新打开代码文件、设置字符的换行符等。

图2-9　源代码文件的编码

Unicode规范能表示更多的人类语言中用到的字符，该规范持续进行修订和更新以添加新的语言和符号，它赋予每个字符唯一的编码，能很好地支持软件的国际化。计算机中存储的都是字符编码后的字节流，即二进制表示，至于具体表示的是什么信息，计算机并不关心，从机器的世界看，都是二进制，但从人类的世界来看，可能这些二进制表示的数据是一篇文章、一张照片、一个视频等。从机器的世界映射到人类的世界就需要一套交换信息用的编码集，换而言之，字符串中的每个字符都要映射为特定的二进制位编码。

```
1   >>>str_en = 'a'
2   >>>str_zh = '中'
3   >>>str_en.encode( )              #默认为UTF-8编码
4   b'a'
5   >>>str_zh.encode( )
6   b'\xe4\xb8\xad'
7   >>>str_zh.encode(encoding='utf-8')
8   b'\xe4\xb8\xad'
9   >>>str_zh.encode(encoding='gbk')
10  b'\xd6\xd0'
11  >>>b'a'.decode( )
12  'a'
13  >>> b'\xe4\xb8\xad'.decode('utf-8')
14  '中'
15  >>> b'\xd6\xd0'.decode('gbk')
16  '中'
```

Python 3提供了bytes类型对象处理以二进制字节序列形式记录的数据，其值形式为b'xxx'（第4、6、8、10行）。bytes表示的比特流是什么含义由不同的编码方案确定。bytes数据类型的操作和字符串（str）类型的操作基本一样，这方便了用户对编码后的二进制数据进行操作。要通过字符得到编码可以使用encode（）方法（第3、5行），默认为UTF-8编码方案。当然，也可指定不同的编码方案进行编码（第9行）。要从编码获得其对应的字符可以使用decode（）方法进行解码（第11、13、15行）。

从上面的代码运行结果来看，Python 3默认使用UTF-8编码，对于一般的英文字符用1个字节存储，对于中文用3个字节来存储（第7、8行）。当指定不同的编码方式时，存储字节数可能不同，如上例中，指定中文采用gbk编码时，用2个字节表示一个汉字（第9、10行）。但是，无论采用什么样的编码方式，解码时一定要使用相同的编码字符集，否则可能得到的就是乱码，或者根本就无法解码。

（3）转义字符

转义字符（escape character）是字符串中以"\"开头的特殊字符，Python将用作其他用途。例如，\n表示换行，\t表示一个水平制表符（tab）。Python中常用的部分转义符见表2-3。

表2-3　Python部分转义符

序　号	转义字符	备　注
1	\n	换行（linefeed，LF），光标前进到下一行开始位置
2	\r	换行（carriage return，CR），光标前进到当前行开始位置
3	\t	制表符，光标移动到下一个制表符位置，通常为8个字符宽度，可以在不使用表格的情况下在垂直方向按列对齐文本
4	\'	代表一个单引号字符'
5	\"	代表一个双引号字符"
6	\\	代表一个反斜线字符\

如果希望反斜线字符"\"不作为转义字符使用，而是作为普通字符使用，可以在字符串的前面加一个字符"r"。例如，在Window操作系统中要表示一个文件的路径：C:\Users\caowen\Desktop，因为反斜线被作为转义字符处理，所以要写成'C:\\Users\\caowen\\Desktop'，或者写成r'C:\Users\caowen\Desktop'，这称之为原始字符串（raw strings）。

```
1  >>> print("I\'m OK!")
2  I'm OK!
3  >>> print('C:\\Users\\caowen\\Desktop')
4  C:\Users\caowen\Desktop
5  >>> print(r'C:\Users\caowen\Desktop')
6  C:\Users\caowen\Desktop
```

2. 操作字符串打印图卡模板

（1）字符串的加法和乘法操作

两个字符串可以使用加法运算符（+）进行合并操作，把两个字符拼接在一起成为一个新的字符串；字符串也可以和一个整数（int）进行乘法（*）运算，表示字符串的重复。

在打印计算机信息图卡中，表头部分左右两个端点是"+"号、中间是40个"-"号，那么重复的40个减号字符就可以用乘法生成，加号字符和减号字符可以用加法计算合并。

```
1   # 输出表头部分
2   print("+" + '-' * 40 + "+")
3   # 表格宽度40个字符，每个汉字占2个字符宽度
4   print('|' + ' ' * 13 + '计算机信息图卡' + ' ' * 13 + '|')
5   print("|" + "-" * 40 + "|")
```

输出效果如图2-10所示。

图2-10　表头信息输出

（2）字符串的索引与切片操作

字符串（string）是由多个字符（character）组成的集合，就好像是许多的字符按顺序排成了一队，可以使用索引（indexed）操作从一组字符中截取一个或一段字符[注]。Python使用带下标数字的中括号[index]作为字符串的索引，或者称之为下标（subscripted），从左至右，第一个字符的索引下标为0，最后一个字符的下标为字符串长度减去1。因为获取字符串的长度可以使用函数len(str)，因此，字符串索引下标的最大值为len(str)-1。索引也可以从右至左的方向进行，因为-0和0相等，所以，从右边开始计数时序号从-1开始。

```
1   +---+---+---+---+---+---+
2   | P | y | t | h | o | n |
3   +---+---+---+---+---+---+
4   0   1   2   3   4   5
5  -6  -5  -4  -3  -2  -1
```

如果变量word = 'Python'，第4行的数字给出了正向索引的序号，第5行数字给出了反向索引的序号。可以通过表2-4所列的几个操作示例的结果去理解字符串的索引操作。

表2-4　word = 'Python'的索引示例

表　达　式	结　　果	表　达　式	结　　果
word[0]	'P'	word[-6]	'P'
word[5]	'n'	word[-1]	'n'
word[2]	't'	word[-4]	't'

　⊖　Python没有单独的字符（char）类型，一个字符就是一个长度为1的字符串。

当然，还可以直接使用字符串'Python' [0] == 'P'。

除了索引之外，字符串还支持切片（slicing）操作。切片与索引类似，不过索引用于获取单个字符，而切片用于获取一段字符串，或者说是子串。切片操作的语法格式如下：

slice [start:end:step]

● start：切片的开始位置。省略时，表示从序列中的第一个元素开始。

● end：切片的结束位置（不包含结束位本身）。省略时，表示到序列的最后一个元素结束。

● step：步长（默认为1，不能为0），表示每隔step个数取值。

可以通过表2-5所列的几个示例来理解切片操作。

表2-5　word = 'Python'的切片示例

表　达　式	意　　义	结　　果
word[1:]	从1开始到最后一个的所有字符	'ython'
word[:4]	从0开始到4（不包括4）结尾的所有字符	'Pyth'
word[1:4]	从1开始到4（不包括4）结尾的所有字符	'yth'
word[:-1]	从0开始到结尾（不包括结尾）的所有字符	'Pytho'
word[-5:-1]	从-5开始到-1（不包括结尾）的所有字符	'ytho'
word[-3:]	倒数3个字符	'hon'
word[:]	所有字符	'Python'
word[0:6:2]或word[::2]	步长为2/间隔1个元素，从开始到结尾的所有字符	'Pto'

图2-11所示是word[0:6:2] /word[::2] 的切片操作示意图。

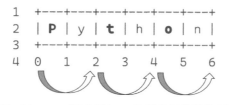

图2-11　word[0:6:2]/word[::2]的切片操作示意

思考一下，如何使用字符串的切片操作实现字符串的反转呢？看如下代码：

```
1  >>>revers_str = 'ABCDEFG'
2  >>> print(revers_str [::-1])
3  GFEDCBA
```

切片操作的开始位置为字符串的起始位置，结束为字符串的长度，设置步长为-1，就实现了反向截取字符，从而巧妙地实现了字符串的反转。

在打印计算机信息图卡中，首先定义一个变量cmp_component，用于存储一个用"#"

分隔开的3个计算机部件名称的字符串"CPU#内存#磁盘"。怎样从该字符串中单独获取3个名称呢？用字符串的切片操作就能方便地实现。

```
1   # 用切片方式获取字符串中存储的3个计算机部件名称
2   cmp_component = "CPU#内存#磁盘"
3
4   # [0:3]=CPU，打印不换行
5   print("| " + cmp_component[0:3] + ": ", end=' ')
6   …
7   # [-5:-3]=内存
8   print(f"| {cmp_component[-5:-3]}: {' ' * 32} |")
```

考虑到在CPU文字后面还需要接着打印物理CPU和逻辑CPU数量等信息，不要换行，所以在print()函数中设置end=' '（第5行），表示打印完成后以空格结束，光标不换行。代码的执行效果如图2-12所示。

图2-12　打印CPU文字标签

（3）内置函数split()

字符串除了可以通过索引和切片提取字符外，还可以通过str.split()函数提取。该函数使用分隔符把字符串切割成多个小段，返回切割字符串的一个列表。也就是说，str.split()函数根据一个特征字符，可以把字符串切割成一组子字符串出来。其语法格式如下：

split(sep=None, maxsplit=-1)

● sep：要拆分字符串所依据的分隔符，None（默认值）表示根据空格拆分，并在结果中丢弃空字符串。

● maxsplit：要执行的最大拆分数，-1（默认值）表示无限制。

```
1   >>>cmp_component = "CPU#内存#磁盘"
2   >>>cmp_component[0:3]
3   'CPU'
4   >>>cmp_component[-5:-3]
5   '内存'
6   >>>cmp_component.split("#")
7   ['CPU', '内存', '磁盘']
8   >>>len(cmp_component.split("#"))
9   3
10  >>>cmp_component.split("#")[0]
11  'CPU'
12  >>>cmp_component.split("#")[1]
13  '内存'
14  >>>cmp_component.split("#")[2]
15  '磁盘'
```

在上述代码中，字符串变量cmp_component包含了"#"分隔开的3个计算机部件名称，"#"就是一个具有切割作用的特征字符，执行cmp_component.split("#")函数（第

6行），就可以获得3个字符串'CPU'、'内存'和'磁盘'（第7行）。返回的3个子字符串实际是有位序的，所以可以用索引操作分别引用，比如cmp_component.split("#")[0]就表示切割后返回的3个子字符串中的第1个字符串的值（第10、11行）。当然，也可以使用len（）函数求得切割后一共有多少个子串（第8、9行）。

注意：split（）函数的返回结果外面有一个中括号[ ]（第7行），这实际上是Python中非常重要的一种数据类型——列表，相关内容将在后续的学习单元中深入介绍。

3. 使用3种格式化方法打印信息

（1）引导符格式化

与前面介绍的格式化数值一样，字符串的格式化操作也可以使用"%"符号进行字符串的格式化输出。不同的是，格式化整数使用的是"%d"，而格式化字符串要使用"%s"。

```
1  >>> name = 'Python'
2  >>> print('hello %s'%name)
3  hello Python
```

使用"%"格式化不太灵活，该技术很冗长，而且，在传递的参数数量、预期类型、缺少键或忘记尾部添加类型符（例如s或d）等方面相对容易出错，在项目开发中，不推荐使用该格式化方法。

（2）format（）函数格式化

使用str.format（）格式化字符串更容易阅读，它避免了以前技术的许多缺点和限制。使用format（）函数格式化字符串类似于提前准备好一个模板，在这个模板字符串中，需要引用其他值（如某个变量）的地方就设置一个可替换的字段（一对大括号{ }括起来的替换域），可替换字段以外的字符串照原样输出，可替换字段换成相应的值。如果要设置多个可替换字段，用[0, 1, 2, …]的序列索引表示。format（）格式化大多数情况下与旧式的%格式化类似，基本上就是用{ }和:来取代%。常用的格式规范见表2-6。

表2-6　格式化字符串的格式规范

:	<填充>	<对齐>	<宽度>	,	<.精度>	<类型>
格式化引导符号	用于填充的单个、任意字符	❶ <: 左对齐 ❷ >: 右对齐 ❸ ^: 居中对齐 ❹ =: 将填充放置在符号（如果有）之后、数字之前，仅对数字有效，如+00120	设定替换字段的输出宽度 如果是数值的话，宽度包括小数点	千位分隔符适用于数值	浮点数小数部分的精度，或字符串的最大输出长度	整数: b/二进制，o/八进制, x/十六进制; c/字符 浮点数: e/科学计数, f/浮点数; %/将数字乘以100并显示为定点('f')格式，后面带一个百分号

因为位置参数说明符可以省略，所以'{ } { }'.format(a, b)等价于'{0} {1}'.format(a, b)。

打印磁盘的占比信息虽然输出显示只有一行，但包括了3个信息点，分别是"磁盘"标签文字、19个空格，以及使用比例，所以使用了索引{0}、{1}、{2}来设置3个可替换域，分别对应cmp_component.split("#")[2]、" " * 19、disk_percent这2个计算表达式和1个变量。具体实现代码如下：

```
1   # str.format()格式化
2   # 为简化演示，此处只计算主挂载点下的磁盘容量
3   disk_percent = psutil.disk_usage('/').percent
4
5   # cmp_component.split("#")[2]=磁盘
6   # cmp_component.split("#")=['CPU', '内存', '磁盘']
7   # a>format()通过位置
8   print("| {0}: {1} | 占比: {2:2.0f} % |".format(
9       cmp_component.split("#")[2]," " * 19, disk_percent))
```

上面代码第8行中"{2:2.0f}"的含义：第一个数字2是索引，表示位序为2的可替换域；":"为格式引导符；第二个数字2表示输出的宽度占2个字符宽；".0"表示精度控制，小数点后位数为0，即不显示小数；"f"表示显示的值是一个浮点数。

format()字符串格式化中，除了可以用索引（{index}）表示替换域之外，还可以使用关键字参数（keyword argument），也就是将数字序号的地方用一个可读性更强的名称来指代，然后再在后面一一为各个命名的参数赋值。

```
1    # 简单估算容量，不采用1024，而是1000
2    disk_total = str(round(psutil.disk_usage('/').total/1e9))+" G"
3    disk_used = str(round(psutil.disk_usage('/').used/1e9)) + " G"
4    disk_free = str(round(psutil.disk_usage('/').free/1e9)) + " G"
5
6    # b>format()通过关键字参数
7    print("| 总计: {total} | 已用: {used} | 空余: {free} |".format(
8        total=disk_total,
9        used=disk_used,
10       free=disk_free))
11   print("+" + '-' * 40 + "+")
```

与索引方式相比，命名字段的方式在赋值中不受位序控制，也就是说total=disk_total、used=disk_used、free=disk_free这3个赋值表达式（第8～10行）在书写时是没有先后顺序的，类似于属性访问/赋值方式。

代码的执行效果如图2-13所示。

（3）f-string格式化

f-string（f-字符串）称为字面量格式化字符

```
|------------------------------------------|
| 磁盘:                      | 占比: 71 % |
| 总计: 249 G | 已用: 176 G | 空余: 73 G |
|------------------------------------------|
```

图2-13　打印磁盘空间使用信息

串，是标注了'f'或'F'前缀的字符串字面值。和format()格式化字符串一样，f-字符串也是用一对大括号来表示替换域，形如{expression:formatter}，嵌入到字符串中的表达式（expression）会先进行计算后替换成一个值，冒号（:）和后面的格式化规范是可选，其含义和format()中的一样。

下面用f-字符串来格式化输出内存信息。

```
1   # 内存大小
2   memo = psutil.virtual_memory()
3   # 单位为KB, 换算成GB
4   memo_total, memo_used, memo_available = \
5       round(memo.total / 1024 / 1024 / 1024), \
6       round(memo.used / 1024 / 1024 / 1024, 1), \
7       round(memo.available / 1024 / 1024 / 1024, 1)
8
9   # f-str格式化
10  # [-5:-3]=内存
11  print(f"| {cmp_component[-5:-3]}: {' ' * 32} |")
12  print(f"| 总计: {memo_total} G; 已用: {memo_used} G; 可用: {memo_
        available} G.   |")
13  # {data:formater}
14  print(f"| 已使用: {memo_used/memo_total:.1%}" + " " * 26 + "|")
15
16  print("|" + '-' * 40 + "|")
```

在打印内存标签名的f-字符串中（第11行），使用了一个字符串乘法运算的计算表达式；输出内存总大小、已使用和剩余可用数据的f-字符串中用大括号引用了3个分别代表相应值的变量（第12行）；打印内存占比的f-字符串还引入了格式控制 ".1%"（第14行），表示保留一位小数且带百分号%输出。最终输出效果如图2-14所示。

```
----------------------------------------
| 内存:                                  |
| 总计: 8 G; 已用: 6.6 G; 可用: 1.3 G。   |
| 已使用: 82.5%                          |
----------------------------------------
```

图2-14 打印内存使用信息

4. 深入理解字符串

（1）字符串的驻留

与数字的驻留类似，字符串也有驻留。这与Python编译优化相关，但驻留的字符串中只能包含字母、数字或下划线。

```
1   # 字符串驻留
2   >>> a = "helloworld"
3   >>> b = "hello" + "world"
4   >>> a == b
5   True
6   >>> a is b
7   True
8   >>> id(a)
9   2584444620080
10  >>> id(b)
```

```
11   2584444620080
12   >>> a = "hello@world"
13   >>> b = "hello" + "@world"
14   >>> a == b
15   True
16   >>> a is b
17   False
18   >>> id(a)
19   2584446484592
20   >>> id(b)
21   2584446484656
```

在上面的代码中，字符串"helloworld"（第2行）仅包含普通字符，字符串进行了驻留，所以值比较（第4、5行）和地址比较（第6、7行）都是相同的，利用id()函数进行测试的结果也可以印证（第8~11行）；而字符串"hello@world"中包含了特殊字符"@"，字符串不会驻留，所以值比较（第14、15行）相同，但地址比较（第16、17行）不相同。

（2）可变与不可变

不可变（immutable）数据类型是指当该数据类型对应变量的值发生了改变，那么它对应的内存地址也会发生改变。也就是说，这样的对象一旦创建就不能再改变，如果必须存储一个不同的值，则必须创建新的对象重新整体赋值，而不是修改其中的某个部分。Python的不可变对象包括数字和字符串，以及将要学习的另一种数据类型元组（tuple）。反之，可变（mutable）对象可以在其id()保持固定的情况下改变其取值。也就是说，当该数据类型对应变量的值发生了改变，但它的内存地址不发生改变。

为了测试变量的数据类型和内存地址，引入两个函数：

- type(object)：返回对象object的类型。
- isinstance(object, classinfo)：返回对象object是不是classinfo类型。

```
1    # 可变和不可变
2    >>> n = 9
3    >>> print(id(n), type(n), isinstance(n, int))
4    1323925400112 <class 'int'> True
5    >>> n = 10
6    >>> print(id(n), type(n), isinstance(n, int))
7    1323925400144 <class 'int'> True
8    >>> s ='Hello World'
9    >>> print(id(s), type(s), isinstance(s, str))
10   1323945519856 <class 'str'> True
11   >>> s ='Python'
12   >>> print(id(s), type(s), isinstance(s, str))
13   1323935656368 <class 'str'> True
14   >>>s[0]='p'
```

```
15  Traceback (most recent call last):
16    File "<pyshell#10>", line 1, in <module>
17      s[0]='p'
18  TypeError: 'str' object does not support item assignment
```

当整数变量n赋值为9和10时（第2、5行），变量的值进行了修改时，变量对应的地址也发生了改变（第4、7行），说明数值类型变量是不可变的。当字符串变量s赋值为"Hello World"和"Python"（第8、11行），变量s的值修改后，s的地址也改变了（第10、13行），说明字符串类型变量也是一种不可变的数据类型。

如果试图去修改一个不可变类型的变量，将会产生错误。在上面的代码中，试图将字符串变量s的值"Python"的首字母大写"P"修改成小写字母"p"（第14行），结果引发了报错。如果要修改的话，需要重新创建对象然后整体赋值：s='python'。

建议使用isinstance（）内置函数来测试对象的类型，因为它需要考虑子类。

任务3 打印信息图卡的时间戳

打印完成计算机信息图卡后，还需要在信息图卡的最后面打印出当前的日期和时间。Python内置了datetime模块，提供了对日期和时间的操作。date（）函数可以转换一个日期时间型数据，也支持计算和比较。例如，比较两个日期谁在前面、相差多少天等。

扫一扫，查看视频

```
1   # 只需要引入date子模块
2   >>>from datetime import date
3
4   >>> d1 = date(year=2021, month=12, day=18)
5   >>> d2 = date(year=2021, month=12, day=20)
6   >>> d1 > d2
7   False
8   >>> d2 - d1
9   datetime.timedelta(days=2)
10  >>> (d2 - d1).days
11  2
12  >>> d1.year
13  2021
14  >>> d1.month
15  12
16  >>> d1.day
17  18
18  >>> d1.weekday()
19  5
```

datetime模块中包含了很多子模块，用于操作日期和时间类型的数据，因此此处只需要操作日期型，所以，在导入模块时，使用from module import sub_module的形式（第2行），只引入了date子模块。字模块date中的date（）函数可以将一个日期型的元组（年月日数字），转换成一个日期型数据d1和d2（第4、5行）。两个日期型变量可以比较大小（第6行），也可以做加减法计算（第8行）。两个日期型数据的减法结果是一个日期的德尔塔对象（timedelta），表示两个日期相差的值。若要直接得到相差多少天，可以直接访问该对象的days属性（第10行）。当然，通过访问日期类型数据的year、month、day属性可以分别获得日期的年、月、日数据（第12～17行）。如果要知道某天是星期几，可以使用weekday（）函数（第18行），返回一个0～6的数字，分别代表星期一（Monday）至星期日（Sunday），上面代码中返回的数字5表示星期六（Saturday）。

日期和时间对象可以根据它们是否包含时区信息而分为"感知型"（aware）和"简单型"（naive）两类。datetime虽然也支持日期和时间计算，但在实际使用中，人们关注的重点主要是有效的成员提取及输出格式化的操作。常用的两个方法如下：

- strftime（）方法：将一个日期时间的对象，按指定格式转换成一个字符串。
- strptime（）方法：将日期时间字符串按指定格式转换成一个日期时间数据类型的对象。

上面两个方法是一个互逆的操作，常用的格式化符号有：

- %y：两位数的年份表。
- %Y：四位数的年份表（带世纪的年份，如2021）。
- %m：补零后，以十进制数显示的月份。
- %b：月份的简称，如Dec。
- %B：本地化的月份全名。
- %d：补零后，以十进制数显示月份中的一天。
- %H：24小时制表示小时。
- %I：12小时制表示小时。
- %M：补零后，以十进制数显示分钟。
- %S：补零后，以十进制数显示秒钟。
- %p：本地化的AM或PM。
- %a：工作日的缩写（如Wed）。
- %A：星期中每日的完整名称。

在计算机信息图卡中，打印输出当前日期和时间的代码如下：

```
1   from datetime import datetime
2   ...
3   # 打印当前系统日期和时间
4   # 不带时区信息，now（）和today（）一样
5   #now = datetime.now()
6   now = datetime.today()
7   print("打印时间: " + now.strftime("%H:%M:%S %p %Y-%m-%d(%a)"))
```

datetime模块中包含了date、time及datetime等多个子模块，Python里对日期时间数据的定义也非常精确和详细，不仅包括了日期和时间值，还包括了时区信息和微秒数，一个完整的datetime类型数据会包括日期和时间两部分，即年、月、日、时、分、秒，以及时区和微秒。可以根据求解问题的需要引用。这里因为需要同时操作日期和时间，所以导入了datetime模块（第1行）。now(tz=None)方法可以指定时区信息，如果不指定，将根据当前的时区信息返回详细的日期和时间值，包括微秒数。now( )方法不带时区信息的效果和today( )方法是一样的。这里，先打印时间，再打印日期；时间值之间用冒号"："分隔；日期用4位表示年，年月日之间用连字符"–"分隔；时间值带AM/PM信息（%P），日期值带周信息（%a）。

日期和时间的显示效果如图2-15所示。

```
+-------------------------------------------+
打印时间: 23:16:56 PM 2023-03-14(Tue)
```

图2-15 打印日期和时间

>> 单 元 小 结 >>

扫一扫，查看视频

数字和字符串是Python的两种基本数据类型。数字类型支持数学中的四则混合运算、四舍五入求近似值等，如果要进行更复杂的数学计算，可以引入math模块；字符串也支持加法、乘法等运算用于字符串的拼接和重复。数值型数据计算时有一个特别的现象是浮点型数据尾数的不确定性，这主要是因为计算机内部采用二进制表示数值，当二进制不能精确地表示浮点数时会出现该现象。此外，浮点数的非精确表示同样会影响到对数值的四舍五入取值操作。

字符串的索引操作能截取一个字符，切片操作能截取一段字符。索引包括正向索引和逆向索引。字符串数据类型还自带了许多功能丰富的函数，例如split( )函数就能按指定分隔字符实现类似于切片的操作。

Python提供多种格式化方法来完成格式化输出，主要包括传统的"%"引导符格式化、format( )函数格式化和f-字符串格式化。这3种方法Python 3都支持，但如果在Python 2.X下编写代码，只能使用第一种方法。

为了提高解释器的运行效率，Python中对符合条件要求的数值和字符串进行了内存驻留处理，也就是当变量创建后会一直保留在内存中，下次别的变量需要引用时不用再重新创建。判断是否为同一引用，可以使用id( )函数和身份运算符is来进行测试。

变量的可变和不可变是Python中非常重要的一个概念，它决定了变量的值是否可以被修改。对不可变类型的变量重新赋值，实际上是重新创建一个不可变类型的对象，并将原来的变量重新指向新创建的对象。

Python的日期和时间数据类型包括了日期型（date）、时间型（time），以及日期时间型（datetime）。datetime对象的now( )方法和today( )方法都能返回当前日期时间值。

模块 2   **程序的控制结构**

- 学习单元 3　使用海龟绘图画五角星 // 52
- 学习单元 4　恺撒密码加 / 解密信息 // 71

学习单元3
使用海龟绘图画五角星

学习目标

- 理解迭代与循环程序设计
- 理解布尔值和比较运算
- 熟练使用for、in循环语句
- 熟练使用while循环语句
- 理解并熟练使用嵌套循环
- 具有科技强国的使命感知和责任担当

任务概述

扫一扫，查看视频

1. 五角星

五角星是人们十分熟悉的一个形状，也是人类最早使用的几何图形之一。五角星是指一种有五只尖角，并以五条直线画成的星星图形。它是一个规则的五角多边形，由凸规则五边形的对角线段构成。五角星是几个世纪以来许多组织使用的符号，与数千年的文明联系在一起，有多种含义，被许多国家用于旗帜、徽章等设计。五角星上能找到从小到大4种长度的线段，且任意两相邻长度的比都是黄金比，具有黄金美感的五角星就成为完美的象征。五角星还是一个具有五条对称轴的对称图形，具有对称的美。

五角星也是我们国家的国旗——五星红旗的主要元素。红色的旗面象征革命，旗上的五颗五角星及其相互关系象征中国共产党领导下的革命人民大团结；五角星用黄色是为了在红底上显出光明，四颗小五角星各有一尖角正对着大五角星的中心点，表示团结围绕着一个中心，且在形式上更紧凑、美观。五星红旗是中华人民共和国的象征和标志，每个公民和组织都应当尊重和爱护国旗。

本单元将严格按规范画出一个标准的五角星，如图3-1所示。

为了准确地体现五角星的标准绘制过程，将五角星置于一个3:2的红色矩形中央。为进一步清晰地显示，在矩形上画上了白色辅助线，将矩形分成12×8个小矩形，并为五角星画一个外接圆。

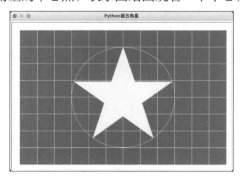

图3-1　五角星

2. 任务分析

❶ 目标解构：从五角星图案可以看出，整个五角星图案主要包括矩形背景、辅助线和五角星3个部分，涉及矩形、星形和圆形3种不同形状。

❷ 模式识别：画矩形和画五角星二者没有太多的相关性，但画五角星和矩形的具体实现过程都能分解成多个重复步骤。画矩形可以看成是重复画2次矩形长和宽边长的过程，而画五角星可以看成是重复画5次两边夹一角的过程。需要注意的是，这里的五角星有一个角要朝正北方向。

❸ 模式归纳：画矩形和画辅助线都是简单的线条重复。对于标准五角星的具体画法有多种方法，最简单和常见的是连笔画，即先画一个五角星的外接圆，然后在圆上定出5个等距离的点，再将相间隔的两个点连接起来，形成一个五角星的封闭区域，然后填充黄色即可完成画星的操作。连笔画法在Window平台上可以正常填充和显示五角星，但该方法在macOS和Linux系统下却显示不正确，会在连线线条交叉的地方断开封闭区间，也就是说，五角星的中心位置不能正确填充颜色，效果如图3-2所示。

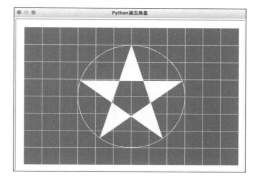

图3-2　macOS下连笔画五角星效果图

因此，这里采用另一种画五角星的方法——"角-线"法。角-线画法：从五角星的一个角顶点出发偏转一个角度画五角星边线，再偏转角度继续画线，如此反复完成一个封闭的正五角星的绘制。也就是说，把画五角星的任务拆分成画5个角、10条边线，画五角星就是移动一个角度画一条线，再移动一个角度画另一条线，其中移动72°和144°的画线操作刚好构成一个角。这样，通过循环执行5次就可以画出一个完整的五角星了。

❹ 算法设计：为了准确标注位置，可以画上辅助线和填充背景色，把五角星的背景矩形划分为12×8个更小的区域，根据计算可知，这些小区域就是一个个小正方形。

根据数学计算可知，五角星每个角为36°，开始画星时，先将海龟调整到面向正南方向（270°），然后再偏转18°开始画边线；边线的长度a根据正弦定理计算可得，即
$$\frac{a}{\sin 36°}=\frac{r}{\sin 126°}$$，即a=r×0.588÷0.809

❶；此时，海龟需要调整72°后再画第2条边线❷；画完第2条边线后，海龟处于正东方向（0°），根据五角星角的度数的补角可知，海龟向右旋转180°－36°＝144°后就可以准备画第3条线❸。角-线法的绘制过程如图3-3所示。

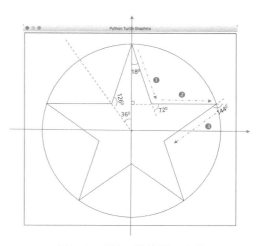

图3-3　用角-线法画五角星

3. 任务准备

（1）海龟绘图的坐标系

海龟绘图坐标系的中心原点在画布的中央，为了更好地计算坐标，创建两个变量start_x和start_y，用于存储画布左上角的坐标值，如图3-4所示。如果背景矩形的宽和高分别为_width和_height，则start_y=_height/2，等于背景矩形高度的一半；start_x=-1×_width/2，等于背景矩形宽度的一半，且值为负数。

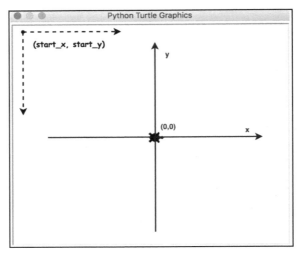

图3-4　画布坐标

（2）海龟绘图函数

可以看到，屏幕部分其实有两个对象，一个是带有边框的窗口（window），一个是窗口中间的画布（canvas），海龟绘图是在画布上进行的。如果画布大于窗体大小，则窗体会出现滚动条；如果画布小于窗体大小，则会填充窗口。在海龟绘图中，可以使用setup（）函数设置窗口的大小，使用screensize（）函数设置画布的大小。

turtle. setup (width=_CFG ['width'], height=_CFG ['height'], startx=_CFG ['leftright'], starty=_CFG['topbottom'])

turtle. screensize (canvwidth=None, canvheight=None, bg=None)

本任务中，还会用到几个函数：

● turtle. goto (x, y=None)：将海龟移动到一个绝对坐标位置，如果画笔已落下将会画线，但不会改变海龟的朝向。goto（）是绝对定位，不论海龟当前在哪个位置。

● turtle.xcor（）：返回海龟的x坐标。

● turtle.ycor（）：返回海龟的y坐标。

● turtle. home（）：将海龟移至初始坐标（0，0），并设置朝向为初始方向。

● turtle. setheading (to_angle)：设置海龟的朝向，0°为东、90°为北、180°为西、270°为南。

任务1　使用循环和迭代画背景图形

1. 认识迭代和循环

（1）迭代

迭代器（iterator）是访问集合元素的一种方式，从集合的第一个元素开始访问，直到所有的元素被访问完结束。迭代器不要求事先准备好整个迭代过程中所有的元素，只要在迭代至某个元素时才计算该元素，而在这之前或之后，元素可以不存在或者被销毁。迭代器只能往前不会后退。它本质是一个对象，并不像列表那样通过索引获取元素，充分地节省了内存，特别适合用于遍历一些巨大的集合。

Python认为遍历容器并不一定要用到迭代器，于是设计了可迭代对象（iteratable object）。可迭代对象一次能够返回其中一个成员对象。例如，常用的字符串就是一个典型的可迭代对象，可以逐个从字符串集合中取出所有字符，达到遍历字符串的效果。任何可以循环遍历的对象都是可迭代的。可迭代对象与迭代器的性能是一样的，它们都是惰性求值。

（2）range（）函数

range（）函数是Python内置函数，是一个可迭代对象，用于生成一系列连续整数，常用于遍历数字序列。它多与成员检测运算符"in/not in"一起用于for循环中对序列/可迭代对象进行逐个遍历。range（）函数的语法格式如下：

range([start,] stop, [step])

- start: 最小值，包含start，默认为0。
- stop: 最大值，不包含stop，必须给值。
- step: 步长，可正可负，默认是1，不能为0。

例如，range(10)，将生成0, 1, 2, 3, 4, 5, 6, 7, 8, 9共10个数字，最小值（start）为0，最大值（stop）为9（注意不包括10），按步长（step）1增长。range(10)等价于range(0, 10, 1)。再如，range(0, 10, 2)将生成偶数序列0, 2, 4, 6, 8，range(1, 10, 2)将生成奇数序列1, 3, 5, 7, 9。

（3）成员运算

in是成员运算符，用于判断一个元素是否在某个序列中，或者说是否存在某个值。例如，可以判断某个字符是否存在于字符串。反之，测试一个元素不在序列中，可以使用"not in"。

```
1  >>> "th" in "Python"
2  True
3  >>> "py" in "Python"
4  False
5  >>> "py" not in "Python"
6  True
```

字符串"th"在"Python"串中，所以第1行的in判断为True，而"py"字符串的字母p为小写（第3行），不存在于"Python"中，所以第3行的in测试结果为False。

扫一扫，查看视频

2. 使用for循环画矩形及竖辅助线

for循环语句是针对可迭代对象提供的一种循环控制语句，允许代码被重复执行。其语法格式如下：

```
1    for iterator_var in sequence:
2         statements
```

for循环语句其实是编程语言中针对可迭代对象的语句，它的主要作用是允许代码被重复执行。一个for循环语句包括两个部分：一个可迭代的头部对象，一个每次迭代要执行的循环体。iterator_var是迭代变量，每次从sequence（可迭代对象/序列）中取一个元素赋值给iterator_var，然后执行一次statements（循环语句体）；再继续进行下一次循环迭代，直至所有的值都遍历完，结束循环。需要特别注意的是，for语句最后是以一个冒号（:）结尾的。

（1）设置画布

在画矩形之前，需要对海龟绘图的环境进行基本设置，如窗口大小、画布大小、鼠标图标等。详细代码如下：

```
1    import turtle
2
3    # 用for循环语句画背景矩形
4    # 画一个600×400、3:2大小的矩形
5    _width, _height = 600, 400
6
7    # 海龟的基本设置
8    turtle.title('Python画五角星')
9    turtle.shape('turtle')
10   # fastest:0, fast:10, normal:6, slow:3, slowest:1
11   turtle.speed(speed='fastest')
12
13   # 设置窗体的大小，在矩形的基础上增加50
14   turtle.setup(width=_width + 50, height=_height + 50)
15   # 设置画布的大小，在矩形的基础上增加10
16   turtle.screensize(canvwidth=_width + 10, canvheight=_height + 10)
```

在上述代码中，首先采用同步赋值法创建了_width和_height两个变量（第5行），分别表示五角星背景矩形的长度和宽度，这是一个长宽比为3:2的长方形。然后，设置窗体的标题名称（第8行）、鼠标光标的形状为一只海龟（第9行），以及画图的速度为最快（第11行）。当然，也可以设置为其他速度，例如，快（fast）、正常（normal）、慢（slow），

以及非常慢（slowest）。最后，分别通过turtle的setup（ ）和screensize（ ）函数，设置窗体的大小比背景矩形大50像素（第14行），画布比背景矩形大10像素（第16行）。

（2）画矩形

下面就可以开始画矩形了。如果使用顺序语句来画一个矩形旗面，可以分为8个主要步骤：①沿着海龟的朝向，移动矩形的长边距离，画矩形的宽；②右转90°，准备画矩形的高；③向前移动矩形高的长度，画矩形的短边；④再右转90°，准备画矩形的另一条长边；⑤画矩形的另一条长边；⑥右转90°准备画矩形的最后一条短边；⑦画最后一条短边，回到画图的起点（但当前海龟的朝向为90°，即正北方向，与开始画图时的正东方向相差90°）；⑧右转90°，与画矩形前的方向保持一致。详细代码如下：

```
1    # 画布左上角坐标
2    start_x = -1 * _width / 2
3    start_y = _height / 2
4
5    # 移动海龟到画图起始点位置
6    turtle.penup()
7    turtle.goto(start_x, start_y)
8
9    # 0 —— 东
10   turtle.setheading(0)
11   turtle.pencolor('red')
12   turtle.fillcolor('red')
13   turtle.pendown()
14   turtle.begin_fill()
15
16   # 用顺序语句画矩形
17   turtle.forward(_width)
18   turtle.right(90)
19   turtle.forward(_height)
20   turtle.right(90)
21   turtle.forward(_width)
22   turtle.right(90)
23   turtle.forward(_height)
24   turtle.right(90)
25   # 完成矩形的绘制，填充红色
26   turtle.end_fill()
```

画矩形之前，需要计算画布左上角的坐标位置，这里使用start_x和start_y两个变量来存储（第2、3行），因为x轴坐标的值为负数，所有乘以了-1。调用goto（ ）函数将海龟画笔移动到左上角画图的起始位置（第7行）后，还需要注意调整海龟的朝向（第10行），这样才能正确地开始画矩形。具体的画矩形代码比较简单，就是画线、转角两个动作。

仔细观察上面的代码会发现，画矩形的代码其实是重复的，也就是说，把画矩形的长边和垂直短边的过程重复做2次就得到一个矩形。下面用for循环语句来改进画背景矩形的代码。用循环语句画矩形的程序流程图如图3-5所示。

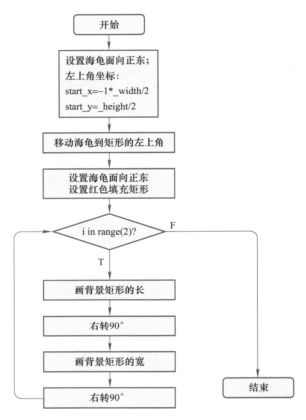

图3-5　画五角星背景矩形的程序流程图

具体的程序代码如下：

```
1    # 画布左上角坐标
2    start_x = -1 * _width / 2
3    start_y = _height / 2
4    # 移动海龟到画图起始点位置
5    turtle.penup()
6    turtle.goto(start_x, start_y)
7
8    # 0 —— 东
9    turtle.setheading(0)
10   turtle.pencolor('red')
```

```
11   turtle.fillcolor('red')
12   turtle.pendown()
13   turtle.begin_fill()
14
15   # 用for循环语句画矩形
16   for i in range(2):
17       turtle.forward(_width)
18       turtle.right(90)
19       turtle.forward(_height)
20       turtle.right(90)
21
22   # 完成矩形的绘制，填充红色
23   turtle.end_fill()
```

与顺序语句画矩形相比，前面部分画布设置的代码都是一样的，包括使用红色画笔（第10行）、红色填充（第11行）等，不同的部分在于矩形绘制的代码。range(2)函数会生成一个0、1共2个数字的序列（第16行），也就是说，循环体的代码会重复执行2次。与用顺序语句实现的版本相比，顺序语句用了8行代码，而循环语句体只有5行代码，代码量减少了近一半。

至此，五角星的红色背景矩形就画完了，且小海龟回到了当初开始画图的位置，即矩形左上角（start_x，start_y）、正东方向（0°），如图3-6所示。

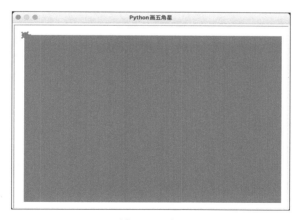

图3-6　绘制的红色背景矩形

（3）用for循环画竖辅助线

下面再用for循环来为背景矩形画上辅助竖线。要分隔12等分，只需画11条线，这意味着画线的过程要重复/循环11次。考虑到每次循环时起点位置的y坐标值没变化，但x坐标值从左侧起点位置（start_x）逐步向右边移动，每次一个单元宽度（unit_len），生成的数字序列从1开始到12结束（不包含12），这样11条竖线就可以等分12份，所以range()函数为range(1，12)。画竖辅助线程序流程图如图3-7所示。

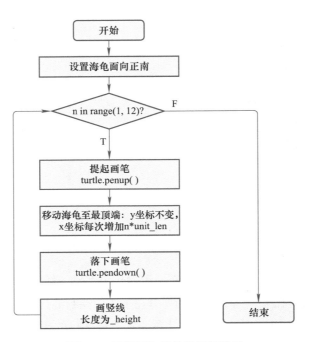

图3-7　画竖辅助线的程序流程图

详细代码如下：

```
1   # 循环画12×8的辅助线
2   # 每个单元格的大小
3   unit_len = _width / 12
4
5   # 通过for循环画11个白色竖网格线，实现12等分
6   turtle.pencolor('white')
7
8   # 270 —— 南
9   turtle.setheading(270)
10  for n in range(1, 12):
11      turtle.penup()
12      turtle.goto(start_x + n * unit_len, start_y)
13      turtle.pendown()
14      turtle.forward(_height)
15
```

画11根线条就可以等分12份，每个等分的宽度用变量unit_len表示（第3行），辅助线的颜色设置为白色（第6行），每次画竖线都是先把海龟移动到矩形的顶端、朝正南方向（270°）（第9行），画一条矩形宽度长(_height)的竖线（第14行），每画完一条线就向右侧移动一个单元宽度，即x轴坐标的值增加一个单元宽度，start_x + n * unit_len（第12行）。最后效果如图3-8所示。

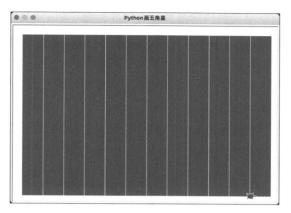

图3-8　用for循环画竖辅助线

range（ ）生成的是一个升序的数字序列，如果需要得到一个倒序的数字序列，可以使用reversed（ ）函数，它能将一个序列反转迭代。如下代码可实现将0～9反转打印。

```
1  for i in reversed(range(10)):
2      print(i, end=' ')
3
4  9 8 7 6 5 4 3 2 1 0
```

与其他编程语言不同的是，for/range每次迭代时，循环体中对迭代变量的修改并不会影响下一次的迭代。示例代码如下：

```
1  # for/range 不会修改迭代变量
2  for i in range(5):
3      print(i, end=' ')
4      i+=100
5      print(i)
```

输出结果：

```
0 100
1 101
2 102
3 103
4 104
```

在上述代码中，循环执行了5次，迭代变量i的值为0，1，2，3，4，每次循环时先输出迭代变量i的值（第3行），然后将迭代变量加100后赋值给i（第4行），再输出一次i（第5行）。虽然每次在循环体内都修改了一次迭代变量，在循环体内的输出结果也证实修改成功了，但进入下一次迭代循环时，可迭代对象遍历的下一个值会覆盖掉对迭代变量的修改，也就是说，循环体内对迭代变量的修改不会影响下一次迭代。

3. 使用while循环画矩形的横辅助线

（1）认识布尔值True和False

布尔值False和True是Python内置的常量，也就是永远不会改变的

扫一扫，查看视频

量。需要注意的是，这两个常量的首字母都是大写的，属于Python的保留字，或者说是关键字。布尔值（bool）属于整型的子类型，两个布尔值分别类似于数值0和1，可以把True和False看作是1和0的另一种不同关键字的表示，它们被用来表示逻辑上的真和假（不过其他值也可被当作真值或假值）。Python任何对象都可以进行逻辑值的检测，以便在分支（if）或循环（while）等语句中作为条件来使用。

除了直接给变量赋值True和False，内置函数bool（ ）可被用来将任意值转换为布尔值，只要该值可被解析为一个逻辑值。Python中还有一个非常重要的常量—— None。None经常用于表示缺少值，或者没有，但不意味着等于0。给None赋值是非法的，会引发错误。None转化为布尔型时是False。

```
1    # number<->bool
2    >>> bool(1)
3    True
4    >>> bool(0)
5    False
6    >>> bool(-4)
7    True
8    >>> int(True)
9    1
10   >>> int(False)
11   0
12
13   # str<->bool
14   >>> bool('a')
15   True
16   >>> str(True)
17   'True'
18   >>> str(False)
19   'False'
20
21   >>>bool(None)
22   False
23   >>>bool('')
24   False
25
26   # True 和 False 就是 1 and 0
27   >>> True + True
28   2
29   >>> False - 4
30   -4
31   >>> True * 9
32   9
```

布尔型和数值型之间进行转换时，只有数值0为False，正数和负数都是True；True和False被作为整数1和0来处理，所以True和False也可以用来和数值进行加法、减法和乘法等计算。布尔型和字符串型之间进行转换时，非空的字符串字面量为True，空字符串的为False。

（2）比较运算

比较运算符（comparison operation）又称关系运算符，用于比较运算符两侧的值，比较的结果是一个布尔值，即True或False。Python中有8种比较运算符（见表3-1），它们的优先级相同。一般来说，不同类型的对象不能进行相等比较。需要注意的是，等号"="已经用作赋值符号，表示比较时应用两个等号"=="。

表3-1　Python中的比较运算符

运　算　符	含　　义	运　算　符	含　　义
<	小于	==	等于
<=	小于或等于	!=	不等于
>	大于	is	对象标识
>=	大于或等于	is not	否定的对象标识

看下面的代码：

```
1   >>> 0 == False
2   True
3   >>> 1 == True
4   True
5   >>> 2 == True
6   False
7   >>> -4 != False
8   True
9   >>> 'a' == True
10  False
11  >>> bool('a') == True
12  True
```

因为True和False作为数字1和0在处理，所以第1、3行的比较结果为真。非空字符串虽然作为真值（True）对待，但二者直接进行比较时并不相等（第9、10行）。一个是字符串，一个布尔值，数据类型不相同，但将字符串转换成布尔值后再进行比较就相等了（第11行）。

像字符串这种序列对象也是可以进行比较操作的，这种比较采用字母表（lexicographical ordering）顺序逐一进行比较。首先比较两个字符串的第一个字母，如果不相等则可以确定比较结果，如果相等则继续比较下一个字符，直至结束。

```
1   # 字符串的比较
2   >>> "ABDD" > "ABCD"
3   True
4   >>> "abc" < "a"
5   False
6   >>> "a" < "abc"
7   True
```

字符串"ABDD"和字符串"ABCD"进行比较时（第2行），前面两个字符"AB"都是相等的，直到比较第3个字符时，字母"D"大于"C"，从而得出最终的比较结果True。如果一个序列是另一个的初始子序列，则较短的序列可被视为较小（较少）的序列（第6、7行）。

比较操作支持链式操作。例如，a < b == c的含义是，校验a是否小于b，且b是否等于c。

is用于判断两个标识符是不是引用同一个对象（参考单元2中的数字驻留和字符串驻留）；反之，则使用is not。is/is not的意义与id()基本一致，x is y类似id(x) == id(y)，x is not y，类似id(x) != id(y)。

Python中所有比较运算符的优先级都一样，且低于数值运算符。

（3）使用while循环画横辅助线

使用while语句也能实现循环结构程序设计。while循环语句是"先判断，后执行"。也就是说，如果一开始条件就不满足，则循环体一次也不执行。其语法格式如下：

```
1   while condition:
2       statements
```

condition是逻辑判断表达式，每次循环执行前先判断condition是否为逻辑真，如果是，则执行循环体语句（statements），否则，则终止循环。需要注意的是，一定要有语句修改逻辑判断条件，使其有为假的时候，否则循环会一直执行下去，出现死循环。和for循环语句类似，while语句的条件表达式后面也有一个冒号（:）。

下面用while循环来画7条横辅助线。与画竖辅助线类似，等分8份只需要画7条线，即循环7次。画横辅助线的程序流程图如图3-9所示。

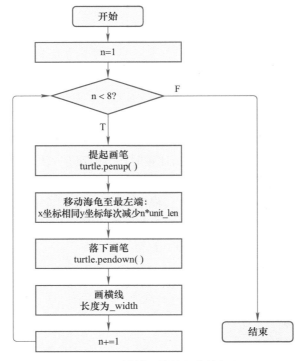

图3-9　画横辅助线的程序流程图

首先，使用一个变量n来判断是否画完了7条线，每次循环将n的值增加1，直至n的值等于8时终止循环画横线；其次，因为每次循环都是从矩形最左边按从左往右的方向逐次下移画横线，变化的只有y坐标的值，所以每画完一根横线，将y坐标值减少一个单元宽。

```
1    # 通过while循环画7根横线，实现8等分
2    # 0 —— 东
3    turtle.setheading(0)
4    n = 1
5    while n < 8:
6        turtle.penup()
7        turtle.goto(start_x, start_y - n * unit_len)
8        turtle.pendown()
9        turtle.forward(_width)
10       n += 1
```

n从1开始（第4行），循环判断条件为n<8（第5行），每次循环n自增1（第10行），也就是循环体执行7次，画完一条横线后，海龟将回到矩形的最左边且下移一个单元格的位置，坐标为(start_x, start_y - n * unit_len)（第7行），画横线的长度为矩形宽度_width（第9行）。至此，已经完成了五角星红色背景矩形12×8辅助线的绘制，最终效果如图3-10所示。

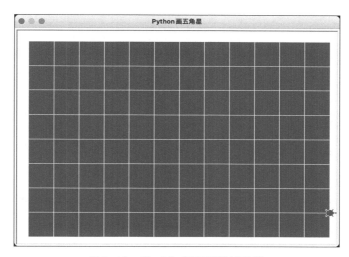

图3-10　用while循环画横辅助线

任务2　使用循环语句画五角星

1. 画五角星的外接圆

为了更好地展示五角星的相对位置，在正式画五角星之前，先画一个外接圆。该圆的圆心在画布的中央，圆的半径为3倍单元长度。据此可以

扫—扫，查看视频

精确定位五角星一角能朝正上方。具体代码如下：

```
1    # 画五角星
2    # 画五角星的外接圆，圆心就是矩形的中心
3    turtle.penup()
4    turtle.home()
5    center_x = turtle.xcor()
6    center_y = turtle.ycor()
7
8    # 3倍单元长度为半径画圆
9    turtle.penup()
10   turtle.goto(center_x, center_y + unit_len * 3)
11   turtle.pendown()
12   turtle.circle(-unit_len * 3)
```

上述代码首先通过turtle的home（）方法将光标定位到画布中央，即坐标原点位置（第4行），然后通过xcor（）（第5行）和ycor（）（第6行）方法获得光标的当前位置坐标。当然，这里的当前位置实际就是坐标原点(0，0)。最后，将光标移动到y轴3倍单元长度位置（第10行），就可以利用海龟的circle（）方法画一个整圆了（第12行）。最终效果如图3-11所示。

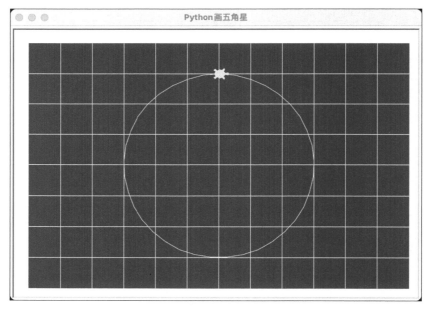

图3-11　画五角星外接圆

2. 使用for循环语句画五角星

画五角星的过程是一个循环的过程。绘制五角星的完整过程包括10条边线和5个外夹角，而这个过程只要把画2条边线夹1角的过程重复5次即可实现。画五角星的程序流程图如图3-12所示。

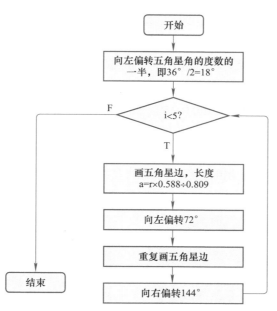

图3-12 画五角星的程序流程图

根据前面算法设计中的分析，从顶角出发画完第1条边线后，需要左转72°才能画第2条边线，画完第2条边线后，需要再右转144°准备下一轮的画线。详细代码如下：

```
1   # 黄线、黄色填充开始画五角星
2   turtle. color('yellow', 'yellow')
3   turtle. begin_fill()
4   # 偏转半个五角星角的度数 36/2=18 开始画边线
5   turtle. setheading(270)
6   turtle. left(18)
7
8   # 使用for循环执行5次，每次2次画线、2次转角，画出1个角和2条边
9   for i in range(5):
10      # 五角星边线长度与外接圆半径比sin(36)/sin(126)=588/809
11      # 这里，画的五角星外接圆半径长度占3个单元格大小
12      turtle. forward(unit_len * 3 * 588 / 809)
13      turtle. left(72)
14      turtle. forward(unit_len * 3 * 588 / 809)
15      turtle. right(144)
16
17  turtle. end_fill()
18
19  # 隐藏海龟图标
20  turtle. hideturtle()
21  turtle. done()
```

模块
2

五角星为金黄色，所以设置海龟的画笔和填充颜色都为黄色（第2行）；画完圆之后，海龟当前的位置为五角星顶角、朝向正东方向（0°），因为每个五角星的内角为36°，所以开始画五角星的角之前，先让海龟转向到正南方向（270°）（第5行）后再向左偏转内角度数的一半36°/2=18°（第6行）。

画星过程使用了for循环，range(5)代表要迭代5次，每次画出2条边和1个外夹角，重复5次后完成一个封闭的五角星，最后用黄色填充。循环体中最后一条向右偏转144°只是为了下一次画五角星的角做好准备（第15行）。

为了更清晰地理解画五角星的过程，for循环每次执行的效果分步骤展示如图3-13所示。

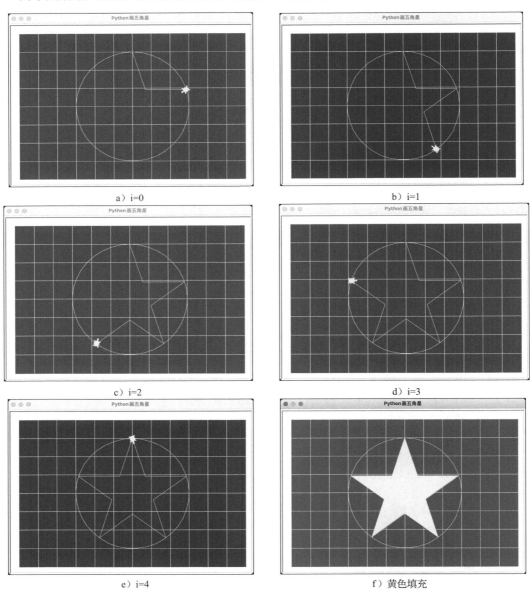

a）i=0　　　　　　　　　　　　　　　　b）i=1

c）i=2　　　　　　　　　　　　　　　　d）i=3

e）i=4　　　　　　　　　　　　　　　f）黄色填充

图3-13　绘制五角星的过程

任务3 学习嵌套循环

1. for循环嵌套

扫一扫，查看视频

循环语句的循环体也有可能是一个循环。这种一个循环语句的循环体内包含另一个完整的循环结构，称为嵌套循环。嵌在循环体内的循环称为内循环，嵌有内循环的循环称为外循环。此外，内循环中还可以嵌套循环，这就是多重循环。

在嵌套循环中，两种循环语句for语句和while语句是可以互相嵌套、自由组合的。也就是说，for循环体里可以包含while循环，while循环体里也可以包含for循环。一般来说，for循环和while循环是可以互换的，基本上，用for循环实现的功能，用while也能实现，反之亦然。

下面用嵌套for循环来实现一个9×9乘法表，代码如下：

```
1   '''
2   打印九九乘法表
3   '''
4   for i in range(1, 10):
5       for j in range(1, i + 1):
6           print("{0} X {1} = {2:2}".format(j, i, i * j), end='   ')
7       print()
```

在本例的嵌套循环中，外层循环控制输出的行数（第4行），内层循环控制每行输出的个数（第5行），也就是每行打印几个乘法算式。因为内层循环要全部执行完成后才换行进行下一行的输出，所以在内层循环的print( )语句中，使用空格作为结尾（第6行），而不是回车换行（第7行）。最终效果如图3-14所示。

```
IDLE Shell 3.12.0
Python 3.12.0 (main, Oct  5 2023, 15:52:37) [Clang 14.0.3 (clang-1403.0.22.14.1)] on darwin
Type "help", "copyright", "credits" or "license()" for more information.
>>> for i in range(1, 10):
...     for j in range(1, i+1):
...         print("{0} X {1} = {2:2}".format(j, i, i * j), end='   ')
...     print()

1 X 1 =  1
1 X 2 =  2   2 X 2 =  4
1 X 3 =  3   2 X 3 =  6   3 X 3 =  9
1 X 4 =  4   2 X 4 =  8   3 X 4 = 12   4 X 4 = 16
1 X 5 =  5   2 X 5 = 10   3 X 5 = 15   4 X 5 = 20   5 X 5 = 25
1 X 6 =  6   2 X 6 = 12   3 X 6 = 18   4 X 6 = 24   5 X 6 = 30   6 X 6 = 36
1 X 7 =  7   2 X 7 = 14   3 X 7 = 21   4 X 7 = 28   5 X 7 = 35   6 X 7 = 42   7 X 7 = 49
1 X 8 =  8   2 X 8 = 16   3 X 8 = 24   4 X 8 = 32   5 X 8 = 40   6 X 8 = 48   7 X 8 = 56   8 X 8 = 64
1 X 9 =  9   2 X 9 = 18   3 X 9 = 27   4 X 9 = 36   5 X 9 = 45   6 X 9 = 54   7 X 9 = 63   8 X 9 = 72   9 X 9 = 81
>>>
                                                                                          Ln: 17  Col: 0
```

图3-14 输出9×9乘法表

2. pass语句

可以把pass语句看作是程序中的一个占位符，它不执行任何实质性的操作，但能确保编写代码时语法格式的正确性、程序结构的完整性。例如，学会了怎样画五角星，那进一步扩展，能不能画一面五星红旗出来呢？众所周知，五星红旗上面有5颗五角星，其中4颗小五角星大小是相同的。编写绘制五星红旗的程序时，需要重复5次完成一颗五角星的绘制，但具体画星的细节还没确定，这时就可以使用pass语句先搭建程序的框架结构（第5～10行），先专注于程序更抽象层次的流程，最后再去实现具体细节。

```
1    # 外层循环while控制画几颗星
2    n = 0
3    while n < 4:
4        # 暂时不去关注细节
5        pass
6
7        # 内层循环for控制画五角星的过程
8        for i in range(5):
9            # 占位，不需要提供实现细节
10           pass
11
12       n+=1
```

上面的程序也是一个嵌套循环结构，外层循环由while控制，决定要画几颗星（第3行），内层循环由for控制，决定画一颗星的过程或步骤要重复几次（第8行）。

>> **单 元 小 结** >>

在画五角星的过程中，有许多地方用到了循环和迭代的思想：①画背景矩形；②画11条竖辅助线；③画7条横辅助线；④画五角星：2次画线、2次转角。这些地方都可以用for或while循环语句来实现。

for/in循环语句一般用于遍历集合，可以使用range()函数得到一个   扫一扫，查看视频
升序的整数序列，如果需要一个降序的整数序列可以使用reversed(range())。in为成员运算符，可配合容器（collection）对象一起使用。

Python中的所有数据类型都自带布尔值，任何一个数据对象要么是True，要么是False。None、0（任何数值0、0、0.0等）、空（空字符串、空列表、空字典、range(0)等）这3种情况下布尔值为False，其余均为True。两个对象之间可以进行相等、大小等比较操作，比较运算的结果为一个布尔值。while循环一般和比较运算表达式配合使用，比较运算表达式用于循环条件的测试。特别需要注意的是，循环体中一定要有修改或影响比较表达式值的语句，使得循环能够终止，否则会成为无限循环（死循环）。

循环语句体中还可以包含循环，称为嵌套循环。无论是for循环还是while循环，都可以相互嵌套。Python还有一个特殊语句——pass语句，它表示一个空语句，没有实质功能，代表一个代码块的占位。

学习单元4
恺撒密码加/解密信息

学习目标

- 🖥 理解分支程序结构
- 🖥 掌握布尔运算和布尔表达式
- 🖥 熟练使用if单分支、双分支和多分支程序设计
- 🖥 掌握条件表达式的使用
- 🖥 掌握嵌套分支程序设计
- 🖥 树立网络安全与保密意识

任务概述

扫一扫，查看视频

1. 恺撒密码

密码是指采用特定变换的方法对信息进行加密保护和安全认证的技术、产品和服务。密码在网络空间中具有不可替代的重要作用，主要应用于身份识别、安全隔离、完整性保护、信息加密和抗抵赖性等方面。提升安全意识、保护个人账户密码安全是每个人的必修课。2020年1月1日起《中华人民共和国密码法》正式实施。维护国家安全与每位公民息息相关，我们每个人都应当增强自身安全保密意识，提高维护国家网络安全的能力和水平。

恺撒密码（Caesar cipher）是一种简单且广为人知的加密技术，虽然用现代技术很容易将密文进行破解，但它对后续替代加密算法影响深远。恺撒大帝是罗马帝国的奠基人，是一名杰出的政治家、军事家，他曾用此方法对重要的军事信息进行加密。恺撒密码是典型的对称加密算法，是一种替换加密（shift cipher）技术，明文中的所有字母都在字母表上向后（或向前）按照一个固定数目（key）进行偏移后被替换成密文。

本单元将使用恺撒密码对唐代诗人王之涣的《登鹳雀楼》中的两句诗："欲穷千里目，更上一层楼。"的英文版进行加/解密，选用的诗句为"You will enjoy grander sight, by climbing to a greater height."其中包括了大小写字母、空格和标点符号。为了简化演示，对空格和标点符号不做处理。偏移量为3（即key=3）的加/解密对比见表4-1。

表4-1　恺撒密码加/解密诗句

加 密 前	加密后（key=3）
You will enjoy grander sight, by climbing to a greater height	Brx zloo hqmrb judqghu vljkw, eb folpelqj wr d juhdwhu khljkw.

恺撒密码非常容易设计，那么怎样在计算机上编写程序来实现呢？计算机可以用ASCII来表示字符，借助ASCII表，可以方便地编写计算机程序来实现恺撒密码的移位加/解密。所以，在正式开始使用恺撒密码加/解密诗句之前，先完成输出ASCII表的任务，如图4-1所示。

```
+------+-----+-----+---------+--------++------+-----+-----+---------+--------+
|DEC   |OCT  |HEX  |BIN      |Symbol  ||DEC   |OCT  |HEX  |BIN      |Symbol  |
|032   |040  |20   |0100000  |        ||033   |041  |21   |0100001  |!       |
|034   |042  |22   |0100010  |"       ||035   |043  |23   |0100011  |#       |
|036   |044  |24   |0100100  |$       ||037   |045  |25   |0100101  |%       |
|038   |046  |26   |0100110  |&       ||039   |047  |27   |0100111  |'       |
|040   |050  |28   |0101000  |(       ||041   |051  |29   |0101001  |)       |
|042   |052  |2A   |0101010  |*       ||043   |053  |2B   |0101011  |+       |
|044   |054  |2C   |0101100  |,       ||045   |055  |2D   |0101101  |-       |
|046   |056  |2E   |0101110  |.       ||047   |057  |2F   |0101111  |/       |
|048   |060  |30   |0110000  |0       ||049   |061  |31   |0110001  |1       |
|050   |062  |32   |0110010  |2       ||051   |063  |33   |0110011  |3       |
|052   |064  |34   |0110100  |4       ||053   |065  |35   |0110101  |5       |
|054   |066  |36   |0110110  |6       ||055   |067  |37   |0110111  |7       |
|056   |070  |38   |0111000  |8       ||057   |071  |39   |0111001  |9       |
|058   |072  |3A   |0111010  |:       ||059   |073  |3B   |0111011  |;       |
|060   |074  |3C   |0111100  |<       ||061   |075  |3D   |0111101  |=       |
```

图4-1　输出ASCII表

2. 任务分析

❶ 目标解构：通过计算机程序来实现恺撒密码加/解密信息，首先需要了解ASCII编码字符与对应编码值之间的映射关系，将对字符的操作转换成对数值的操作。将诗句编写成密码，只需要将诗句的每一个字符进行加密，反之亦然。本任务需要输出一张二进制、八进制、十六进制及其对应字符的ASCII表，以及用恺撒密码加/解密两行诗句。

❷ 模式识别：根据恺撒密码的原理，如果选取后移3位加密，要对某个字母进行加密就用向后移动3位的字母替换，密钥（key）就是3。解密时就做相反操作，将密文减去密钥（key）3。例如，当密钥是3的时候，所有的字母A将被替换成D，B变成E，以此类推。对字母表末尾的字母移位时，如字母Y，会绕回到字母表的开头，后移动3位时，Y就变成了B。而对于ASCII表，字母和数字的ASCII编码的记忆是非常简单的，只要记住了一个字母或数字的ASCII编码（例如，记住A为65，0为48），知道相应的大小写字母之间差32，就可以推算出其余字母和数字的ASCII编码。例如，大写字母A的ASCII编码为65，那相应的小写字母a的ASCII编码为65+32=97，大写字母B的ASCII编码为65+1=66；数字0的ASCII编码为48，那数字9的ASCII编码就是48+9=57。

❸ 模式归纳：恺撒密码使用一种替换方法，字母以固定数量移动来产生编码字母。字母表里有26个字母，通过求模运算（模为26）就可以用数学方式表示恺撒密码。加密公式为$E(x) = (x+n) \bmod 26$，解密公式为$D(x) = (x-n) \bmod 26$。在输出ASCII表的任务中，32～127称为可打印字符，表示字母、数字、标点符号和几个其他符号，其中，32表示空格、127表示删除命令DEL。在编程实现恺撒密码的移位替换加/解密时，可以将对字符的计算转换成对字符编码数值的计算。

❹ 算法设计：Python中可以使用两个内置函数来实现字符和其ASCII编码数值之间的转化：ord（ ）函数能将字符转换为对应的ASCII编码数值；chr（ ）函数能将数值转换为字符。这样就可以通过移位来实现加/解密了。恺撒密码对字符的加、减操作转化成对编码数值的操作还需要考虑字符区分大小写情况，二者计算的起点（base）不一样，大写字母的起点是65（A）、小写字母的起点是97（a）。对诗句的加/解密时，要先遍历每一个字符，进而判断字符是大写还是小写并做相应求模计算。加密公式为E(x) = (x+n) mod 26 + base，解密公式为D(x) =(x−n) mod 26 + base。

3. 任务准备

（1）加密和解密

在密码学中，从明文到密文的过程是加密，反过来就是解密，二者合称为密码算法。密码算法中需要有密钥，密钥类似于生活中的钥匙，有钥匙才能打开门，密码算法+密钥构成了数据加密和解密。在加密和解密的过程中，使用相同密钥的算法称为对称加密算法，反之则为非对称加密算法。

下面先来了解关于加/解密的几个概念。

● 密码学（cryptography）：将消息加密和解密的科学。

● 加密（encryption）：将纯文本转换为密文。

● 解密（decryption）：将密文转换为纯文本。

● 明文（plain text）：可以正常阅读的原始消息。

● 密文（cipher text）：无法正常阅读的秘密消息。

● 密钥（key）：用于加密或解密算法的参数。

（2）恺撒密码轮盘

恺撒密码的本质就是移位替换，根据偏移量计算出移位后对应的字符即可完成加密计算。这种算法极易被破解。简单、易破解的恺撒加密法在第二次世界大战中被发展成大名鼎鼎的英格玛密码机（Enigma Machine）。虽然其基本原理和恺撒密码相同，但英格玛的字符替换方式——复式替换法异常复杂，形成了多种加密模式，破解密码非常困难，而且使用机器进行全自动加密，效率也比人力计算快得多。

为了方便理解恺撒密码的加/解密过程，可以准备两个一大一小的密码轮盘，以一层作为标准，另一层旋转相应位置，如图4-2所示。

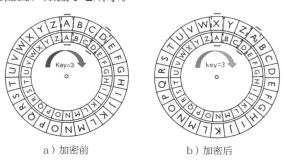

a）加密前　　　　　　　b）加密后

图4-2　密码轮盘

模块2

图4-2a所示是加密前，内圈和外圈字母是重合的。假设以内圈为标准不动作为参照系，待加密的字母在外圈，根据密钥的大小，旋转相应单元，就可以找到加密后对应的字母。如图4-2b所示，key=3，向右旋转3个单元后，明文字母A被加密成字母D，明文字母X被加密成字母A。

许多优秀的免费在线工具也提供了常见加/解密算法的演示，可以对算法进行验证。图4-3所示是密钥为3时的恺撒加密字符的对应关系。

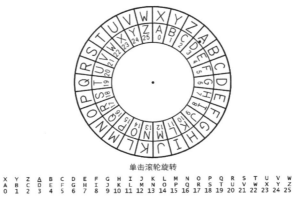

单击滚轮旋转

X	Y	Z	A	B	C	D	E	F	G	H	I	J	K	L	M	N	O	P	Q	R	S	T	U	V	W
A	B	C	D	E	F	G	H	I	J	K	L	M	N	O	P	Q	R	S	T	U	V	W	X	Y	Z
0	1	2	3	4	5	6	7	8	9	10	11	12	13	14	15	16	17	18	19	20	21	22	23	24	25

图4-3　恺撒加/解密字符的对应关系（key=3）

（3）ASCII表

在计算机中，所有的数据在存储和运算时都要使用二进制数表示。那么，如何在计算机中表示英文的26个字母呢？需要对字符进行编码并按统一的标准交换信息。ASCII就是这样的一套编码体系[一]。ASCII（American standard code for information interchange，美国信息交换标准码）是一套基于拉丁字母的字符编码，至今为止共定义了128个字符，其中33个字符无法显示，用一个字节就可以存储。它主要用于显示现代英语和其他西欧语言，使用指定的7位或8位二进制数组合来表示128或256种可能的字符。部分ASCII字符如图4-4所示。

十进制	字符/符号	二进制	十进制	字符/符号	二进制
65	A	0100 0001	83	S	0101 0011
66	B	0100 0010	84	T	0101 0100
67	C	0100 0011	85	U	0101 0101
68	D	0100 0100	86	V	0101 0110
69	E	0100 0101	87	W	0101 0111
70	F	0100 0110	88	X	0101 1000
71	G	0100 0111	89	Y	0101 1001
72	H	0100 1000	90	Z	0101 1010
73	I	0100 1001	91	[	0101 1011
74	J	0100 1010	92	\	0101 1100
75	K	0100 1011	93	]	0101 1101
76	L	0100 1100	94	^	0101 1110
77	M	0100 1101	95	_	0101 1111
78	N	0100 1110	96	`	0110 0000
79	O	0100 1111	97	a	0110 0001
80	P	0101 0000	98	b	0110 0010
81	Q	0101 0001	99	c	0110 0011
82	R	0101 0010	100	d	0110 0100

图4-4　部分ASCII字符

⊖　前面的教学单元中介绍了Python 3默认采用的是UTF-8的编码方案。事实上，对于ASCII编码体系中的字符，Unicode采用了与其相同的编码值来表示。也就是说，ASCII字符的Unicode编码被设计成和ASCII编码相同，字符串运算符与字符使用的字符集/编码无关。

ASCII第一版由美国标准协会（ASA，现为美国国家标准学会（ANSI））的X3.4小组委员会于1963发布。在1967年至1986年间发布了该标准的第十次修订版。

ASCII表分为3个部分。

- 非打印字符（non-printable）：0～31，主要是一些不可见的控制字符。

- 低位ASCII（standard/lower ASCII）：也称为标准ASCII编码，32～127，包括常用的字母、数字、标点符号等。此表源自较老的系统，适用于7位字符表。这些字符几乎都能在键盘上找到。

- 高位ASCII（extended/higher ASCII）：也称为扩展ASCII编码，128～255。这部分是可编程的，字符基于正在使用的操作系统或程序语言。

本任务将输出一张可见字符的ASCII表，即ASCII编码数值在32～127的可见字符的标准ASCII表。同时，用二进制、八进制、十进制和十六进制4种进制表示编码数值，且要求做两列输出。效果如图4-1所示（此图只显示到了ASCII编码数值为60的字符，完整显示到127）。

（4）程序中如何处理字符及其编码

1）Python字符与编码数值转换函数。

知道了字符和对应的ASCII编码数值，那么怎样在字符和其对应的ASCII编码数值之间进行转换呢？这就涉及两个函数。

- chr(i)：返回Unicode编码○为整数i的字符。例如，chr(97)返回小写字符a，chr(65)返回大写字符A。

- ord(c)：返回字符c所对应的Unicode编码数值。例如，ord("a")返回整数97，ord("9")返回57。

2）进制表示与转换。

一个整数值可以表示为十进制、十六进制、八进制和二进制等不同的进制形式。人们日常生活中主要使用十进制（Decimal），计算时逢十进一。但在计算机中，除了十进制，常见的还有二进制（Binary）、八进制（Octal）和十六进制（Hexadecimal）。

- 十进制：由0～9共10个数字组成，转换函数有两个，如果是整数用int( )，如果是带小数的就用float( )。比如，int('64')=64，float(64)=64.0。

- 二进制：由0和1共2个数字组成，书写时以0b或0B开头，转换函数为bin( )。例如，0B1000000 = 64，bin(64)='0b1000000'。

- 八进制：由0～7共8个数字组成，书写以0o或0O开头（第1个符号是数字0，第2个符号是大写或小写的字母O），转换函数为oct( )。例如，0O100=64，oct(64)='0o100'。

- 十六进制：由0～9共10个数字，以及A～F（或a～f）6个字母组成，书写时以0x或0X开头，转换函数为hex( )。例如，0X40 = 64，hex(64)='0x40'。

○ Python 3的字符串默认使用的是Unicode编码，存储形式为可变长度的Unicode编码——UTF-8，常用的英文字母被编码成1个字节，和ASCII编码表示一致，也就是说，UTF-8和ASCII的编码在英文和一些字符的表达上是一样的。

需要注意的是，无论是二进制、八进制还是十六进制的转换函数bin（）、oct（）或hex（），它们的输入值是一个整数，但返回值都是换算后的字符串表示的数值。

如果需要转换一个非十进制的字符串，在使用int（）函数时要指定进制。例如，'0X40'表示一个十六进制数的字符串，要得到该十六进制字符串所代表的十进制整数，要使用int('0X40',base=16)，结果为64。

为了加强理解，来看一个进制转换示例：已知十六进制数0X4DC0对应的Unicode编码是我国古老的《易经》六十四卦的第1卦，请输出第51卦（震卦）对应的Unicode编码的二进制、十进制、八进制和十六进制数。

```
1    print("二进制：{0:b}、十进制：{0:}、八进制：{0:o}、十六进制：{0:X}".\
         format(0X4DC0+50))
2    二进制：100110111110010、十进制：19954、八进制：46762、十六进制：4DF2
```

因为已经知道第1卦象的值，那第51卦象的值就是在第1卦象的基础上加50即可。已知第1卦的十六进制数为0X4DC0，那么震卦的编码值为0X4DC0+50。在format（）方法的格式化控制中，分别使用类型控制符b、o和X表示二进制、八进制和十六进制。

》》 任务1　使用分支程序结构打印ASCII表 》》

1. 认识布尔运算

Python的逻辑/布尔运算符（boolean operation）包括and（与）、or（或）、not（非）3个，见表4-2。与C/C++、Java等语言不同的是，Python中逻辑运算的返回值不一定是布尔值。布尔运算会产生短路计算，即多个表达式进行布尔运算时，如果左边的结果已经能够确定整个布尔运算的结果时，布尔运算符右边的表达式就不会再计算了。

扫一扫，查看视频

布尔运算符的计算规则可以总结为：and（与）运算，有假为假、全真为真；or（或）运算，有真为真、全假为假；not（非）运算，真为假、假为真。

表4-2　逻辑运算符

运　算　符	含　　义	示　　例	备　　注
not	取反	not x	如果x为True，返回值为False；如果x为False，返回值为True
and	与	x and y	如果x为False，无须计算y的值，直接返回值为x；否则返回y的值
or	或	x or y	如果x为True，无须计算y的值，返回值为x；否则返回y的值

比较（comparison）、成员资格测试（membership，in/not in）和标识测试（identity，is/is not）都具有相同的优先级，并且为从左到右的链式比较。布尔运算符的计算优先级，按表4-2的顺序升序。not取反操作的优先级比非布尔运算的优先级低。例如，not a == b等价于 not （a == b）。

```
1    # 输出逻辑表达式的值
2    >>> 7 - 7 and 7 < 8
3    0
4    >>> 7 < 9 and 7 + 8
5    15
6    >>> 7 - 7 or 7 + 8
7    15
8    >>> 7 < 9 or 7 > 8
9    True
10   >>> 'Python' and 'Hello World'
11   'Hello World'
12   >>> '' and 'Python'
13   ''
14   >>> 'Python' or 'Hello World'
15   'Python'
16   >>> '' or 'Hello World'
17   'Hello World'
18   >>> not 7 > 9
19   True
```

模块
2

and运算是有假为假，所以对于第2行的表达式，在算出左边的"7-7"为假的情况下，不会再去计算右边的"7<8"；对于第4行的表达式，虽然"7<9"为真，但要全真才为真，所以要继续计算"7+8"。

or运算是全假才为假，所以对于第6行的表达式，即使"7-7"已经为假，但并不能得出整个表达式为假的结论，所以继续计算"7+8"；而or运算有真为真，所以对于第8行的表达式，知道"7<9"为真后，就不用再计算"7>8"了。这就是所谓的短路计算。

同理，用字符串（第10、14行）、空值（第12、16行）来做布尔值参与逻辑运算时，也遵循这个规则。取反操作（第18行）很好理解，即真假互换。

2. 使用单分支结构结束打印循环

所谓单分支（one-way decision）结构是指当满足条件时才执行指定的语句（块）。语法格式如下：

```
1  if conditions:
2      statements
```

if表示分支语句，且在if的表达式后面有一个冒号"："，如果条件/布尔运算（conditions）的值为真，则执行分支语句的语句体（statements）。

有时执行循环语句（for或者while），希望当满足某种条件时，能提前强制终止执行：一种情况是希望终止执行当前的循环后，能继续执行下一次循环迭代；另一种情况是彻底结束循环，不再执行循环体代码。在Python中，前者使用continue语句，后者使用break语句。对条件是否满足的判断，就可以用if单分支语句实现。

（1）终止整个循环

在输出ASCII表时，只需要输出编码32～127共96个字符，这用一个循环语句就可以实现。可以设置一个计数器变量，每次循环输出一个字符后计数器就计算一次，直到输出最后一个字符后就终止循环。程序设计流程图如图4-5所示。

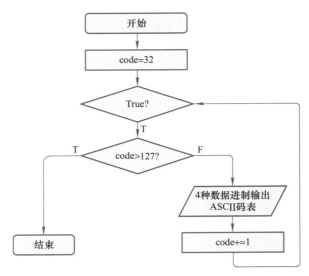

图4-5　用break语句终止整个循环

具体代码如下：

```
1    # break
2    code = 32
3    while True:
4        # 终止循环条件
5        if code > 127:
6            break
7        # 输出字符
8        pass
9        # 计数器
10       code += 1
```

在上述代码中创建了一个计算器变量code并赋初始值为32（第2行），while循环的条件恒为真（第3行），循环会一直执行下去，必须在循环体中有代码控制循环的终止，否则将变成一个死循环（无限循环）。循环结束的条件是完成了最后一个字符（编码为127的<Del>键不可见字符）的打印，所以这里使用了一个单分支语句来验证是否满足结束循环的条件（第5行）。如果满足，则使用break语句终止整个循环体（第6行）；如果不满足，则继续执行后续的代码（第8行）。当然，重要的是一定不能忘记给计数器自加（第10行）；否则，code的值永远不会达到127，循环也就不会结束。

（2）终止当次循环

可以用continue语句终止for的当次循环。例如，对一个字符串进行遍历或迭代。如果从字符串中取出的字符是一个数字，则丢弃；否则，直接打印。程序流程图如图4-6所示。

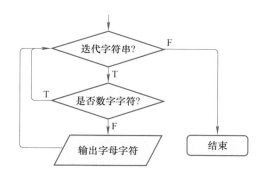

图4-6　用continue语句终止当次循环

具体代码如下：

```
1  # continue
2  for letter in 'P1y2t3h4o5n':
3      if letter.isdigit( ):
4          continue
5      print(letter, end=' ')
```

上述代码使用for循环对一个包含数字的字符串进行遍历，在循环体中使用了一个单分支语句对每次循环取出的字符进行判断（第3行），字符串自带的isdigit( )方法可以判断该字符是不是数字。如果是，则不做任何处理，使用continue语句结束当次循环（第4行），进行下一次的循环判断；如果不是，则直接输出该字母字符。为了在一行中输出，print( )函数使用了空格作为输出的结尾符（第5行）。

3. 使用双分支结构两列输出ASCII表

双分支（two-way decisions）是指对条件（conditions）判断后，不仅指明了满足条件应该怎么做，还指明了条件不满足时该怎么做。其语法格式如下：

```
1  if conditions:
2      statements      #语句体①
3  else:
4      statements      #语句体②
```

当条件为真时，执行语句体①；条件为假时，执行else后面部分的语句体②。

本任务输出ASCII表，要求做两列打印：当ASCII编码为偶数时，输出但不换行；当ASCII编码为奇数时，输出后换行。这就是一个典型的双分支结构。程序流程图如图4-7所示。

模块2

79

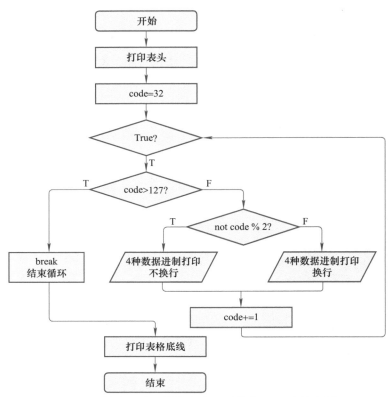

图4-7　使用双分支结构实现两列输出ASCII表流程图

具体代码如下:

```
1    # 打印表格表头
2    print(f"+{'-' * 79}+")
3    print("|DEC\t|OCT\t|HEX\t|BIN\t|Symbol\t|" * 2)
4    print(f"+{'-' * 39}+", end='')
5    print(f"+{'-' * 38}+")
6
7    # 以4种数据进制输出值
8    code = 32
9    while True:
10       # 控制循环结束
11       if code > 127:
12           break
13
14       # 偶数在左边列, 奇数在右边列
15       if not code % 2:
16           print("|{0:03}\t|{1:0>3}\t|{2}\t|{3:0>7}|{4}\t|".format(
17               code,
18               oct(code).lstrip('0o'),
19               hex(code).lstrip('0x').upper(),
20               bin(code).lstrip('0b'),
21               chr(code)),
```

```
22              #  偶数不换行
23              end=''
24          )
25      else:
26          print("|{0:03}|\t|{1:0>3}|\t|{2}|\t|{3:0>7}|{4}|\t|".format(
27              code,
28              oct(code).lstrip('0o'),
29              hex(code).lstrip('0x').upper(),
30              bin(code).lstrip('0b'),
31              chr(code))
32          )
33
34      #  计数，打印下一个字符
35      code += 1
36
37  #  打印表格线底部
38  print(f"+{'-' * 79}+")
```

绘制表头部分，使用了字符串的计算，表头线由左右两端的2个"+"和79个"-"号连接而成，重复的79个字符可以使用字符串的乘法操作，整个字符串的输出使用的是f-string（第2行）。每个字符的输出包括4种进制编码值和字符本身，每个输出项占一个制表位宽（\t），表头重复1次，仍然采用字符串的乘法计算（第3行）。

整个输出过程采用了while循环结构（第9行），通过一个单分支语句判断是否终止循环（第11、12行），即判断是否完成了输出。在循环体内，每执行一次循环，就对计数变量code自增1（第35行）。

根据ASCII编码数值是否能被2整除来决定输出后是否需要换行，这里采用if-else双分支结构（第15~32行）。当能被2整除时，不换行输出，因为整除余数为0，表示布尔值为假，所以这里用了布尔运算的取反（not）操作。输出ASCII编码数值时，十进制、八进制占3位宽度，为了对齐显示，考虑到每个输出项使用了1个字符"|"隔开，所以二进制输出设置宽度为7位。需要注意的是，对齐方式须设置为右对齐，这样才能在宽度不够时在高位补0，如果为左对齐，则会在低位补0，那么数值的大小就变化了。code变量表示字符的ASCII编码数值，chr(code)将编码数值转换成对应的字符。最终输出效果如图4-1所示。

任务2　使用多分支结构对齐表格

多分支结构（multi-way decisions）是指判断选择的条件有两个以上，if语句后面可以再跟多个条件的判断，Python中使用elif关键字来表示。其语法格式如下：

```
1   if conditions1:
2       statements1
3   elif conditions2:
4       statements2
5   ...
```

```
6   else:
7       statements(n)
```

多分支程序执行时，逐一判断条件是否满足：如果条件1（第1行）为真，则执行语句块1（第2行）；否则，就判断条件2（第3行），满足条件则执行语句块2（第4行）；不满足，继续下一个条件的判断；如果所有的条件都判断完了仍然没有为真的，则执行else语句（第6行）后的代码块n（第7行）。

使用双分支输出ASCII表的代码有一个缺陷，就是ASCII编码数值为127的字符表示删除，在输出时并没有输出一个可见字符，导致缺少一个字符宽度对齐，如图4-8所示。

```
|100  |144  |64  |1100100|d  ||101  |145  |65  |1100101|e  |
|102  |146  |66  |1100110|f  ||103  |147  |67  |1100111|g  |
|104  |150  |68  |1101000|h  ||105  |151  |69  |1101001|i  |
|106  |152  |6A  |1101010|j  ||107  |153  |6B  |1101011|k  |
|108  |154  |6C  |1101100|l  ||109  |155  |6D  |1101101|m  |
|110  |156  |6E  |1101110|n  ||111  |157  |6F  |1101111|o  |
|112  |160  |70  |1110000|p  ||113  |161  |71  |1110001|q  |
|114  |162  |72  |1110010|r  ||115  |163  |73  |1110011|s  |
|116  |164  |74  |1110100|t  ||117  |165  |75  |1110101|u  |
|118  |166  |76  |1110110|v  ||119  |167  |77  |1110111|w  |
|120  |170  |78  |1111000|x  ||121  |171  |79  |1111001|y  |
|122  |172  |7A  |1111010|z  ||123  |173  |7B  |1111011|{  |
|124  |174  |7C  |1111100||  ||125  |175  |7D  |1111101|}  |
|126  |176  |7E  |1111110|~  ||127  |177  |7F  |1111111|   |
```

图4-8　有缺陷的ASCII表

这种情况下可以用多分支结构来改进输出，修复这个缺陷。在输出偶数列时，进一步判断ASCII编码数值是否为127，如果是则输出一个空格，不是，则照原样输出。程序流程图如4-9所示。

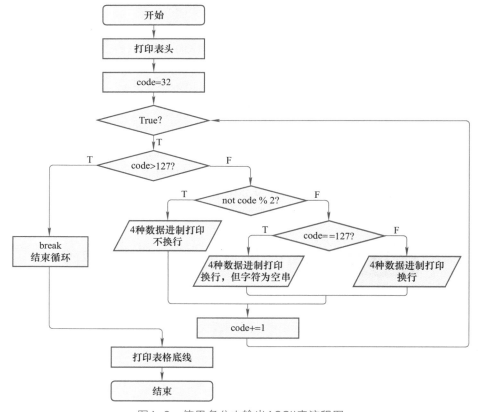

图4-9　使用多分支输出ASCII表流程图

实现代码如下：

```
1    …
2
3    # 以4种数据进制输出值
4    code = 32
5    while True:
6        # 控制循环结束
7        if code > 127:
8            break
9
10       # 偶数在左边列，奇数在右边列
11       if not code % 2:
12           print("|{0:03}\t|{1:0>3}\t|{2}\t|{3:0>7}|{4}\t|".format(
13               code,
14               oct(code).lstrip('0o'),
15               hex(code).lstrip('0x').upper(),
16               bin(code).lstrip('0b'),
17               chr(code)),
18               # 偶数不换行
19               end=''
20           )
21       # ASCII 127是删除键
22       elif code == 127:
23           # 也可以直接使用类型符来做进制转换
24           print("|{0:03}\t|{0:03o}\t|{0:X}\t|{0:07b}|{1}\t|".format(code,'   '))
25       else:
26           print("|{0:03}\t|{1:0>3}\t|{2}\t|{3:0>7}|{4}\t|".format(
27               code,
28               oct(code).lstrip('0o'),
29               hex(code).lstrip('0x').upper(),
30               bin(code).lstrip('0b'),
31               chr(code))
32           )
33
34       # 计数，输出下一个字符
35       code += 1
36
37   …
```

和上一个版本相比，在if-else语句结构的基础上增加了elif语句（第22行），进一步判断字符的ASCII编码数值，如果是127，则将输出字符替换成一个空格输出（第24行）。考虑到实现方式的多样性，这里直接使用format()格式化函数中类型符进行了进制转换后输出。

在Python的多分支程序结构中，elif语句可以有多个。改进代码后的效果如图4-10所示。

```
|100   |144   |64   |1100100|d  |  |101   |145   |65   |1100101|e  |
|102   |146   |66   |1100110|f  |  |103   |147   |67   |1100111|g  |
|104   |150   |68   |1101000|h  |  |105   |151   |69   |1101001|i  |
|106   |152   |6A   |1101010|j  |  |107   |153   |6B   |1101011|k  |
|108   |154   |6C   |1101100|l  |  |109   |155   |6D   |1101101|m  |
|110   |156   |6E   |1101110|n  |  |111   |157   |6F   |1101111|o  |
|112   |160   |70   |1110000|p  |  |113   |161   |71   |1110001|q  |
|114   |162   |72   |1110010|r  |  |115   |163   |73   |1110011|s  |
|116   |164   |74   |1110100|t  |  |117   |165   |75   |1110101|u  |
|118   |166   |76   |1110110|v  |  |119   |167   |77   |1110111|w  |
|120   |170   |78   |1111000|x  |  |121   |171   |79   |1111001|y  |
|122   |172   |7A   |1111010|z  |  |123   |173   |7B   |1111011|{  |
|124   |174   |7C   |1111100||  |  |125   |175   |7D   |1111101|}  |
|126   |176   |7E   |1111110|~  |  |127   |177   |7F   |1111111|   |
+
```

图4-10 改进后的ASCII表

>>> 任务3 使用嵌套分支结构加/解密信息 >>>

1. 使用嵌套分支结构加密信息

分支结构的语句体中有可能又有一个分支结构，这种分支里面包含
分支的结构称为嵌套分支（nested decisions），适用于通过逻辑判
断为真、进入分支语句体后，仍需要继续进行逻辑判断的场景。

扫一扫，查看视频

在恺撒加密算法中，首先，要判断待加密的字符是不是字母，如果不属于26个英文字
符（空格、标点符号）的话，就不需要做加密计算；然后，进而需要判断英文字母是大写
还是小写因为，大写和小写的ASCII编码起点值是不一样的，也就是计算移位时加法偏移
量的基础（base）不一样，需要根据大小写来分别计算。恺撒加密的程序流程图如图4-11
所示。

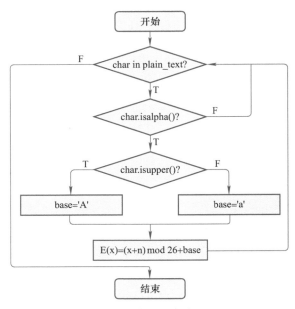

图4-11 恺撒加密流程图

实现代码如下：

```
1    # 加密
2    key = 3
3    # 明文
4    plain_text = '''
5    You will enjoy grander sight,
6    by climbing to a greater height.
7    '''
8
9    # 密文
10   cipher_text = ''
11
12   for char in plain_text:
13       # 字符是否为字母
14       if char.isalpha( ):
15           # 根据待加密的字母大小写，设定偏移量的基准值
16           # 进而判断是从'A'(65)开始，还是从'a'(97)开始计算
17           if char.isupper( ):
18               base = 'A'
19           else:
20               base = 'a'
21
22           # 加偏移量，加密
23           cipher_text += chr((ord(char) - ord(base) + key) % 26 + ord(base))
24       else:
25           cipher_text += char
26
27   print(cipher_text)
```

恺撒加密的密钥（key）为3（第2行），通过一个循环遍历明文字符串（第5、6行）。每次先判断字符是不是英文字母（第14行），如果不是则不做加密处理直接将其作为密文拼接到密文字符串变量（第25行）；如果是英文字母则需要进一步判断是大写还是小写字母（第17行）。如果是大写字母，那么参加移位计算的起点值要从大写的"A"（65）开始（第18行），否则就要从小写字母"a"（97）开始（第20行）。加密时，首先计算出明文字母到起点值（a/A）之间的距离，然后再加上偏移量，即密钥值key，最后考虑到在字母表后面的字符加上偏移量后可能会移位出界，所以再对26求余，该余数再加上起始值（65/97）就得到了字母的密文（第23行）。例如，"You"加密后就成了"Brx"。

2. 运用条件表达式简化解密代码

条件表达式类似于C语言中的三元运算符，其本质就是双分支结构的一种简写形式。其语法格式如下：

v = v1 if condition else v2

求v的值，首先，对条件（condition）求值（而非v1），如果为逻辑真，则对v1求值并将最终结果赋值给v；否则，对v2求值并将结果赋值给v。

条件表达式可以替代简单的双分支结构。例如，下面代码用于求两个数的最大值。

```
1   x, y = 10, 20
2   max = x if x>y else y
3   print('Max is:{ }'.format(max))
```

首先，判断x是否大于y，此处条件不满足，所以将y的值20赋给max，得到x和y两个变量的最大值20。

下面将用条件表达式来替换嵌套的双分支语句，实现恺撒密码的解密算法。解密算法的程序流程图如图4-12所示。

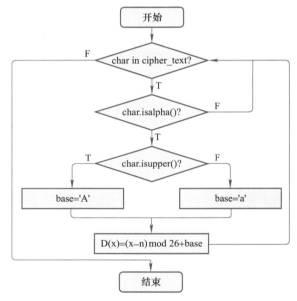

图4-12　恺撒解密流程图

恺撒密码的解密过程与加密过程互逆，加密过程是加上偏移量（key）后求模，而解密过程是减去key后求模，对于非英文字母不做解密处理。实现代码如下：

```
1   # decrpyt
2   key = 3
3
4   # 密文
5   cipher_text = '''
6   Brx zloo hqmrb judqghu vljkw,
7   eb folpeolqj wr d juhdwhu khljkw.
8   '''
9
```

```
10   # 明文
11   plain_text = ''
12
13   for char in cipher_text:
14       # 字符是否为字母
15       if not char.isalpha( ):
16           plain_text += char
17       else:
18           # 根据待加密的字符大小写，设定偏移量的基准值
19           # 使用条件表达式
20           base = 'A' if char.isupper( ) else 'a'
21           # 减偏移量，解密
22           plain_text += chr((ord(char) - ord(base) - key) % 26 + ord(base))
23
24   # 输出解密后的明文
25   print(plain_text)
```

仍然使用一个循环对密文进行迭代。首先，判断密文是不是字符，这里用了取反（not）布尔非运算（第15行），不是字母就直接做明文处理；是字母的话，需要进而判断其大小写。这里，判断大小写用的是一个条件表达式，先执行表达式char.isupper( )，如果结果为True就返回大写字母"A"，否则返回小写字母"a"（第20行）。

解密处理部分和加密过程相比，区别是对key的操作，前者是相加，后者是相减。

任务4　使用布尔表达式减少分支嵌套

如果每一个条件的判断都需要写一条if-else语句，当需要判断的条件比较多时，势必造成一个复杂的分支嵌套。利用布尔运算将条件的判断转换成布尔表达式，可以减少分支嵌套。下面以一个经典的百鸡百钱问题求解来说明。

我国古代数学家张丘建在他所著的《算经》中提出了一个著名的"百钱买百鸡问题"。鸡翁一，值钱五；鸡母一，值钱三；鸡雏三，值钱一。百钱买百鸡。问：翁、母、雏各几何？百鸡百钱问题，要考虑同时满足100只鸡和100钱。特别要注意的是，小鸡是3只值1钱，即小鸡的数量要能被3整除。

如果对所有的条件判断都使用分支语句来实现，具体代码如下：

```
1    #V1 全部使用分支语句
2    for cock in range(0, 20 + 1):        #鸡翁范围在0到20之间
3        for hen in range(0, 33 + 1):       #鸡母范围在0到33之间
4            for chick in range(3, 99 + 1): #鸡雏范围在3到99之间
5                #判断钱数是否等于100
```

模块
2

```
6              if (5 * cock + 3 * hen + chick / 3) == 100:
7                  #判断购买的鸡数是否等于100
8                  if (cock + hen + chick) ==100:
9                      #判断鸡雏数是否能被3整除
10                     if chick % 3 == 0:
11                         print ("鸡翁:", cock, "鸡母:", hen, "鸡雏:", chick)
```

使用3个循环嵌套来遍历所有的购买组合，再通过3层的分支嵌套来判断是否同时满足条件：①所有的钱数满足100；②所有的鸡数满足100；③小鸡的数量应该要能被3整除。

实际上，要使得上面3个条件同时满足，还可以使用布尔运算中的与（and）运算来构建一个布尔表达式来实现，改造后的代码如下：

```
1  #V2 布尔表达式
2  for cock in range(0, 20 + 1):  # 鸡翁范围在0到20之间
3    for hen in range(0, 33 + 1):  # 鸡母范围在0到33之间
4      for chick in range(3, 99 + 1):  # 鸡雏范围在3到99之间
5        # 判断钱数是否等于100
6        # 判断购买的鸡数是否等于100
7        # 判断鸡雏数是否能被3整除
8        if (5 * cock + 3 * hen + chick / 3) == 100 and (cock + hen + chick) ==
                                        100 and chick % 3 == 0:
9          print("鸡翁:", cock, "鸡母:", hen, "鸡雏:", chick)
```

改造后的代码使用了2个and布尔运算符连接了3个比较表达式（第8行），将原来的3个分支嵌套语句修改成了1个分支语句。

》》 单 元 小 结 》》》

分支程序设计是结构化程序设计中三大语句结构最后一个介绍的程序语句（前面已经介绍了顺序语句和循环语句），分支语句包括单分支、双分支和多分支，以及分支的嵌套等几种形式。

扫一扫，查看视频

计算机采用二进制表示数据，对字符要进行编码表示后再转换成二进制表示。对于英语等西文字符ASCII码就可以表示，但对于中文等世界上许多其他国家的语言字符来说，由于语言文字字符数量太多一般采用Unicode码。可以通过函数chr（）、ord（）、hex（）、oct（）分别实现字符和数值，以及十进制、八进制、十六进制等换算。

布尔运算表达式的结果是一个布尔值，用0或False作为假值，1或True作为真值。结合布尔表达式，可以减少分支嵌套。

模块 3

数据结构

- 学习单元 5　绘制词云图 // 90
- 学习单元 6　绘制人口普查数据图表 // 116

学习单元5
绘制词云图

学习目标

- 🖳 理解线性数据结构
- 🖳 熟练掌握列表的使用
- 🖳 熟练掌握元组的使用
- 🖳 理解Python对象的可变与不可变
- 🖳 掌握文件数据输入基本操作
- 🖳 具有理论联系实际的作风和严谨的态度

扫一扫，查看视频

任务概述

1. 《决议》词云图

以史为鉴是中华文化的一个重要特征，每到重要历史关头，中国共产党都会总结党的历史，从中吸取历史智慧，掌握历史主动。在党的百年奋斗历程中，党内规范性文件体系中已出现三个以"历史决议"命名的文件：1945年的《关于若干历史问题的决议》、1981年的《关于建国以来党的若干历史问题的决议》和2021年的《中共中央关于党的百年奋斗重大成就和历史经验的决议》（以下简称《决议》）。《决议》回顾了党走过的百年奋斗历程，总结了百年奋斗取得的"四个伟大成就""四次伟大飞跃"，并用"十个坚持"概括了中国共产党百年奋斗的历史经验：坚持党的领导、坚持人民至上、坚持理论创新、坚持独立自主、坚持中国道路、坚持胸怀天下、坚持开拓创新、坚持敢于斗争、坚持统一战线、坚持自我革命。

词云图是文本的一种可视化呈现形式，提炼出关键字后通过字体大小、颜色等突出重要程度。《决议》全文3.6万余字，信息量巨大，如何快速获取信息？本学习单元将提取《决议》全文本中高频出现的关键词，制作一张词云图，如图5-1所示。

图5-1 《决议》词云图

2. 任务分析

❶ **目标解构**：从文件创建词云图主要包括从文件读取全文本内容、提取关键词并统计关

键词出现的次数，以及生成并显示词云图片3个主要子任务目标。其中，重点和难点在于对提取关键词的处理部分。

❷ 模式识别：在程序设计中，除了前面学习单元中介绍的通过键盘输入数据，文件也是一种重要的数据输入形式。本任务只需要读取文件，不涉及文件的写入操作。对《决议》进行分词操作（提取关键词）后会得到一个由关键词组成的序列，但要对每个关键词出现的次数进行统计，就要先对分词出来的关键词进行过滤去重，也包括剔除关键词中的无效词（例如单字或标点符号等）。完成关键词的统计后，只需要按关键词出现次数进行排序即可获取高频出现的关键词列表（本任务取高频出现的前20个关键词来创建词云图）。

❸ 模式归纳：词云图创建的关键在于怎样对关键词序列中各个关键词出现的次数进行统计，并从高到低进行排序。可以采用形如：(关键词1,出现次数),(关键词2,出现次数),…,的数据结构来表示"关键词—次数"数据对。序列数据结构在Python中可以使用列表（list）数据类型。而每一个关键词及其对应的出现次数统计值是一对逻辑意义上关联在一起的数据对，Python中可以用元组（tuple）数据类型来表示，也可以使用列表来表示。

❹ 算法设计：词云图的创建过程主要包括分词、过滤去重、统计关键词出现次数、排序、生成并显示图片等几个步骤。分词操作将使用jieba第三方模块完成；Python本身内置了对文件的操作，可以使用open( )等方法打开文件；而列表的sort( )方法或sorted( )内置函数能方便实现排序。

3. 任务准备

（1）jieba模块

jieba（结巴中文分词）是一个Python中文分词库。所谓分词，是指将连续的字序列按照一定的规范重新组合成语义独立词序列的过程。jieba分词有4种模式。

● 精确模式：此为默认模式，试图将句子最精确地切开，每个字符只会出现在一个词中，适用于文本分析。

● 搜索引擎模式：在精确模式的基础上，对长词再次切分，提高召回率，适用于搜索引擎分词。

● 全模式：把句子中所有的可以成词的词语都扫描出来，速度非常快，但是不能解决歧义，有可能一个字同时分在多个词中。

● paddle模式：利用PaddlePaddle（飞桨）深度学习框架，训练序列标注（双向GRU）网络模型实现分词。该模式同时支持词性标注。

jieba库是第三方库，需要通过pip进行安装，pip安装命令为"pip install jieba"。还可以指定自定义的词典，以便包含jieba库里没有的词。虽然jieba有新词识别功能，但是自行添加新词可以保证更高的正确率。

只需要提供待分词的字符串作为参数，就可以使用 jieba.cut( )方法或者jieba.lcut( )方法获得分词的结果。两个方法的原型分别为：

● cut(sentence: Any, cut_all: bool = False, HMM: bool = True, use_paddle: bool = False)

其中，sentence代表需要分词的字符串；cut_all表示是否采用全模式，默认为否；

模块
3

HMM表示是否使用HMM模型，默认为否；use_paddle表示是否使用paddle模式下的分词模式，默认为否。

- lcut（*args: Any, **kwargs: Any）

其中，*args代表传入需要分词的字符串；**kwargs为传入分词操作的设置，如cut_all、HMM、use_paddle等，详见上面cut（）方法的原型介绍。

虽然使用这两个方法都能进行中文分词操作，但jieba.cut（）返回的结构是一个可迭代的生成器（generator），要使用for循环来获得分词后得到的每一个词语(unicode)；而jieba.lcut（）可以直接返回一个列表（list）。本任务中将使用方法jieba.lcut（）。

```
1  >>>import jieba
2  >>>jieba.lcut('我们正在努力学习Python语言')
3  ['我们', '正在', '努力学习', 'Python', '语言']
```

（2）word_cloud模块

word_cloud是一个Python生成词云的第三方库，根据给出的字符串，它可以以不同的大小、颜色显示出来。word_cloud也需要单独安装，安装命令为"pip install wordcloud"。word_cloud的使用比较简单，在使用之前需要初始化一个wordcloud.WordCloud（）对象，几个主要参数及其意义如下：

- font_path:string，创建词云图文字要使用的字体（OTF or TTF），中文需要提供使用字体的路径，否则会出现乱码。
- width:int(default=400)，画布的宽度。
- height:int(default=200)，画布的高度。
- background_color:color value (default="black")，词云图的背景色，默认是黑色。

使用wordcloud.generate_from_text(text)方法就可以创建一张词云图，其中text为空格隔开的一个字符串，形如"发展 中国 人民 坚持 社会主义"。创建的词云图可以保存为磁盘文件，也可以借助Matplotlib模块的pyplot子模块直接显示。

（3）Matplotlib模块

Matplotlib是一个用于在Python中进行2D绘图的库，它以各种硬拷贝格式和跨平台的交互式环境生成出版质量级别的图形，可以轻松创建静态、动态和交互式的可视化图形，常用于数据的可视化开发。Matplotlib的优势在于使用简单，它以渐进、交互式方式实现数据可视化。通过Matplotlib，程序员仅用几行代码便可以轻松创建直方图、饼图、散点图等。Matplotlib也是一个第三方模块，需要单独安装（其依赖模块会自动安装），安装命令为"pip install matplotlib"。Matplotlib本身包含了许多子模块来实现绘图。

从图5-2可以看出，Matplotlib中的所有内容都是按层次结构进行组织的。Matplotlib绘图有两个比较重要的对象：一个是画板Figure，是最后图像的呈现；另一个是坐标轴axes（包括x轴和y轴）。可以把坐标轴理解为一张画布，一张画板上可以包括多张画布，即可以画出多张图片，每张图片包含一个独立的坐标轴。要使用Matplotlib创建一张图形，大致需要：①引入模块初始化环境，设想已经准备好了一块画板；②准备好要使用的数据；③把数据装入坐标轴，画图/渲染。当然，还可以进一步进行图表的美化，如添加各类标签、图例等，最后，还能将创建的图表以图片、PDF等文件格式保存起来。

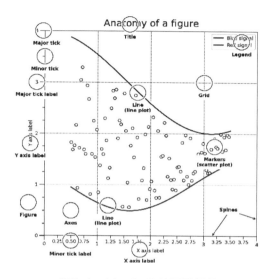

图5-2　Matplotlib的图形组件

Matplotlib有两个绘图接口：一个是基于面向对象的，使用坐标轴axes.axes对象在画板figure.Figure上画图；另一个是基于MATLAB并使用基于状态的接口matplotlib.pyplot。如果画板上只有一张画布，默认就在当前画布上画图，也可以直接使用Matplotlib的pyplot子模块。下面使用两种方式实现在一个二维坐标系中画线。

```
1    # 导入模块pyplot，并使用别名plt
2    from matplotlib import pyplot as plt
3
4    # 创建包含单个轴的图形
5    fig, ax = plt.subplots( )
6    # 在轴上绘制一些数据
7    ax.plot([1, 2, 3, 4], [1, 4, 2, 3])
8
9    # 等效实现
10   #plt.plot([1, 2, 3, 4], [1, 4, 2, 3])
```

从Matplotlib模块中只引入了pyplot子模块，并使用as为其另命名为plt（第2行），这样就可以使用简写plt代表pyplot了。plot( )函数中的两组数据表示一组xy坐标上的数据对，通过axes或pyplot绘制到画布上。subplots( )（第5行）返回一个包含figure和axes的对象。画线效果如图5-3所示。

模块3

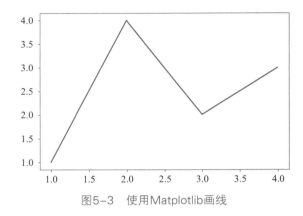

图5-3　使用Matplotlib画线

虽然matplotlib.pyplot模块很容易快速生成图片，但建议使用面向对象的方法，因为它可以更好地控制和自定义绘图。

在本任务中，只需要使用Matplotlib显示创建好的词云图，只是简单地使用pyplot.imshow（ ）函数在Matplotlib查看器上绘制图像。虽然在Python中显示图片的第三模块有很多，如PIL（Python image library）、OpenCV等，但考虑到Matplotlib模块在数据可视化中经常用到，本任务将对其进行简单介绍。

任务1　读取文件数据

1. 了解文件输入的基本操作

（1）认识文件

文件是存储在辅助存储器（如磁盘）上的字节序列。文件主要有两种类型：文本文件和二进制文件。在Python中，文本文件的存储是以字符为单位的。Python 3.x中文本文件采用的是Unicode编码，在每个文件的结尾通常还有一个结束标志EOF，在读取文件时，可以以此判断文件是否结束。

扫一扫，查看视频

● 文本文件（text file）：基于字符编码（ASCII、UTF-8等）的文件，是能够使用字符串str对象读/写的文件对象（file object）。

● 二进制文件（binary file）：基于值，没有编码，只是一个字节序列，存储的是二进制数据。

最直观的体验是，一个文本文件可以通过记事本之类的软件打开，而二进制文件，如一张照片，一般需要相应的图片软件才能打开。

（2）打开文件

对于一个文件的操作主要包括三个步骤，①打开要操作的文件，获得一个文件对象；②通过文件对象从文件中读取或/和写入数据；③关闭文件。

Python的内置函数open（ ）用于打开文件获得一个文件对象。它主要有两个参数：要打开的文件，以及以什么样的读写模式打开。其语法格式如下：

　　stream = open(file_name, mode)

- file_name：要打开的文件名。
- mode：使用文件的方式，常见的有：
    - ◆ r：以只读（read）方式打开文件，如果省略时，默认值为'r'。
    - ◆ w：以写（write）数据方式打开文件，如果同名文件已经存在，则会被覆盖。
    - ◆ a：打开文件并追加（append）内容，任何写入的内容会自动添加到文件末尾。
    - ◆ t：表示操作的是一个文本文件（text）。
    - ◆ b：表示操作的是一个二进制文件（binary）。

　　例如，代码"stream = open('output.txt', 'wt')"，就表示打开一个名叫output.txt的文本文件，进行写入操作。下面是对一个打开文件对象的测试。

```
1  >>>file_handle = open('resolution.txt')
2  >>> print(file_handle)
3  <_io.TextIOWrapper name='resolution.txt' mode='r' encoding='cp936'>
```

　　从上面的代码可以看出，使用open( )函数打开一个文件时，没有指定使用文件的方式，默认就为"只读"。文件编码为"cp936"，是指系统里第936号编码格式（code page，代码页）。这里，中文本地系统是Windows中的cmd，默认代码页是cp936，即GB2312编码。

　　当打开一个文件进行读/写操作时，可以读取指定数量或全部的字符，写入时也可以写入指定数量或一次性全部写入文件中。常见的文件读/写函数包括：

　　1）f.read(size)：可用于读取文件内容，表示读取并返回最多size个字符（文本模式）或size个字节（二进制模式）。如果整个文件的字符或字节数大于size，返回size个字符或字节；反之，读取实际个数；如果省略size，则返回整个文件。如已到达文件末尾，f.read( )返回空字符串（' '）。

　　2）f.readline( )：从文件中读取单行数据，字符串末尾保留换行符（\n）。只要f.readline( )返回空字符串，就表示已经到达了文件末尾。

　　3）f.write(str)：把str的内容写入文件，并返回写入的字符数。写入其他类型的对象前，要先把它们转化为字符串（文本模式）或字节对象（二进制模式）。

　　打开《决议》文件并直接输出的代码如下：

```
1  # 打开文件，根据你的实验环境指定文件路径
2  file_name = 'cpc_resolution/data/resolution.txt'
3
4  # 打开文件
5  file = open(file_name, encoding='utf-8')
6
7  # 逐行读取文件的前10行
```

模块3

```
 8    for i in range(10):
 9        print(file.readline())
10
11    # 最后记得关闭文件
12    file.close()
```

这里使用open()方法以UTF-8编码方式、只读模式打开了《决议》文本文件（第5行），然后通过一个循环（第8行），以每次读取一行字符的形式（第9行），读取并输出了10行数据。对文件的操作结束后，要记得使用文件对象的close()方法关闭文件。

2. 使用with-as语句安全读取文件

使用open()函数打开文件进行读/写后，经常忘记将文件关闭，这样可能导致对同一文件的其他操作不能正常进行，即使不再使用该文件，也会因为文件流对象未销毁而一直占有内存，造成不必要的开销。Python使用with-as语句提供了一个叫作上下文管理器（context manager）的对象对代码块的执行环境进行管理。其典型用法包括保存和恢复各种全局状态、锁定和解锁资源、关闭和打开文件等。下面使用with-as语句改写打开《决议》文件的代码。

```
1    # 读取报告文本，根据实验环境修改文件地址
2    file_name = 'cpc_resolution/data/resolution.txt'
3    with open(file_name, encoding='utf-8') as file:
4        resolution_text = file.read()
5
6    #lcut: (*args, **kwargs) -> list
7    key_words = jieba.lcut(resolution_text)
```

与传统的操作不同，文件可能会在一段不确定的时间内处于打开状态，这对于较大的应用程序来说可能会出问题。而with语句支持以及时、正确的方式使用文件，语句执行完毕后，即使在处理时遇到问题，都会关闭文件。在上面的代码中，使用with语句以指定的UTF-8编码打开《决议》文件，并且把文件流对象赋给变量file（第3行），后续就可以直接使用file变量操作文件。需要注意的是，处于with上下文对象中的代码块要缩进（第4行）。通过file的read()方法，一次性把《决议》文件的所有字符都读入变量resolution_text中（第4行），然后就可以用jieba.lcut()方法对文本进行中文分词操作了，并返回一个关键词的序列（第7行）。

》》 任务2 提取分词后的关键词列表 》》》

列表（list）是Python中4种容器（collection）数据类型之一，是Python中最具灵活性的一种高频使用的数据类型。列表由一系列按特定顺序排列的数据项组成，用一对中括号（ [ ] ）来表示，并用逗号（ , ）来分割列表中各个数据项。列表是一种可变（mutable）数据类型。

扫一扫，查看视频

1. 剔除关键词列表中的标点符号

（1）创建中文标点符号列表

直接使用一对中括号［ ］赋值或用list（ ）转换函数都可以创建一个列表，列表中的数据项用逗号隔开。每个数据项不需要是同一种数据类型，甚至，数据项本身可以还是一个列表。

创建列表示例如下：

```
1  >>>self_confident = [ ]
2  >>>self_confident
3  [ ]
4  >>>self_confident = list( )
5  >>>self_confident
6  [ ]
7  >>>self_confident = ['道路自信', '理论自信', '制度自信', '文化自信']
8  >>>self_confident
9  ['道路自信', '理论自信', '制度自信', '文化自信']
```

一对空的中括号（第1行）或不指定参数的list（ ）（第4行）列表转换函数会创建一个空的列表（第3、6行）。当然，可以直接在中括号中给出列表各个数据项的值，这里用字符串表示"四个自信"（第7行）。虽然这里的"四个自信"都是字符串，是同一种数据类型，但事实上，列表可以接收任意数据类型的值。列表类型变量输出出来会有一对中括号，表示其为列表数据类型（第9行）。

图5-4所示是列表在内存中存储的可视化形式。可以看到，列表的每一个数据项都按顺序有一个对应的位置编号。

图5-4　列表在内存中存储的可视化形式

在创建词云图中，已经得到了对《决议》的分词关键词列表，但这里面包含了大量中文标点符号，在统计每个关键词出现的次数之前，想把分词得到的关键词列表里的中文标点符号先剔除掉，那么就需要创建一个中文标点符号的列表。这里，用两种方法分别创建。

```
1  # 常见的中文标点符号
2  punctuation = [', ', '、', '；', '。', '"', '"', '（', '）', '《', '》', '！']
3
4  # 使用list( )转换列表
5  # punctuation = list('，、；。""（）《》！')
```

第一种方法是直接赋值（第2行），第二种方法是使用列表转换函数list（ ）（第5行）。这里只列举了常见的、出现在《决议》文件里的11种中文标点符号。

模块
3

（2）访问和遍历列表

1）访问列表数据项。对列表元素/数据项的访问和字符串中的一样，都是使用数据项的索引。既可以对列表按位序进行索引得到单一元素/数据项，也可以对列表进行切片操作得到多个元素/数据项。

```
1    # 访问列表
2    self_confident = ['道路自信', '理论自信', '制度自信', '文化自信']
3
4    # 索引
5    >>>self_confident[3]
6    '文化自信'
7
8    # 切片
9    >>>self_confident[1:3]
10   ['理论自信', '制度自信']
```

无论是索引还是切片操作，列表元素的位序编号都是从0开始的，所以self_confident[3]得到的是第4个元素值"文化自信"；而进行切片操作时，和字符串的切片操作一样，终止值是不包括其自身的，所以self_confident[1:3]切片操作得到的是从0开始编号、位序为第1至第2之间的元素，即"理论自信"和"制度自信"两个元素。

当然，和操作字符串一样，列表也支持以从右向左的负数索引方式进行单项访问或多项切片操作。

2）遍历列表数据项。遍历列表有两种方式：一种是直接通过元素值，一种是通过位序索引。如下是对"四个自信"列表值的两种遍历方式。

```
1    # 遍历
2    self_confident = ['道路自信', '理论自信', '制度自信', '文化自信']
3
4    # 方式1:直接通过元素值
5    for item in self_confident:
6        print(item, end=' ')
7
8
9    # 方式2:通过位序索引
10   for i in range(len(self_confident)):
11       print(self_confident[i], end=' ')
```

方式1：采用for循环的方式（第5行），对列表中的每个值进行遍历，每次循环迭代变量item将被赋值列表中的一个数据项值，然后就可以直接通过item变量来使用列表值。

方式2：也是采用for循环的方式，但不同的是按位序索引来迭代（第10行）。首先，通过len()函数计算得到列表的长度，也就是列表所包含的元素的个数；然后，根据列表元素的个数，通过range()函数生成一个列表所有元素的位序序号值；最后，按位序访问的方式，对列表进行遍历访问。

（3）修改列表及计算

1）在列表中添加元素。要增加列表的数据项，列表数据类型提供了append（ ）和extend（ ）两种常见方法。append（ ）是在列表的尾部添加元素，而extend（ ）是将一个可迭代对象的每一个元素作为一个数据项添加到列表中。

```
1   # 修改列表
2   self_confident = ['道路自信', '理论自信', '制度自信']
3
4   # append
5   # ['道路自信', '理论自信', '制度自信', '文化自信']
6   self_confident.append('文化自信')
7
8   # extend
9   # ['道路自信', '理论自信', '制度自信', '文', '化', '自', '信']
10  self_confident.extend('文化自信')
11
12  # ['道路自信', '理论自信', '制度自信', '文化自信']
13  self_confident.extend(['文化自信'])
```

在上面的代码中，原本是要用列表self_confident存储"四个自信"，但发现少写了一项"文化自信"，这时可以使用列表的append（ ）方法直接将该项添加到列表的末尾（第6行）。但如果要使用extend（ ）方法则需要注意，直接把字符串"文化自信"作为扩展添加到列表（第10行），会将该字符串的4个字符作为4个数据项独立作为列表的一项添加到列表（第9行），要将其作为一个整体数据项添加的话，要将其转换成列表数据类型后再进行添加操作（第13行）。

2）更新列表中的元素。在对列表的遍历过程中，对迭代变量的修改并不会影响列表数据项本身。例如，下面这个方式是不会修改列表变量的。

```
1   # 把一个列表中所有的字符串首字母大写
2   prog_lang = ['python', 'java', 'c++']
3   for lang in prog_lang:
4       lang.title( )
5
6   print(prog_lang)
7
8   # 方法1: 要更新prog_lang, 需要对列表值进行改写/赋值
9   for i in range(len(prog_lang)):
10      prog_lang[i] = prog_lang[i].title( )
11
12  print(prog_lang)
```

列表prog_lang存储了3种语言（字符串）数据项，通过一个迭代循环，对列表的每个值进行遍历，每次循环，迭代变量lang指向列表中的一个元素，然后调用字符串的title（ ）方法将字符串首字母变成大写（第3、4行），但遍历执行完成后，输出prog_lang列表的值会发

现，并未对列表的数据项产生影响，还是原始值。出现该问题的根本原因在于，迭代时，将列表数据项的值逐一赋值给迭代变量后，虽然对迭代变量的值进行了修改，但并未将修改后的值写回列表，即列表从未改变过。也就是说，在对列表进行遍历时，对迭代变量的修改并不会影响列表。要影响列表的值，就必须要将修改后的值写回列表，即在循环体中有对列表数据项的赋值操作（第10行）。

3）列表的计算。列表也支持加法、乘法等计算，且遵循运算符优先级规则。

```
1    # 列表的计算
2    # 加法
3    >>> [1, 2, 3] + [4, 5, 6]
4    [1, 2, 3, 4, 5, 6]
5
6    # 乘法
7    >>> ['a', 'b', 'c'] * 3
8    ['a', 'b', 'c', 'a', 'b', 'c', 'a', 'b', 'c']
9
10   # 运算符是有优先级的
11   >>> [1, 2, 3] + [4, 5, 6] + ['a', 'b', 'c'] * 3
12   [1, 2, 3, 4, 5, 6, 'a', 'b', 'c', 'a', 'b', 'c', 'a', 'b', 'c']
```

两个列表相加等同于将两个列表进行合并（第3、4行），列表相乘等同于将列表进行重复（第7、8行），而且加法和乘法一起时，乘法优先（第11、12行）。

（4）删除标点符号

要删除列表中的一个元素有多种方法。

● pop( )方法：按元素的位置删除，用于移除列表中的一个元素（默认为最后一个元素），并且返回该元素的值。

● remove( )方法：按元素的值删除，用于移除列表中某个值的第一个匹配项。

● del命令：如果知道要删除的元素在列表中的具体位置，可以根据索引删除列表中的元素，还可以使用分片的方式删除列表中的多个元素。

这里，以删除中文标点符号为例，运用多种方法，将分词得到的关键词列表中的标点符号全部删除。pop( )方法是以位序为线索对列表进行删除操作，考虑到列表中同一种标点符号的数据项重复出现多次，所以需要对列表进行循环遍历的方式，才能删除所有项。但每次调用列表的pop( )方法删除一个数据项后，列表中被删除项后面的其他数据项的位置都会向前挪动一位，这样会导致逻辑错误，使得本该删除的数据项（标点符号）未被删除。对于一个包含数据项重复的列表，如果要用pop( )方法删除其中的所有相同元素，一种处理方式是采用逆序删除，即从列表的末尾向前遍历进行迭代删除。该程序流程图如图5-5所示。

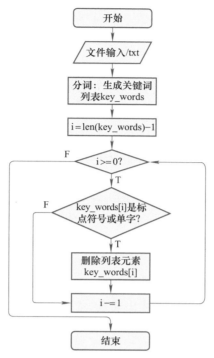

图5-5 使用pop( )方法逆序删除中文标点符号

实现代码如下:

```
1   …
2   #lcut: (*args, **kwargs) -> list
3   key_words = jieba.lcut(resolution_text)
4
5   # 常见的中文标点符号
6   punctuation = [',', '、', ';', '。', '"', '"', '（', '）','《', '》', '！']
7
8   # 删除标点符号及单个字符
9   # 方法1: pop( )按序从最后一个元素往前删除
10  i = len(key_words) - 1
11  while i>= 0:
12      if key_words[i] in punctuation or len(key_words[i]) == 1:
13          # pop( )
14          key_words.pop(i)
15
16          # del
17          # del key_words[i]
18      i -= 1
```

这里采用while循环,从列表的最后一个元素开始从后向前进行遍历,针对每一个元素进行判断,如果该元素是一个中文标点符号,即该元素值在列表punctuation中则属于被删除的项;此外,考虑到单字符(即len( )长度为1),也是没有统计的意义,这里一并做删除处理

模块3

101

（第12行）。定位到数据项在列表中的位序后，就可以使用pop（）方法进行删除了（第14行），此处，也可以使用del命令删除列表中指定的元素（第17行），效果和pop（）方法等效。

2. 使用嵌套列表删除标点符号

列表的数据项又可以是一个列表，这称为列表的嵌套。例如，已经创建了一个包含中文标点符号的列表punctuation，如果要统计每一个标点符号在关键词列表key_words中出现的次数，该怎样表示呢？可以采用形如[['！', 10], ['《', 8], …]的嵌套列表结构来表示每个标点符号在关键词列表中出现的次数。每个嵌套列表包含两个元素：第一个表示标点符号，第二个是该标点符号出现的次数。

下面通过使用列表的remove（）方法遍历删除标点符号，会综合运用列表的嵌套。为了比对两种删除方法得到的结果是否相同，这里生成一份分词关键词的副本，在副本上进行删除操作，最后只要将原来的关键词列表和副本关键词列表进行比较即可得到答案。为实现该功能，需要介绍两个新的列表方法：

● copy（）：生成一份列表的副本。

● count（）：统计数据项在列表中出现的次数。

采用remove（）方法删除标点符号的程序流程图如图5-6所示。

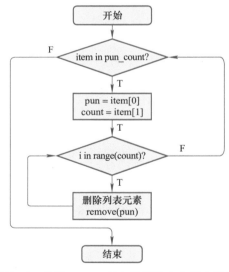

图5-6　使用remove()方法删除中文标点符号

实现代码如下：

```
1   # 方法2：remove（）按值迭代删除
2   # 统计标点符号出现的次数，pun_count=[['！',10], ['《',8],…]
3   dup_keyword = key_words.copy（）
4   pun_count = [ ]
5   for pun in punctuation:
6       pun_count.append（[pun, dup_keyword.count（pun）]）
7
```

```
8    for item in pun_count:
9      pun = item[0]
10     count = item[1]
11     # pun, count = item[0], item[1]
12     for i in range(count):
13       dup_keyword.remove(pun)
```

在上述代码中，先创建了关键词列表的一份副本（第3行），然后通过对中文标点符号列表元素的遍历，把每一个标点符号在关键词列表中出现的次数统计出来，这里使用了count（）方法（第6行）。每一个标点符号及其出现的次数用一个列表存储，所有的标点符号及其相应的出现次数放入了pun_count列表中。

对嵌套列表进行访问与对普通列表进行访问是一样的，因为每一个pun_count列表中的数据项本身又是一个列表，所以对其进行遍历时的迭代变量item是一个列表数据类型的变量。通过对列表的索引操作可以获得标点符号及其出现的次数值。最后，通过remove（）方法将每个标点符号在关键词列表中出现的地方全部删除（第13行）。用remove（）方法做删除操作与数据项在列表中出现的位序无关，它只删除元素第一次出现的值，有重复值，就需要根据出现的次数做循环操作，以达到全部删除的目的。

>> 任务3　统计分词关键词出现的频次 >>

1. 关键词列表去重

统计分词后每个关键词出现的次数，首先要确定关键词列表里有哪些不相同的关键词，即对关键词列表的数据项去重。基本的处理思路是：首先，创建一个空列表，用于存储去重后的关键词；然后，对原分词生成的关键词列表进行遍历，判断关键词是否在上一步创建的存储去重后关键词的列表里存在，如果不存在的话，就将其加入列表。实现代码如下：

扫一扫，查看视频

```
1    # 1)去除列表中的重复关键词
2    keyword_std = []
3    for word in key_words:
4      if word not in keyword_std:
5        keyword_std.append(word)
```

创建一个空列表keyword_std（第2行）用于存储去重后的关键词，对分词得到的关键词列表进行遍历（第3行），没在keyword_std列表中的关键词就添加到列表里（第4、5行），这样就得到了一个去重后的关键词列表。

2. 统计关键词频次

要统计一个数据项在列表中出现的次数，可以使用count（）方法。其用法与上面介绍过的用remove（）方法删除列表中的中文标点符号的操作类似。这里也使用了列表的嵌套。每

模块
3

一个关键词及其出现的次数组成一个列表项目，所有的关键词及其出现次数放在一个列表中。这里为了后续对列表做排序操作方便，对关键词及其出现的次数在列表中的位置做了对调，即把次数放在前面，关键词放在后面。

```
1    # 2)统计每个关键词出现的次数
2    # 为了便于后面的排序，把出现次数放在子列表的第一个位置
3    # [[207, '发展'], [187, '中国'], [168, '人民']]
4
5    word_count = list( )
6    for word in keyword_std:
7        # 方法1：采用嵌套列表
8        word_count. append([key_words. count(word), word])
9    # 原始的关键词列表和去重关键词列表将不再使用，可以释放掉资源
10   del key_words, keyword_std
```

在上述代码中，首先创建了一个空列表word_count用于存储去重后关键词及其频次数（第5行）；然后，以去重后的关键词列表为标准，对其进行遍历（第6行）；最后，在分词得到的原始关键词列表中通过count( )方法对每个关键词求其出现的次数（第8行）。这里，因为需要把关键词出现的频数放到前面，且关键及其频数要组合成一个列表，所以，用append( )方法添加一个数据项时，使用的是一个列表类型数据值，且将通过count( )方法得到的计数值放到列表的第一项位置。

至此，已经从《决议》文本文件中提取了关键词，并对关键词进行了去重和出现次数的统计。对于分词后得到原始关键词列表和去重关键词列表都不再需要，它占用较大内存开销，为及时释放掉不需要的资源，可以使用del命令删除列表key_words和keyword_std（第10行）。

任务4　排序关键词并绘制词云图

1. 对列表进行排序

列表数据类型本身是支持排序操作的，提供了一个内置方法sort( )。除此之外，内置方法reverse( )还支持对列表的反转操作（非排序）。Python还提供了一个全局函数sorted( )。这些，都可以实现排序功能。

扫一扫，查看视频

（1）sort( )方法（物理排序）

sort( )方法按指定的key升序或降序排序。这种排序是对列表本身直接操作的（inplace），即排序后，列表本身将会被修改。

（2）sorted( )函数（逻辑排序）

sorted( )不是列表的内置方法，而是Python的一个内置函数，可以对一个可迭代对象进行升序或降序排列。使用该方法对列表进行排序时，它不对列表进行任何修改，而是生成一个按指定规则排序后的新列表。

对关键词频度列表进行排序的代码如下：

```
1   # 3)对列表按逆序从大到小排序
2   # 方法1：物理逆序排序
3   word_count.sort(reverse=True)
4
5   # 方法2：逻辑排序
6   #word_count = sorted(word_count, reverse=True)
```

上述两种方式都可以实现对关键词出现频度的排序，word_count已经存储了每个关键词及其出现次数的值，且出现次数的值处在嵌套列表数据项的第一项位置，而sort( )/sorted( )排序操作时，默认就是以第一项为比较对象排序。两种方式中的reverse=True表示排序采用逆序（即从大到小）的方式排序。如果不指定，则默认按升序（即从小到大）排序。

使用列表自带的sort( )方法时（第3行），因为是直接在word_count列表上操作，所以直接调用该方法即可。而使用Python内置函数sorted( )时，因为会创建一个新的列表，不会影响word_count列表本身，所以需要将排序后的结果赋值给word_count变量（第6行）。这样就完成了所有关键词及其出现次数从高到低顺序排列，形如[[207，'发展']，[187，'中国']，[168，'人民']，…]。

2. 使用列表推导式

列表推导式（list comprehension）是处理一个序列中的所有或部分元素并返回结果列表的一种紧凑写法。列表推导式创建列表的方式更简洁。常见的用法为，对序列或可迭代对象中的每个元素应用某种操作，用生成的结果创建新的列表；或用满足特定条件的元素创建子序列。常见的语法现象有：

[exp for iter_var in data_iterable]❶
[exp for iter_var in data_iterable if clauses]❷
[exp1 if condition else exp2 for iter_var in data_iterable]❸

对一个可迭代对象（data_iterable）进行遍历，然后将迭代变量（iter_var）参与计算的表达式（exp）结果作为列表的数据项❶。如果复杂一些，一个表达式后面为一个for子句，然后是零个或多个for或if子句（clauses），if子句对数据做进一步的筛选❷，结果是由表达式依据for和if子句求值计算而得出一个新列表。除了做过滤，还可以做筛选，在遍历可迭代对象时，对满足条件用的采用一种计算结果（exp1），不满足条件的又采用另一种表达式计算结果（exp2）❸。

对于在前面修改列表值的例子中，将每个数据项首字母大写，如果采用列表推导式的写法将更简练和紧凑，可以把一个循环语句写在一行。

```
1   # 列表推导式/Python语法糖
2   prog_lang = ['python', 'java', 'c++']
3   [lang.title( ) for lang in prog_lang]
```

下面再通过一个"鸡兔同笼"问题的求解来进一步理解列表推导式的使用。

《孙子算经》中记载了这样一个有趣的问题：今有雉兔同笼，上有三十五头，下有九十四

模块3

足，问雉兔各几何？也就是说，鸡和兔关在一个笼子里，一共有35个头、94条腿，那么鸡和兔各有多少只？下面分别采用迭代的思想和列表推导式两种方法来求解问题。实现代码如下：

```
1    # 列表推导式实现鸡兔同笼问题
2
3    # 迭代方法
4    for chicken in range(1, 35+1):
5        rabbit = 35-chicken
6        if chicken*2+rabbit*4 == 94:
7            print(f"鸡：{chicken}，兔：{rabbit}")
8
9    # 列表推导式
10   [[chicken, 35-chicken]
        for chicken in range(1, 35+1)
            if chicken*2+(35-chicken)*4 == 94]
```

运用传统迭代的思想来求解的思路是：穷尽假设鸡的数量的所有可能（第4行），然后进而判断是否有满足兔子条件的可能（第6行），有则产生一组鸡兔同笼数量的组合（这里只有一组）（第7行）。

传统的迭代方法用了4行代码来解决问题。那用列表推导式呢？这里实际使用的是嵌套列表解析（nested list comprehension），即将有可能的数量组合、每一组符合条件的数据对都放入一个列表中。其实，求解问题的逻辑还是一样的，不同的是代码更简洁了（第10行）。运行结果：鸡23，兔12（[[23，12]]）。

在创建词云图的任务中，将用列表推导式和列表的切片操作获取前20个高频出现的关键词列表。实现代码如下：

```
1    # 4) 截取高频出现的前20个关键词
2    # 词云图只需要关键词，不需要出现次数值
3    # ['发展', '中国', '人民', '坚持', '社会主义']
4    # 使用列表推导式
5    # 通过列表的切片操作，取前20个高频词
6    kw_list = [word for count, word in word_count[0:20]]
```

首先，通过对排序后的关键词频度列表word_count进行切片操作，截取前20个列表数据项。因为已经按降序进行了排序，所以截取的前20个数据项就是《决议》文件中出现频次最高的前20个关键词；然后，通过列表推导式进行计算，这里用的是for子句，得到一个只包含关键词的新列表（不包括关键词的出现次数），并赋值给一个新的关键词列表变量kw_list（第6行）。

3. 创建词云图

至此，要创建词云图的数据都已全部准备好了，可以开始创建词云图了。这里使用WordCloud模块来创建词云图，只需要简单的配置即可初始化该类的实例对象。实现代码如下：

```
1    # 5)创建词云图
2    # 不支持中文，需要指定字体
3    font = r'C:\Windows\Fonts\Deng.ttf'
4    word_cloud = WordCloud(background_color='white', \
                                    width=600, \
                                    height=400, \
                                    font_path=font)
5
6    # 空格字符隔开的关键词字符串
7    # '发展 中国 人民 坚持 社会主义'
8    word_cloud.generate_from_text(' '.join(kw_list))
9
10   # 显示词云图片
11   plt.imshow(word_cloud)
12
13   # 或者导出图片文件后再预览
14   #word_cloud.to_file("achievement.png")
15
16   # 不显示坐标轴
17   plt.axis('off')
18   plt.show()
```

初始化WordCloud时，指定词云图图片的背景色为白色，图片的大小为宽600、高400，因为其不支持中文，需要指定要使用的字体（第4行），这里使用的是等线字体。WordCloud创建词云图只要一个用空格隔开的字符串，所以，使用join()方法将关键词列表kw_list的每一个元素用空格做拼接，形成一个字符串（第8行）。最后，为了展示词云图图片，使用了matplotlib子模块pyplot的imshow()方法直接显示（第11行）。当然，也可以将词云图片保存为一个图片文件，之后再打开查看（第14行）。

任务5　学习复制和清空列表

1. 深复制和浅复制

要获得列表的一份副本，可以直接赋值，也可以使用其自带的copy()
方法。但这两种方法有本质的不同的。看下面这段代码：

扫一扫，查看视频

```
1    # 列表的复制: copy() vs. =
2    self_confident = ['道路自信', '理论自信', '制度自信', '文化自信', '中国梦']
3
4    # 直接赋值
5    conf_equal = self_confident
6
7    # 调用copy()方法
```

```
8    conf_copy = self_confident.copy( )
9
10   # 影响不同
11   conf_equal[4] = '伟大复兴'
12   conf_copy[4] = '中华民族伟大复兴'
```

从变量在内存中的存储来看，通过直接的赋值操作（第5行）和调用copy（ ）方法（第8行）得到的列表副本是完全不同的。严格来说，赋值操作并没有产生新的副本，如图5-7所示。

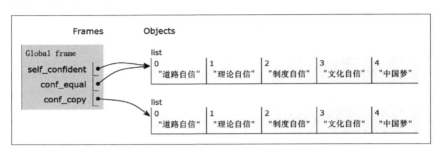

图5-7　列表的复制

这就意味着，来自于同一列表self_confident值的不同列表变量conf_equal和conf_copy，虽然两个变量的值都相同，但两个变量标签却指向不同的内存地址空间。对两个列表变量值的修改，其影响也必然不同，如图5-8所示。

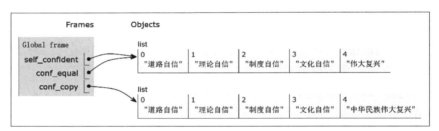

图5-8　修改列表副本

因为直接赋值符（＝，等号）赋值并未产生列表的副本，所以conf_equal列表和self_confident列表实质是指向同一内存地址，所以对conf_equal的修改也会影响到self_confident变量。而采用列表的copy（ ）方法进行复制操作，产生了新的一份副本，所以对conf_copy的修改不会影响self_confident变量。

列表是可以嵌套的，如果是一个嵌套列表的复制又会产生怎样的效果呢？例如在"四个自信"列表的基础上再增加一个"五大发展理念"的嵌套列表数据项来探索什么是深复制和浅复制。

```
1    # copy and deep copy
2    self_confident = ['道路自信', '理论自信', '制度自信', '文化自信',
                                    ['创新', '协调', '绿色', '开放', '共享']]
3
4    # 调用copy（ ）方法
```

```
5   conf_copy = self_confident.copy( )
6
7   # 无论修改谁，都会改变嵌套列表的值
8   # self_confident[4].append('中国梦')
9   conf_copy[4].append('中国梦')
```

虽然用copy（ ）方法生成了一份单独的副本（第5行），但因为self_confident列表中的"五大发展理念"是一个嵌套列表，copy（ ）方法并未为嵌套列表生成副本，所以self_confident和conf_copy共用了嵌套列表对象。这就是所谓的浅复制。在内存中的存储结构如图5-9所示。

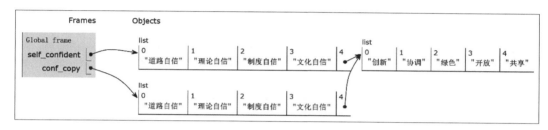

图5-9 列表的浅复制

很显然，即使是对副本列表conf_copy的嵌套列表进行修改（第9行），也必然会影响到原始列表变量self_confident的值，如图5-10所示。

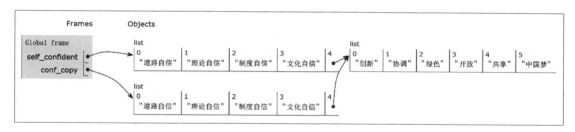

图5-10 浅复制修改值

事实上，无论是对原始列表还是副本列表，修改嵌套列表，二者都会受影响。那怎样才能将二者彻底切割开呢？这里就需要引入Python自带的copy模块来实现所谓的深复制。

```
1   # 浅复制和深复制
2   self_confident = ['道路自信', '理论自信', '制度自信', '文化自信',
                      ['创新', '协调', '绿色', '开放', '共享']]
3   import copy
4   conf_deep_copy = copy.deepcopy(self_confident)
```

引入copy模块后，就可以利用其deepcopy（ ）方法对含有嵌套列表的列表进行深复制了，复制后的副本conf_deep_copy列表将拥有独立的一份嵌套列表值。深复制的列表存储结构如图5-11所示。

模
块
3

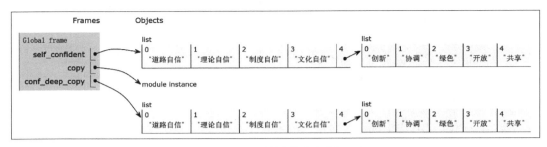

图5-11　列表的深复制

2. 清空列表

清空一个列表，可以使用一个空列表（[ ]）直接进行初始化，也可以使用内置方法clear( )删除列表里的所有元素，相当于del a[:]。但二者的处理还是有所区别的。

```
1    # 清空一个列表有多种方式，但后台处理是有差异的
2    self_confident = ['道路自信', '理论自信', '制度自信', '文化自信']
3    print("before:" + str(id(self_confident)))
4
5    # id变化
6    self_confident = [ ]
7
8    # id不变
9    #self_confident.clear( )
10
11   print("after:" + str(id(self_confident)))
```

如果用空列表直接初始化（第6行）来清空列表，实际上是创建了一个新的空列表来赋值。操作前后，列表变量的内存地址是变化了的。而如果是调用clear( )方法（第9行），仅仅是把列表的所有数据项删除掉，但操作前后，列表变量的内存地址并未改变。

>> 任务6　使用元组改写关键词统计 >>

1. 元组的基本操作

元组（tuple）由多个用逗号隔开的值组成，输出时，元组都要由圆括号标注，这样才能正确地解释嵌套元组。输入时，圆括号可有可无。元组和字符串一样，是一种不可变（immutable）数据类型。也就是说，一旦一 　扫一扫，查看视频 个元组被创建，就不可以对元组中的元素进行新增、修改、删除操作，也不可以排序。也正是由于其不可变特性，元组在内存使用和性能方面比列表更简单、更有效。此外，不可变也意味着元组更安全。当需要用到"临时变量"时，更倾向于使用元组而不是列表。

（1）创建元组

元组由一对圆括号括起来。创建一个元组时，可以直接使用一对圆括号赋值，或者使用

tuple（）函数。由于圆括号还用在运算符优先级、函数调用等方面，如果元组只有一个元素的话，在元素后面必须加一个逗号。从下面一段文字中提取信息点，组建一个元组："从1921年到2021年，中国共产党走过了百年光辉历程。历经百年风雨，中国共产党从小到大、由弱到强，从建党时50多名党员，发展成为今天已经拥有9500多万名党员⊖的世界第一大政党。"从这段文字中，抽取信息点：建党时间、建党人数、现有规模。据此，创建一个元组：(1921，'中国共产党'，(50，95000000))。⊖

```
1   # 元组可以包含元组
2   cpc = (1921, '中国共产党', (50, 95000000))
3
4   # 也有可能元组里包含了可变元素
5   cpc_dup = (1921, '中国共产党', [50, 95000000])
6
7   # 元组不可变，但包含的列表是可变的
8   cpc_dup[2][0] = '53'
9   # 但元组不可变
10  #cpc[2][0] = '53'
11  #TypeError: 'tuple' object does not support item assignment
```

这两个元组对象cpc和cpc_dup在内存中的表示如图5-12所示。

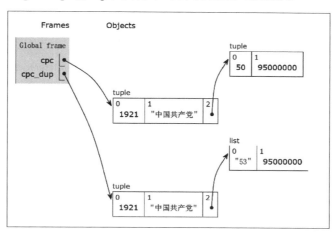

图5-12　创建元组

从上面的代码可以看出，元组中的元素可以是不同的数据类型，甚至元组里面还可以包含元组（第2行）。虽然，元组一旦创建后，就不能再修改了，但是，如果元组的元素里包含了一个可变数据类型的数据项，还是可以对该可变数据项进行修改操作的。比如这里的cpc_dup元组表示中国共产党人数从建党时期的50多名发展到9500多万名这两个数据时，用的是一个可变数据类型列表（第5行），那么对该列表还是可以修改的（第8行）。但对元组及元组里的不可变数据类型数据项都是不可以修改的（第10行）。

⊖　中共中央组织部2021年6月30日发布数据，截至2021年6月5日，中国共产党党员总数为9514.8万名。
⊖　为方便练习，本例中的"现有规模"选用95000000。

如果元组恰好只有一个元素，在元素后面必须加一个逗号。例如，用元组来表示存储在数据库里代表性别信息的数据项，只有"男"和"女"两个值，且只存储其一。实现代码如下：

```
1   如果元组只有一个元素，
2   # 一个元素的元组
3   # 这里只是一个
4   gender_male = ('男')
5   type(gender_male)
6   #<class 'str'>
7
8   # 要在元素的后面加一个逗号
9   gender_femal = ('女',)
10  type(gender_femal)
11  #<class 'tuple'>
```

在上述代码中创建了一个gender_male变量，也用一对圆括号初始化了一个字符串类型的值（第4行），但使用type（）函数检测会发现，gender_male变量并不是元组数据类型，而是一个字符串（第5、6行）。要创建只有一个元素的元组，要在这个元素的后面加一个逗号（第9行）。

（2）基本操作

1）索引与运算。元组是有序的，所以可以按位序进行索引操作。和字符串、列表等一样，索引也是从0开始编号的。此外，也可以利用比较运算产生的逻辑值（会得到0和1）来变相对元组进行索引。在下面的代码中，score的值为80（第7行），表达式score >= 60的值为True，也就是整数1，即result得到的结果就是对元组位序为1的元素进行访问（第8行）。

当然，除了索引，元组也可以进行加法和乘法操作。元组的加法就是重新创建一个新元组并将元组数据项进行拼接（第12、13行），元组的乘法操作就是对元组元素的重复（第16、17行）。

```
1   # 索引
2   level = ("不及格","及格")
3   # "及格"
4   level[1]
5
6   # 利用比较运算产生的逻辑值
7   score = 80
8   result = ("不及格","及格") [score >= 60]
9   # result = "及格"
10
11  # 加法
12  level + ("优秀",)
13  # ('不及格', '及格', '优秀')
14
15  # 乘法
16  ("优秀",) * 3
17  # ('优秀', '优秀', '优秀')
```

2）遍历。和其他线性结构的数据类型一样，元组也支持遍历操作，直接通过for‑in的成员运算符进行迭代就可以访问到元组中的每一个数据项。

```
1  # 遍历
2  levels = ('不及格', '及格', '优秀')
3  for level in levels:
4      print(level, end=' ')
5      # 不及格  及格  优秀
```

3）赋值。元组的不可变，实际上是指，元组一旦创建，元组变量就指向了一个内存地址空间首地址，这里地址空间存储的值是不能进行修改的。但可以将整个元组进行替换，也就是说，重新创建一个元组类型的值，将该变量指向新分配的内存地址空间。

```
1  # 重新赋值
2  level = ("不及格","及格")
3
4  # 元组一旦创建就不能再修改
5  # level[1] = "优秀"
6  # TypeError: 'tuple' object does not support item assignment
7
8  # 但可以重新对元组变量赋值
9  level = ("不及格","及格","优秀")
10
11 # 实际上，前面单元学习的同步赋值即元组赋值
12 >>>(a , b) = (99, 100)
13 x, y = 80, 90
14 >>>a, b
15 (99, 100)
16 >>>a
17 99
18 >>>b
19 100
20 >>>x, y
21 (80, 90)
```

在上述代码中，元组变量level有两个字符串元素，"及格"和"不及格"（第2行），要把元组的第2个值由"及格"修改成"优秀"是不允许的（第5行）。但可以创建一个包含以前元组数据，并加入新数据的新元组，然后再对原来的元组变量level重新赋值，这样，level就拥有了一个全新的值，其值就"改变"了（第9行）。

对多个变量的同步赋值，其本质就是对元组的操作，可以带圆括号，也可以省略圆括号（第12、13行）。

2. 使用元组统计关键词

（1）改写关键词统计频次

对《决议》关键词出现次数的统计，在上一任务中使用的是列表实现，实际上，使用元组也一样可以。

```
1   # 2)统计每个关键词出现的次数
2   # 为了便于后面的排序，把出现次数放在子列表的第一个位置
3   # [[207, '发展'], [187, '中国'], [168, '人民']]
4   word_count = list()
5   for word in keyword_std:
6       # 方法1：采用嵌套列表
7       # word_count.append([key_words.count(word), word])
8       # 方法2：使用元组
9       # [(207, '发展'), (187, '中国'), (168, '人民')]
10      word_count.append((key_words.count(word), word))
11
12  # 原始的关键词列表和去重关键词列表将不再使用，可以释放掉资源
13  del key_words, keyword_std
```

在上面的代码中，在向关键词频次列表word_count中添加各个关键词及其出现次数的数据项时，把关键词字符串与其对应的出现次数数字作为一组数据，用元组的数据结构来存储（第10行），其结构形如[( ), ( ), …]（第9行）。

（2）元组推导式

列表有列表推导式，元组也有元组推导式，但不同的是，列表推导式得到结果是一个生成器（generator，高阶函数学习单元将会介绍），可以通过tuple( )将它转换成元组。下面通过求解经典的百鸡百钱问题来介绍。

```
1   # 元组推导式 - 百鸡百钱
2   #((0, 25, 75), (4, 18, 78), (8, 11, 81), (12, 4, 84))
3   tuple(
4       (cock, hen, 100-cock-hen)
5       for cock in range(21)
6           for hen in range(34)
7               if (100 - cock - hen) % 3 == 0
8               and (5 * cock + 3 * hen + (100-cock-hen) / 3) == 100
9   )
```

求解百鸡百钱问题，这里用的是枚举法，即发挥计算机运算速度快的特点，使用两个循环语句对所有可能的买法组合进行判断（第5~8行），对同时满足一百鸡和一百钱的3个数组成一个元组数据项（第4行），共有4种购买方式（第2行）。条件判断部分需要注意的是，小鸡是1元钱买3只，一是小鸡的数量不能是小数；二是买小鸡的钱数能被3整除（第7、8行）。当然，这个算法还可以进一步优化，例如，枚举母鸡买法的嵌套循环range(34)（第6行），

是指100钱全部买母鸡的最大可能数（33只），实际上，只要买了一个公鸡，就不会有100钱去买母鸡了，也就是说，母鸡的数量最大也就是100-cock。

单 元 小 结

扫一扫，查看视频

　　列表是Python中经常使用的一种数据类型，和字符串一样，它也支持索引、切片，以及加法、乘法等操作和计算。对列表的遍历可以通过数据项的位序索引，也可以直接遍历列表的数据项。列表自带的删除操作有pop（ ）和remove（ ）两种方法。前者按位序删除，后者按值来删除，且前者会将删除的内容作为删除操作的返回值。要对列表进行排序操作，可以使用列表自带的sort（ ）方法，也可以使用Python提供的内置函数sorted（ ）。区别在于排序后，前者会影响列表本身，而后者不会。

　　虽然，元组与列表很像，但使用场景不同，用途也不同。元组是不可变数据类型，可以包含异质元素序列，通过解包或索引访问（如果是命名元组<named tuples>，可以属性访问）。列表是可变的，列表元素一般为同质类型，可迭代访问。

模块
3

115

学习单元6
绘制人口普查数据图表

扫一扫，查看视频

任务概述

1. 人口数据图表

人口问题始终是一个全局性、战略性问题，定期开展人口普查的目的就是查清我国人口在数量、结构、分布和居住环境等方面的情况变化，为科学制定国民经济和社会发展规划，统筹制定就业、医疗、养老、教育和社会保障体系政策，实现可持续发展战略，提供科学、准确的统计信息支持。人口普查工作是一项重要的国情国力调查工作，《全国人口普查条例》规定人口普查每10年进行一次。以2020年11月1日0时为标准时点，开展了第七次全国人口普查，前六次全国人口普查分别于1953年、1964年、1982年、1990年、2000年和2010年组织开展。

第七次人口普查数据显示，全国总人口为1443497378人。其中，普查登记的大陆31个省、自治区、直辖市和现役军人的人口共1411778724人，10年来继续保持低速增长态势；与2010年第六次全国人口普查的相比，汉族人口增长4.93%，各少数民族人口增长10.26%。在性别构成上，男性人口占51.24%，女性人口占48.76%，性别结构持续改善。在受教育程度上，与2010年相比，每10万人中拥有大学文化程度的由8930人上升为15467人，文盲率由4.08%下降为2.67%。受教育状况的持续改善反映了10年来我国大力发展高等教育及扫除青壮年文盲等措施取得了积极成效，人口素质不断提高。

图表能够更加形象、清晰、迅速地传递信息，从《2022年第七次人口普查主要数据》一书的图表展现中即可窥斑见豹。图6-1展现了历次普查每十万人拥有的各种受教育程度人口，直观地显示了近10年来高等教育普及取得的成效。

　　第七次全国人口普查的数据也展现出了一个欣欣向荣、蒸蒸日上的国家。数据表明我国人口质量快速提升，10年来继续保持低速增长势态，高龄老年人口增加幅度更加明显，人均寿命更高了；性别结构比例持续改善，女性在社会经济生活中占据越来越重要的地位；城镇化率加速提高，居民生活明显改善；人口受教育水平进一步提高，全民素质显著提升。

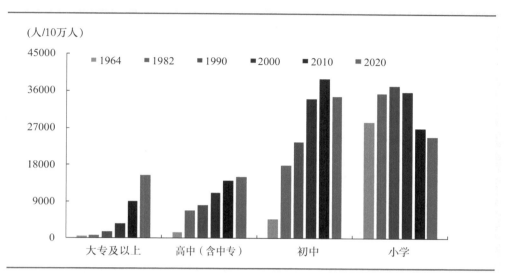

图6-1　历次普查每十万人拥有的各种受教育程度人口

　　本单元将利用《中国人口普查年鉴　2020》中的全国人口数据和地区人口数据分别制作全国人口数前十省份柱状图（见图6-2）和湖南省人口地州市分布图（示意图略）。需要注意的是，资料中部分数据由于四舍五入的原因存在总计与分项合计不等的情况，均未做机械调整。

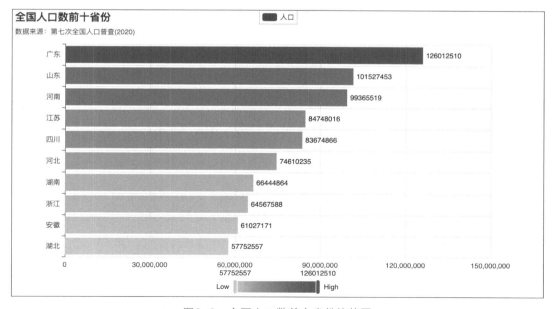

图6-2　全国人口数前十省份柱状图

模
块
3

2. **任务分析**

❶ 目标解构：两张图表虽然展现的形式和内容都不同，但都可以归属于大数据的可视化应用范畴，都是利用Python对数据进行提取、清洗、分析、可视化的过程，通过价值挖掘，把"数据"（data）变成"信息"（information）。在数据的提取阶段，"全国人口数前十省份柱状图"需要从文件中读取数据，"湖南省人口地州市分布图"需要从网络中获取地州市经纬度数据。在数据的清洗阶段，主要涉及结构化数据中有些数据的缺失或丢弃，例如，从文件中读取了空值。在数据的分析阶段，主要通过选择合适的Python容器型数据结构实现便捷、快速的操作。在数据的可视化阶段，主要选择合适的图表类型，创建人口分布图。

❷ 模式识别：数据来源包括文件和网络，文件数据格式包括CSV和JSON两种格式类型，都是一种文本数据文件格式。前者多用于存放电子表格或数据，后者多用于网络或应用系统间的数据交换，两种文件格式都可以用文本编辑器（如记事本）打开。无论是CSV还是JSON都称为半结构化数据[⊖]，可以通过灵活的键值调整获取相应信息，且数据的格式不固定。此外，"人口数前十"还意味着需要对数据进行排序操作。

❸ 模式归纳：无论是CSV还是JSON数据，本质上都可以被视为一种映射结构。Python中字典（dict）数据类型就是映射型，可以直接对CSV和JSON格式数据进行读/写、分析与处理。文件数据的提取可以借助Python自带的csv和json两个模块，网络数据的获取可以借助自带模块urllib，数据的可视化可以使用pyecharts模块，这里将用到直角坐标系图表——Bar柱状图/条形图和地理图表——Geo地图。

❹ 算法设计：数据清洗主要涉及对字典数据的访问。字典的数据元素是一个key-value（键值对）数据项（item），可以使用for语句进行遍历。可以将数据项看成一个整体处理，也可以使用一个元组（tuple）分别承接key和value的值单独处理。数据分析主要涉及对数据的排序，虽然字典数据类型并不自带排序方法，但字典是可排序的，可以使用sorted（）函数对其数据项进行排序。

3. **任务准备**

（1）CSV文件

CSV（comma separated values，逗号分隔值文件）是一种以逗号分隔数值的文件类型。在数据库或电子表格中，常见的导入/导出文件格式就是CSV格式。CSV格式通常以纯文本的方式存储数据表。

（2）JSON文件

JSON（JavaScript object notation）是一种基于文本、独立于语言的轻量级数据交换格式。虽然JSON使用JavaScript语法，但是JSON格式是纯文本的，可以被任何编程语言作为数据来读取和使用，可以将其看成一个字符串。

⊖ 结构化数据：顾名思义，是指具有固定格式和长度规范的数据，通俗来讲，主要通过关系数据库进行存储和管理的二元（行和列）表格数据。非结构化数据：格式不固定，比如Word文件、图片文件等数据。半结构化数据：介于结构化和非结构化之间，它一般是自描述的，数据的结构和内容混在一起，虽然定义了结构，但结构并不严格，常见的如日志文件、XML文档等。

（3）pyecharts模块

Echarts是一个开源的数据可视化库，凭借着良好的交互性，精巧的图表设计，得到了众多开发者的认可。而Python是一门富有表达力的语言，很适合用于数据处理。当数据分析遇上数据可视化时，pyecharts诞生了。pyecharts模块的本质就是，Python程序员用Python代码来编写前端图表，pyecharts将编写的Python代码"翻译"成前端的JavaScript代码实现可视化。

（4）urllib

urllib是一个收集了多个涉及URL模块的包，其中urllib.request模块用于打开和读取URL（uniform resource locator）资源，定义了适用于在各种复杂情况下打开URL（主要为HTTP）的函数和类。本学习单元的任务中只需要简单访问网络资源，故使用该模块。对于更高级别的HTTP客户端接口，建议使用第三方模块requests，后续学习单元将学习该模块的使用。

除了pyecharts是第三方包需要单独安装外，csv、json和urllib这3个包都是Python自带的，不需要单独安装。

》》 任务1　使用字典存储人口数据 》》

1. 字典的基本使用

字典是一系列成对的"键:值"对数据项集合，每个值都和一个键相关联，要访问字典数据项的值，可以通过其对应的键"按图索骥"得到。类似于书的目录，要快速地将书翻到某一章节，可以先在目录部分找到章节的名称，然后再根据章节名称找到页码，根据页码就可以快速地定位到对应的章节了。字典数据项的键必须是不可变数据类型，例如，数值、字符串、元组，字典数据项的值可以是任意数据类型，而字典数据项的数量是没有限制的，即存储任意个"键:值"对都可以。

（1）创建字典

Python中的字典是将以逗号分隔的"键:值"（key:value）对包含于一对花括号{ }之内来创建，也可以使用dict（）函数来创建。下面是联合国安全理事会5个常任理事国，即中国、美国、俄罗斯、英国、法国，国家代码与国家名称映射字典[⊖]。

```
1   # 创建五常国国家代码和名称字典
2   un_council = {
3       'CHN': '中国',
4       'USA': '美国',
5       'RUS': '俄罗斯',
6       'GBR': '英国',
7       'FRA': '法国'
8   }
```

⊖　ISO 3166-1: 2020《国家名称及其分区的表示代码　第1部分：国家/地区代码》。国家/地区代码是由字母或数字组成的短字符串，方便用于数据处理和通信。世界上有许多不同的国家/地区代码标准，其中最广为人知是国际标准化组织（ISO）的3166-1。每个国际普遍公认的国家/地区有3种代码，即二位字母代码、三位字母代码，以及联合国统计司所建立的三位数字代码。

模块
3

　　字典是一种动态结构，除了上面这种直接赋值创建字典外，还可以先创建一个空字典，然后再通过添加"key/value"对的形式创建新的字典数据项，也可以通过对字典key的重新赋值修改字典的值。此外，如果不同的key对应的值相同时，还可以通过字典的fromkeys（ ）方法创建字典，该方法需要提供一个可迭代的序列作为字典的key。

```
1  >>>un_council = { }
2  >>>un_council
3  { }
4  >>>un_council['CHN'] = '中国'
5  >>>un_council['RUS'] = '俄罗斯'
6  >>>un_council
7  {'CHN': '中国', 'RUS': '俄罗斯'}
8  # fromkeys会创建一个新的字典
9  >>>un_council=dict.fromkeys(['CHN', 'USA', 'RUS', 'GBR', 'FRA'])
10  >>>un_council
11  {'CHN':None, 'USA':None, 'RUS':None, 'GBR':None, 'FRA':None}
```

　　在上述代码中，先用一对空的花括号{ }（第1行）创建一个空的字典，再分别添加2个key/value对以增加字典数据项，用方括号[ ]括起来的键放到赋值符号（＝）的左边，值放到赋值符号的右边，新增了中国和俄罗斯两个字典数据项（第4、5行）。因为字典并不关系元素的位置，只关心key/value的对应关系，所以，字典中元素输出的顺序与创建时的顺序不一定相同，即字典中各个元素并没有先后顺序。使用字典的fromkeys（ ）方法创建一个统一、默认值的字典时会创建一个新的字典，所以这里使用的是dict.fromkeys（ ），且将创建的新字典赋值给字典变量un_council（第9行），因为没有指定值，所以5个数据元素的值都为None。

　　（2）修改字典

　　字典的访问和列表的相似，不同的是，列表是通过序号来访问值，而字典是通过key来访问值。

```
1  # 字典
2  un_council_dict = {
3      'CHN': '中国',
4      'USA': '美国',
5      'RUS': '俄罗斯',
6      'GBR': '英国',
7      'FRA': '法国'
8  }
9  #列表
10  un_council_list = ['中国', '美国', '俄罗斯', '英国', '法国']
```

　　该字典与列表在内存中的存储示意如图6-3所示。

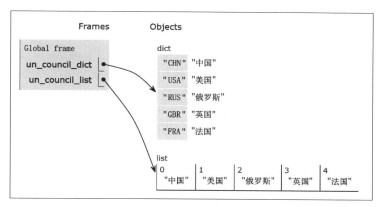

图6-3　字典与列表的对比

从二者的存储结构可以清晰看出，列表是通过0~4共5个有序数字来引用值的，而字典是通过5个不同的键（字符串）来引用值的。

要对字典的值进行更新，只需要重新对该key对应的值进行重新赋值即可，也可以使用字典的update（）方法进行批量更新。无论是对单个值进行更新，还是批量更新，当发现key在字典中不存在时，都会执行新增操作。

```
1   >>>un_council = { 'CHN': '中国', 'RUS': '俄罗斯'}
2   >>>un_council.update(dict.fromkeys(['USA', 'GBR', 'FRA']))
3   #{'CHN':'中国', 'RUS':'俄罗斯', 'USA':None, 'GBR':None, 'FRA':None}
4   >>>un_council['USA'] = '美国'
5   >>>un_council['GBR'] = '美国'
6   >>>un_council['USA'] = '法国'
7   >>>un_council
8   {'CHN':'中国', 'RUS':'俄罗斯', 'USA':'法国', 'GBR':'美国', 'FRA':None}
9   >>>un_council['USA'] = '美国'   # 修改
10  >>>un_council['GBR'] = '英国'
11  >>>un_council['FRA'] = '法国'
12  >>>un_council
13  {'CHN':'中国', 'RUS':'俄罗斯', 'USA':'美国', 'GBR':'英国', 'FRA':'法国'}
```

在上述代码中，创建字典时，只创建了中国和俄罗斯两个数据项（第1行），随后通过update（）方法批量新增了3个国家代码，但没有赋初始值（第2行），所以都为None，且因为字典un_council中并没有这3个key，所以执行了新增操作，最后得到了一个包含5个key的字典（第3行）。

重新赋值即可完成对字典的修改。在使用字典时要注意，字典中的key是不允许重复的，如果重复的话，后面的赋值会把前面的修改覆盖掉。很明显，这里把英国国家代码对应的国家写成了"美国"（第5行），把法国的国家代码写成了美国的"USA"（第6行）。因为对字典key"USA"赋值了两次，后一次赋值操作会把前一次的值覆盖掉，所以"USA"变成了"法国"（第8行）。要修改为正确的，只需再次赋值即可（第9~11行）。

模块
3

此外，使用数字做字典的key时，并不区分相同大小的两个整数数字和浮点型数字。

```
1  >>>dict_demo = { }
2  >>>dict_demo[1] = "JavaScript"
3  >>>dict_demo
4  {1: 'JavaScript'}
5  >>>dict_demo[1.0] = "Python"
6  >>>dict_demo
7  {1: 'Python'}
8  >>> hash(1)
9  1
10 >>> hash(1.0)
11 1
```

在上述代码中，字典无论是用整数"1"（第2行），还是用浮点数"1.0"（第5行）作为key，都认为是同一个key，所以后面的赋值会把前面的值覆盖掉，整个字典只有一个数据项（第7行）。产生这个现象的本质是因为字典的key必须是可哈希的（hashable）[⊖]。可哈希的是指，如果一个对象在其生命周期中的哈希值是不变的，那么就说这个对象是可哈希的。Python中，可以通过hash()函数进行检验，如果两个对象得到的哈希值相同，则认为该对象是相同的（第8～11行）。Python的不可变对象（immutable）都是可哈希的，都可以作为字典的键。

（3）删除字典

要删除字典的元素，使用del命令，语法格式为"del dict_var[key]"。但如果字典中不存在该key的数据项，则会抛出KeyError。

```
1  # 删除字典项
2  un_council = {
3      'CHN': '中国',
4      'USA': '美国',
5      'RUS': '俄罗斯',
6      'GBR': '英国',
7      'FRA': '法国'
8  }
9
10 del un_council['USA']
11 # del un_council['US']
12 # {'CHN': '中国', 'RUS': '俄罗斯', 'GBR': '英国', 'FRA': '法国'}
13 print(un_council)
```

这里使用del语句删除了key为"USA"的字典数据项（第10行），但如果想删除一个并不存在的、key为"US"的字典数据项时（第11行），将会报错。

⊖　哈希表是在一个关键字和一个较大的数据之间建立映射的表，能使对一个数据序列的访问过程更加迅速有效。哈希表中用作查询的关键字必须唯一且固定不变。

Python除了提供del命令语句用于删除字典数据项外，字典本身也带有多种删除元素的方法：

- pop(key[,default])：可以删除给定key所对应的值。
- popitem( )：可以删除字典中的最后一对键值对，并将该数据项作为删除操作的返回值。

此外，如果要清除字典的所有值，可以直接使用dict.clear( )方法。

2. 读取全国人口数据字典映射

（1）CSV文件与半结构化数据

CSV格式是电子表格和数据库中常见的输入/输出文件格式。查看CSV文件，可以直接使用记事本等文本编辑器软件，或者借助Excel等软件。VS Code也提供了丰富的第三方插件，可以直接在VS Code中以表格形式显示CSV格式文件，效果如图6-4所示。

地区/province	合计/population	男	女	性别比（女=100）
全　　国	**1409778724**	**721416394**	**688362330**	**104.80**
北　　京	21893095	11195390	10697705	104.65
天　　津	13866009	7144949	6721060	106.31
河　　北	74610235	37679003	36931232	102.02
山　　西	34915616	17805148	17110468	104.06
内　蒙　古	24049155	12275274	11773881	104.26
辽　　宁	42591407	21263529	21327878	99.70
吉　　林	24073453	12018319	12055134	99.69
黑　龙　江	31850088	15952468	15897620	100.35

图6-4　全国人口数据CSV文件结构

本任务中用到的数据来自于国家统计局官网的第七次全国人口普查数据，可以直接下载Excel格式文件，在Excel软件中将其另存为CSV格式文件。

一般来说，对CSV文件一行一行、一条一条地读取后，再根据逗号分隔符将一行数据分成多个字段来处理会比较烦琐，效率也比较低。Python自带的csv模块中的reader( )和writer( )可用于读/写数据，更方便的是使用DictReader( )和DictWriter( )以字典的形式读/写数据，每行中的数据映射到一个字典。csv模块中的DictReader( )在操作上类似于常规阅读器，但是会将每行中的信息映射到一个字典，该字典的key可以自己指定，也可以使用默认值，即行首或表头。

对于全国人口数据文件，本任务只需要用到前面的两列，即"地区"和"合计"两列，这两列数据对应的列名分别为"province"和"population"，将它们作为字典的key来使用。此外，编程中还需要将"全国"统计汇总行的数据删除，不需要使用。

模块3

（2）获取人口数据

下面使用csv模块读取全国人口数据CSV文件，并获取大陆31个省、自治区、直辖市和现役军人（为方便表述，以下统称为省份）的人口数据。程序流程图如图6-5所示。

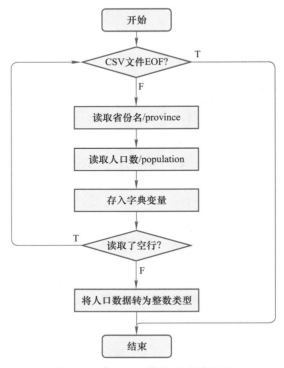

图6-5　获取人口数据程序流程图

程序代码如下：

```
1   import csv
2
3   # 1)找出各省份的人口数
4   prov_population = { }
5   popu_file_path = 'human_stats/data/china_population.csv'
6   with open(file=popu_file_path, mode='r') as popu_file:
7       # DictReader( )将每行信息映射到一个字典
8       popu_reader = csv.DictReader(popu_file)
9       # 每一行数据为一个字典
10      for popu in popu_reader:
11          # 取province,population两列数据
12          # 删除掉省份名字中间和前后的空格
13          province = popu['province'].strip( ).replace(' ', '')
14          population = popu['population']
15
16          # 形如: {'北京': 21893095, '湖南': 66444864}
17          prov_population[province] = population
```

```
18
19        # 空白行会自动丢弃，读入了空数据行，{'':''}，需要删除
20        if province == '':
21            # 使用pop()删除
22            prov_population.pop('')
23
24            # 或者使用del删除
25            # del prov_population['']
26            continue
27
28        # 人口数转为int
29        prov_population[province] = int(population)
```

首先，导入了Python自带的csv模块（第1行），创建了存储结果数据的prov_population字典变量（第4行），还使用with以自带清理、只读的方式，安全地打开了CSV数据文件，并交给一个popu_file文件句柄来处理文件流。

然后，使用csv模块的csv.DictReader()循环读取数据（第8行），每一行（popu迭代变量）都映射成一个字典，通过字典的操作，方便地处理CSV文件数据。通过popu['province']可以读取省份的名称（第13行）、通过popu['population']可以获取该省份的人口数（第14行）。这里，因为从CSV源文件中读取的省份名称中含有空格，所以使用replace(' ', '')替换掉汉字之间的空，使用strip()删除了字符前后的空格。

最后，以省份名称为字典的key，该省份对应的人口数为value，创建一个字典元素添加到字典变量prov_population中（第17行）。

这里没有对数据做清洗，直接读取的原始CSV文件，里面有空行数据，也就是省份名称显示为空的数据行（第20行），可以使用prov_population.pop('')函数或者del命令进行删除操作。

任务2　遍历并排序全国人口数据字典值

1. 操作字典视图对象

（1）字典视图对象

字典视图对象（dictionary view object）是指由dict.keys()、dict.values()和dict.items()所返回的对象，提供字典条目的一个动态视图。字典视图可以被迭代，以产生与其对应的数据，并支持成员检测。

- dict.keys()：返回由字典所有的键组成的一个新视图。
- dict.values()：返回由字典所有的值组成的一个新视图。
- dict.items()：返回由字典所有的键值对组成的一个新视图。

模块
3

125

```
1    # 字典视图对象
2    un_council = {
3        'CHN': '中国',
4        'USA': '美国',
5        'RUS': '俄罗斯',
6        'GBR': '英国',
7        'FRA': '法国'
8    }
9    # keys()
10   #dict_keys(['CHN', 'USA', 'RUS', 'GBR', 'FRA'])
11   print(un_council.keys())
12
13   # values()
14   # dict_values(['中国', '美国', '俄罗斯', '英国', '法国'])
15   print(un_council.values())
16
17   # items()
18   # dict_items([('CHN', '中国'), ('USA', '美国'),
                    ('RUS', '俄罗斯'), ('GBR', '英国'), ('FRA', '法国')])
19   print(un_council.items())
```

这里，使用print( )函数直接输出字典的键（第11行）和值（第15行）。从返回值可以看出（第10、14行），得到的结果既不是列表，也不支持索引，而是<class 'dict_keys'>、<class 'dict_values'>类型。要得到可迭代对象列表须用list( )函数进行转换。只返回迭代对象而不是直接返回列表，这种返回形式对于大型字典非常有用，因为它不需要时间和空间来创建返回的列表。此外，字典视图还是动态的，会随着字典的修改而改变。

在图6-6所示的代码中，虽然获取字典视图的代码（第8行）在删除字典的代码（第10行）之前，但字典的键视图仍然随着字典的修改而改变。

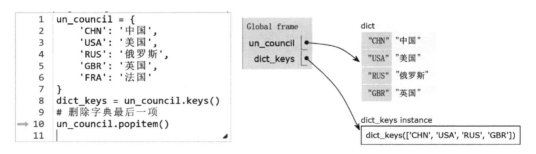

图6-6　字典视图动态变化

（2）求最大值和最小值

字典的视图对象是一个可迭代序列，也可以对其进行求最大值、最小值和求长度等操作。本任务中，要为创建的人口数据图表提供一个数据调节滑块，通过这个滑块可以选择一个数值区间，以动态显示该数值区间内的信息，可以利用max( )和min( )函数求最大值和最小值。

```
1   # 字典视图对象的计算
2   prov_population = {
3       '北京': 21893095,
4       '天津': 13866009,
5       '河北': 74610235,
6       '山西': 34915616,
7       '内蒙古': 24049155
8   }
9
10  # high = 74610235
11  high = max(prov_population.values())
12
13  # low = 13866009
14  low = min(prov_population.values())
15  print(high, low)
```

字典prov_population的values()视图对象可以获取各个省份的人口数，对这些可迭代序列数据用max()（第11行）和min()（第14行）函数可以直接求出最大值和最小值。

2. 降序排序人口数据字典

（1）字典的解包

解包（unpacking）就是把一个容器（collection）数据进行分解，逐个取出来。任何可迭代对象都支持解包操作，包括字符串、列表、元组、字典、集合等。Python对可迭代对象的解包操作都是自动完成的。在表达式、函数调用中，还可以使用一个或两个星号（*或**）解包可迭代对象，用一个星号解包序列，用两个星号解包字典。

```
1   # 解包
2   # tuple
3   bei_jing = ('北京', 21893095)  # 打包
4
5   (province, population) = bei_jing  # 解包
6
7   # 列表
8   bei_jing = ['北京', 21893095]
9   province, population = bei_jing
10
11  # *-解包序列
12  # ['北京', 21893095, '天津', 13866009]
13  [*bei_jing, '天津', 13866009]
```

将包含多个值的元组或者列表赋值给一个变量，可以看作将多个数据项打包进一个容器；而将一个元组或列表变量的多个值拆开，分别赋值给多个变量，可以看作对线性数据结构的解包。无论是已经学习了的元组，还是列表数据类型，都是一个容器数据类型，一个变量包含了多个值，所以都可以进行"解包"操作。例如，将元组（第5行）和列表（第8行）变量解包为2个变量，或者直接使用"*"（第13行）将列表序列进行解包操作。

在介绍字典视图对象时，只讲解了keys（）和values（）分别单独访问字典的所有键和值，字典中还可以通过dict.items（）方法访问字典的键值对。

```
1   # 字典解包
2   prov_population = {
3       '北京': 21893095,
4       '天津': 13866009
5   }
6   # 字典键的序列
7   # prov_bj, prov_tj = '北京', '天津'
8   prov_bj, prov_tj = prov_population.keys（）
9
10  # 字典值的序列
11  #popu_bj, popu_tj = 21893095, 13866009
12  popu_bj, popu_tj = prov_population.values（）
13
14  # 字典的数据项
15  # bei_jing, tian_jin = [('北京', 21893095), ('天津', 13866009)]
16  bei_jing, tian_jin = prov_population.items（）
17
18  # **-解包字典
19  # {'北京': 21893095, '天津': 13866009, '河北': 74610235}
20  {**prov_population, '河北': 74610235}
```

字典的keys（）和values（）视图对象本质上也是一个线性序列，使用方法上与元组类似，解包得到的就是一个包含所有键和所有值的元组（第8、12行）。字典的items（）返回的是字典数据项的键值对的一个元组，也就是说，每个变量就是一个元组，对应多个值（第16行）。

除了这种隐式地自动解包，还可以使用*和**对序列和字典进行显式解包。例如，有一个名为prov_population的字典（第2行），存储的是北京和天津两市的人口数，需要再新增河北的数据，只需要对字典prov_population进行解包后再新增一个河北数据的字典元素。解包字典的操作就是在字典变量前面加两个"**"（第20行）。

（2）字典的遍历

使用字典的方法keys（）、values（）、items（）可以分别遍历字典的键、值和键值对（数据项），但需要注意的是，直接遍历字典对象默认是遍历字典的键，需要深度处理字典数据项的话，可以通过items（）获得字典的每一个数据项，然后对其进行解包，分别获得键和值。

```
1   # 遍历
2   prov_population = {
3       '北京': 21893095,
4       '天津': 13866009,
5       '河北': 74610235,
6       '山西': 34915616,
7       '内蒙古': 24049155
8   }
9   # 省份: 北京,    人口数: 21893095
```

```
10    for prov, popu in prov_population.items( ):
11        print('省份: { }, \t人口数: { }'.format(prov, popu))
```

一般，使用for循环来遍历字典的数据项。在上面的代码中，通过一个for-in循环对字典prov_population的所有数据项进行遍历，得到一个包含键和值的元组，通过元组的自动解包，分别赋值给迭代变量prov和popu，按照顺序，字典的键赋给了prov、字典的值赋给了popu变量（第10行）。

（3）字典的排序

字典是无序数据结构，本身是没有sort( )方法的，不支持直接排序。虽然字典是一种映射型数据结构，但把每个键值对抽象成一个值，那么整个字典又是线性的，可以使用Python的sorted( )函数对其进行排序操作。

```
1    # 排序字典—— 实际是按键排序
2    prov_population = {
3        '北京': 21893095,
4        '天津': 13866009,
5        '河北': 74610235,
6        '山西': 34915616,
7        '内蒙古': 24049155
8    }
9    # 汉字排序是按照unicode数值排序
10   # ['内蒙古', '北京', '天津', '山西', '河北']
11   sorted(prov_population)
12
13   # [('内蒙古', 24049155), ('北京', 21893095), ('天津', 13866009),…]
14   sorted(prov_population.items())
```

从上面的代码可以看出，对字典对象直接进行排序时（第11行），是将字典的数据项作为一个整体，实际上是对字典的键进行排序，且只返回一个包含键排序后的列表（第10行）。

这通常不是人们所需要的，在本任务中，需要创建一个全国各个省份人口数最多的前10个省份条形图，那就需要对前面已经从CSV数据文件中统计汇总的字典数据，按字典的值进行降序排序，再取前10个数据项。虽然直接对字典的values( )进行排序能得到一个有序的人口数列表，但创建条形图时还需要对应的省份名称，所以排序操作还不能丢弃键值对信息。

```
1    # 按值排序字典—— 曲线救国
2    prov_population = {
3        '北京': 21893095,
4        '天津': 13866009,
5        '河北': 74610235,
6        '山西': 34915616,
7        '内蒙古': 24049155
8    }
9
10   # [(21893095, '北京'), (13866009, '天津'),…]
```

模块
3

```
11  top_popu = [(v, k) for k, v in prov_population. items( )]
12
13  # 按第一项数据——人口数逆序排序
14  # [(74610235, '河北'), (34915616, '山西'),…]
15  top_popu. sort(reverse=True)
16
17  # {'河北': 74610235, '山西': 34915616,…}
18  top_prov_popu = {prov: popu for popu, prov in top_popu}
```

在上述代码中⊖，首先利用一个列表推导式，对字典数据项的遍历进行自动解包，把key和value的位置对调后打包进一个元组（第11行），就得到了一个value在前key在后的元组列表，对该列表进行排序操作时，就得到一个按value排序的列表。这里，需要降序排序，在sort( )方法中指定reverse参数为True即可（第15行）。如果需要得到一个排序后的字典top_prov_popu，可以再利用一个字典的推导式，将键值对再对调一次（第18行）。

（4）排序全国人口数

下面对全国人口数据分省份、按从大到小的顺序进行字典排序。程序流程图如图6-7所示。

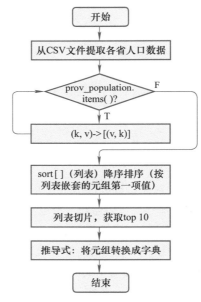

图6-7 全国人口数据排序

实现代码如下：

```
1  # 2)按人口数从大到小排序
2  # {province:population,} -> [(population, province),]
3  top_population = [ ]
4  # 字典的遍历
5  # 把字典数据项的值和键顺序对调
```

⊖ 需要注意的是，这里演示的字典排序方法并非是最优雅的。事实上，该方法过于复杂了，需要将字典数据项转为元组，排序完成后再将元组转为字典。等到后面学习了函数中的lambda匿名函数后，再结合sorted( )函数的key参数，可以更简单地实现按字典数据项的值进行排序操作。

```
6    for k, v in prov_population. items( ):
7        # 元组对
8        top_population. append((v, k))
9
10   # 按每个数据项的第一项值降序排序
11   top_population. sort(reverse=True)
12
13   # 列表切片，top 10的省份
14   top_population = top_population[0:10]
15
16   # 推导式：将元组列表转成字典
17   # [(population, province),] -> {province:population,}
18   top_ten_popu = {k: v for v, k in top_population}
```

首先，对字典prov_population进行遍历（第6行），将键和值进行对调，打包进一个元组中，并将元组添加到列表（第8行）；然后，直接调用列表的排序方法进行逆序排序（第11行），得到了一个按人口数从大到小排列的嵌套元组数据项的列表；再使用切片操作，直接截取前10的列表数据项（第14行），即本任务所需要的最终数据；最后，利用字典的推导式，还原为键值对（第18行），完成字典按值排序的效果。

模
块
3

》》 任务3　创建全国人口数柱状图 》》

1. 数据可视化库pyecharts的使用

创建数据可视化图表之前，需要了解pyecharts的基本使用方法。pyecharts定义了一系列的图表元素对象，只需要根据需求配置相应的参数即可，使用非常便捷。全局的主要配置项（图表元素）如图6-8所示。

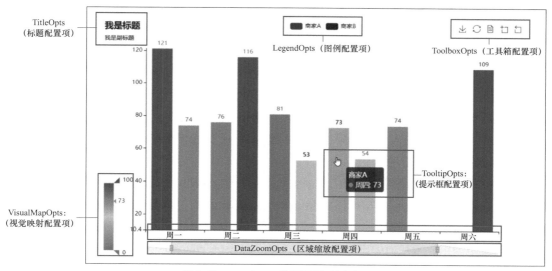

图6-8　pyecharts的配置选项含义

131

pyecharts中一切皆配置。在各个图表模块中使用了许多配置项对象（options）来设置其外观显示和动作交互，可以通过set_global_opts（）方法设置全局配置项，通过set_series_opts（）方法设置系列配置项。当然，这些与具体的图表类型相关，并不是每个图表都一样。本学习单元中主要会用到：

- InitOpts：初始化配置项。
- TitleOpts：标题配置项。
- VisualMapOpts：视觉映射配置项。
- LabelOpts：标签配置项。

简而言之，对于pyecharts，直接使用Python代码就可以开发数据可视化程序，创建的图表可以直接导出为图片文件，也可以嵌入到网页中显示。

2. 创建Top 10人口数柱状图

（1）准备图表数据

准备数据部分的代码如下：

```
1   import pyecharts. options as opts
2   from pyecharts. charts import Bar
3
4   # 3)创建排序的柱状图
5   # 为了柱状图逆序排列，x轴和y轴转置的话，需要将数据升序
6   x_data = list(top_ten_popu.keys( ))
7   x_data. reverse( )
8   # 人口数从小到大排序
9   y_data = list(top_ten_popu. values( ))
10  y_data. sort( )
11
12  low, high = min(y_data), max(y_data)
```

这里，引入了pyecharts图表的配置对象options（第1行）和图表对象Bar（第2行）。柱状图属于直角坐标系图表，包括了横轴数据和纵轴数据，数据类型为列表，分别表示省份名称和相应的人口数，对应于变量x_data（第6行）和y_data（第9行）。在本任务图表中，将x轴和y轴数据进行了对调，为了从上往下显示人口数从大到小，需要对x轴数据进行反转（注意：并不是排序）（第7行），对y轴数据进行排序（第10行）。最后，配置visualmap_opts视觉映像选项需要最大和最小两个值，使用min（）和max（）函数可以求得（第12行）。

（2）创建并配置Bar图

pyecharts本质上是将编写的Python代码转化成Echats的JavaScript代码，最后渲染的文件会联网调用Echarts框架所需的JavaScript依赖文件，例如必备的echarts. min. js文件。当然，为了实现本地运行，可以将项目依赖的JS文件事先下载下来存放到本地目录，再从本地目录中调用。本任务中已经创建了一个名为static_resource的文件夹用来存放所需的JS文件。详细代码如下：

```
1   # 创建柱状图
2   # 使用本地静态资源文件，不需要联网即可运行
3   bar=Bar(init_opts=opts.InitOpts(js_host='../static_resource/'))
4   # x轴数据项
5   bar.add_xaxis(xaxis_data=x_data)
6   # y轴数据项
7   bar.add_yaxis(
8           series_name='人口',
9           y_axis=y_data
10  )
11  # x轴数据和y轴数据对调
12  bar.reversal_axis()
13
14  # 全局配置
15  bar.set_global_opts(
16      title_opts=opts.TitleOpts(
17          title="全国人口数前十省份",
18          subtitle='数据来源：第七次全国人口普查(2020)'
19      ),
20      visualmap_opts=opts.VisualMapOpts(
21          orient='horizontal',
22          pos_left="center",
23          min_=low,
24          max_=high,
25          dimension=0,
26          range_text=["High", "Low"],
27          range_color=["#D7DA8B", "#E15457"]
28      )
29  )
30  # 系列配置
31  bar.set_series_opts(label_opts=opts.LabelOpts(position="right"))
32
33  bar.render('human_stats/output/top_ten_province.html')
```

模块
3

首先，创建了一个柱状图对象，变量名为bar（第3行），且配置为从本地指定文件夹中读取所需的JS文件；然后，通过Bar对象的add_xaxis（）（第5行）和add_yaxis（）（第7行）方法配置了x轴和y轴的数据序列，并将其进行了对调（第12行）；最后，对图表的显示效果进行了配置，包括标题、标签文字，以及可视化映射等（第16、20、31行）。

最终，pyecharts调用Bar对象的render（）方法将柱状图渲染进一个HTML网页文件top_ten_province.html，打开该文件即可看到全国人口数最多的前10省份信息，人数最多的省份放在顶部。

任务4　创建地区人口分布地图

1. 了解异常处理及调试程序错误

编写代码时，可能会出现一些意外的情况，例如，要求打开一个指定路径下的文件，却发现该路径下没有这个文件；做一个简单除法计算，却发现不小心给除数赋值为0，导致根本没法进行计算；等等。这些都会导致程序不能正确运行，产生错误。

（1）错误的类型

一般来说，程序的错误主要包括：语法错误、运行错误和逻辑错误。

1）语法错误（syntax error）：是指编写的代码不符合Python语言的要求，解释器无法识别和解析，又称为解析错误（parsing error）或者编译（complaint）错误。这类错误一般借助IDE（integrated development environment，集成开发环境）中的静态语法检查功能就能识别出来，并给出文件名与错误代码所在的行号，能非常准确地定位到错误位置。

```
1    #语法错误
2    >>> if len("Pass@word") > 8
3          print("密码长度合规")
4
5    SyntaxError: invalid syntax
```

在上述代码中，if语句后面缺少结束冒号"："（第2行），程序执行时会报无效语法（invalid syntax）错误（第5行）。

2）运行错误（runtime error）：是指程序在执行过程中产生的错误，如除数为0、索引操作越界等，通常也称为"bug"。

```
1    # 运行错误
2    >>> x = 100
3    >>> y = 0
4    >>> z = x/y
5    Traceback (most recent call last):
6      File "<pyshell#13>", line 1, in <module>
7        z = x/y
8    ZeroDivisionError: division by zero
```

在上述代码中，变量y被赋值为数字0（第3行），变量z的值为x/y（第4行），但0是不能做除数的。当代码执行到第4行以前都是正确的，错误的产生必须要等到执行第4行代码才会出现，这就是所谓的运行时错误。

3）逻辑错误（logic error）：是指程序结果在逻辑上不正确，但未报告为错误,导致程序偏离编程的本意，可以认为是程序本身的设计缺陷（trap）。逻辑错误不会导致程序崩溃，表现不明显，因此开发人员很难识别和解决该错误，一般需要借助对程序的跟踪调试。

```
1   # 逻辑错误
2   # 不及格成绩分数段[0, 60)
3   score = 60
4   if score > 60:
5       print("及格")
6   else:
7       print("不及格")
8   #不及格
```

上述代码是一个简单的分支语句，用于判断给定的一个分数是否及格，判断的标准是大于60分即为及格。但在编写代码时，关系表达式为"score > 60"（第4行），并没有包括临界值60，所以当成绩分数值刚好为60时，输出为不及格（第8行），这显然是一个逻辑错误。包含这类错误的程序能够正常运行，执行过程中也不会报错，但就是得不到正确的结果。

（2）异常的处理

异常（exception）是指由于程序本身设计问题或者执行环境而引发的错误。程序执行过程中的任何意外都是异常，即使Python程序的语法是正确的。引发异常的原因有很多，可能是硬件的原因，也可能是软件的问题。例如，要读取的文件不存在、不能正确获取网络数据、参与计算变量的数据类型错误、列表下标越界等。如果这些异常得不到正确处理就有可能会导致程序中止运行。合理地使用异常处理可以使得程序更加健壮，具有更强的容错性。

Python使用try-except结构化异常处理语句来捕获并处理程序异常。完整的语法结构如下：

```
try:
    # 可能会引发异常的代码块
    statements
except Except_Type as except_var:
    # 异常处理代码，可以有多个except子句
    statements
else:
    # 可选子句，没有异常出现时执行
    statements
finally:
    # 可选子句，定义清理操作
    statements
```

try-except语句的执行流程如下：

首先，执行try子句（try和except关键字之间的代码）：

如果没有触发异常，则跳过except子句，try语句执行完毕。

如果执行try子句时发生了异常，则跳过触发异常代码后面剩余的部分，进而与except关键字后面的异常类型（Except_Type）进行比对，如果异常的类型匹配成功，则执行except子句，再继续执行try-except语句之后的代码。

如果发生的异常不是except子句中列出的异常，则将其传递到try-except语句外部；如果一直没有找到处理程序，则它是一个未处理异常，语句将中止执行。

模块
3

需要注意的是，try语句可以有多个except子句，以为不同类型异常指定相应的处理程序。在捕获到异常后，会根据except子句的顺序逐一进行匹配，直到找到对应的异常处理程序位置。在找到第一个匹配的异常处理程序后，就执行相应的处理代码，其后面的异常处理部分（except子句）将会被忽略。也就是说，except子句最多只会执行一个。

try语句有两个可选子句：一个是else子句，一个是finally子句。前者当try子句中没有异常触发时执行，后者无论try子句中的代码有没有引发异常都会执行。所有的except必须在else和finally之前，else必须在finally之前。此外，else的存在必须以except语句为前提，也就是说，没有except子句话，就不能有else子句。finally子句多用于定义清理操作，比如关闭文件，无论程序是否出现异常。

一般，在处理用户输入，或者编写访问外部系统/文件系统、网络API调用等有可能出现错误的代码时，都需要进行异常处理。将前面介绍过的运行错误代码进行改写：

```
1   # try-except
2   x = 100
3   y = 0
4   try:
5       z = x/y
6   except ZeroDivisionError as e:
7       print("除数不能为0")
8   except:
9       print("除法运算出错")
```

改写后的代码使用try-except对异常进行捕获和处理后，就不会抛出Python解释器最原始的执行代码的错误信息，而是给出自己定义的、对普通用户而言可读性更强的错误提示，这样编写的程序更友好，也更健壮。很多时候并不能很精确地知道异常的类型，这个时候可以在except关键词后面省略异常类型名（第8行），这样默认响应任何异常，也就是捕获所有的异常。

（3）再次认识文件预定义的清理操作

一般来说，编写程序在读/写文件时可能会遭遇异常，使用异常处理语句安全编码的做法是将访问文件部分的代码置于try子句中。

使用异常处理机制安全读/写数据的做法是：首先，使用open（）函数打开文件；然后，对文件进行读/写操作最后；最后，关闭文件。但在对文件的操作过程中，可能因为异常并不能正常关闭文件，可引入try-except-finally进行处理，实现代码如下：

```
1   try:
2       popu_file_path='human_stats/data/china_population.csv'
3       popu_stream = open(popu_file_path, newline='', mode='r')
4       ...
5   except:
6       print("访问文件异常")
7   finally:
8       popu_stream.close()
```

finally子句中的代码，无论是否出现异常都会被执行，所以把关闭文件的操作放到该子句中（第8行）。这样，无论程序是否出错都能正常关闭文件。

预定义的清理操作是指，对象定义了不需要该对象时要执行的标准清理操作，无论使用该对象的操作是否成功，都会执行清理操作。文件被打开后，可能存在很长一段不确定的时间文件并未使用但一直处于打开状态，或者因为异常未能及时关闭，这些都将导致文件占用较多系统资源。Python中的with语句能便捷地解决这一问题。用with改写文件打开操作的代码如下：

```
1  # try-except的等效实现
2  popu_file_path='human_stats/data/china_population.csv'
3  with open(popu_file_path, newline='', mode='r') as popu_stream:
4      pass
```

with将实现与try一样的效果，且使用with相比等效的try-finally代码块要简短得多。例如，创建湖南省地区人口数据分布图，首先需要从行政区名称及编码对照表CSV文件中读取并统计湖南省包括哪些地州市。该CSV数据文件来自于天地图官网，数据格式如图6-9所示。

id	省province_name	省province_gb	市city_name	市city_gb	县county_name	县county_gb
1593	湖南省	156430000	长沙市	156430100	芙蓉区	156430102
1594	湖南省	156430000	长沙市	156430100	天心区	156430103
1595	湖南省	156430000	长沙市	156430100	岳麓区	156430104
1596	湖南省	156430000	长沙市	156430100	开福区	156430105
1597	湖南省	156430000	长沙市	156430100	雨花区	156430111
1598	湖南省	156430000	长沙市	156430100	望城区	156430112
1599	湖南省	156430000	长沙市	156430100	长沙县	156430121
1600	湖南省	156430000	长沙市	156430100	浏阳市	156430181
1601	湖南省	156430000	长沙市	156430100	宁乡市	156430182
1602	湖南省	156430000	株洲市	156430200	荷塘区	156430202
1603	湖南省	156430000	株洲市	156430200	芦淞区	156430203
1604	湖南省	156430000	株洲市	156430200	石峰区	156430204
1605	湖南省	156430000	株洲市	156430200	天元区	156430211
1606	湖南省	156430000	株洲市	156430200	渌口区	156430212
1607	湖南省	156430000	株洲市	156430200	攸县	156430223
1608	湖南省	156430000	株洲市	156430200	茶陵县	156430224
1609	湖南省	156430000	株洲市	156430200	炎陵县	156430225
1610	湖南省	156430000	株洲市	156430200	醴陵市	156430281
1611	湖南省	156430000	湘潭市	156430300	雨湖区	156430302
1612	湖南省	156430000	湘潭市	156430300	岳塘区	156430304
1613	湖南省	156430000	湘潭市	156430300	湘潭县	156430321
1614	湖南省	156430000	湘潭市	156430300	湘乡市	156430381
1615	湖南省	156430000	湘潭市	156430300	韶山市	156430382

图6-9　省市县行政区代码和名称

编写获取各省份所包含的地州市名称的代码如下：

```
1   import csv
2   # 1)从CSV文件获取各省所包含的地州市名称
3   # {'湖南省':['长沙市', '湘潭市', ...]}
4   admin_district = { }
5   dist_file_path='human_stats/data/administrative_district.csv'
6   with open(file=dist_file_path, mode='r') as district_file:
7       district_reader = csv.DictReader(district_file)
8       for district in district_reader:
9           # 取province_name, city_name两列数据
10          province = district['province_name']
```

```
11        city = district['city_name']
12
13        # cities=[ ]，包含地州市名称的列表
14        cities = admin_district.get(province, [ ])
15        # 判断城市名称是否已经在列表中
16        if city in cities:
17            continue
18        else:
19            cities.append(city)
20        admin_district[province] = cities
```

首先，创建一个字典admin_district用来存储各省份包含的地州市名称（第4行），其中，字典的键为省份名，字典的值为一个包括了所有地州市名称的列表；然后，使用with安全地打开CSV文件，并通过district_file对象访问该文件（第6行）；最后，通过对district_reader的遍历来统计汇总各省份包含的地州市信息。

在访问字典时，可能会遇到不确定字典中是否存在某个键的情况。在上例中，每次循环要从字典中读取某个省份的地州市列表，但如果恰好是第一次读到该省的数据，那么字典中是不存在值的，试图通过admin_district[province]去获取值将会报错。字典提供了dict.get(key[, default=None])进行安全访问值的方法，若该键存在，则返回其对应的值，若不存在，则返回默认值。代码admin_district.get(province, [ ])（第14行）表示：如果字典中存在键为province的省份，则返回其对应的地州市信息列表；如果该省份的键不存在，则返回一个空列表。

（4）学习调试程序

调试程序（debugging）是程序员的基本功。在软件开发过程中，调试代码花费的时间甚至比编写代码要花的时间还要多。当发生程序运行错误、逻辑错误时，往往很难一眼判断问题出在哪里，这时，最好的办法就是为程序设置断点（breakpoint），单步执行，逐一排查问题。

现代软件集成开发工具（IDE）对大多情况提供了较为完善的调试功能。下面以VS Code为例做一个简单的使用介绍。调试程序的步骤大致包括：设置断点、配置/启动调试环境、跟踪程序运行、修复bug等。以前面列举的判断分数是否及格的逻辑错误为例，调试程序过程如下。

1）设置断点。要调试程序，首先需要将VS Code切换到调试模式。在左侧活动栏（activity bar）中单击运行调试（run and debug）图标按钮即可进入程序调试模式。

断点（break point）是指希望程序执行过程中暂停的位置，以便于更进一步观察变量的值、判断条件是否成立等。VS Code中设置断点非常简单，在编辑区（editor groups）打开的代码窗口最左侧，移动鼠标时会发现有一个红色小圆点跟随移动，在需要设置断点的代码行行首单击即可设置一个程序断点。根据需要，可以设置多个断点。成功设置断点后，将会在代码行行首显示一个固定的小红点，如图6-10所示。

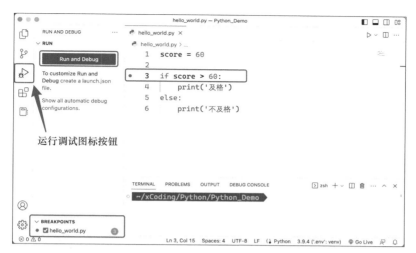

图6-10 设置程序执行断点

2）配置/启动调试环境。

在图6-10中，单击"Run and Debug"按钮，将弹出选择调试配置（Select a debug configuration）对话框。VS Code针对多种场景提供了默认配置，如无特别需求，大部分时候保持默认配置即可。这里，因为只是对单文件Python代码进行调试，选择第一个默认调试配置Python文件即可，如图6-11所示。

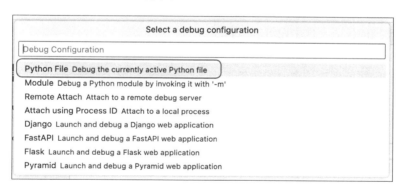

图6-11 选择调式配置

3）跟踪程序运行。

进入程序的跟踪运行状态后，在编辑区窗口的顶部会显示一个调试工具栏（debugging toolbar），支持以多种方式跟踪代码的运行，如图6-12所示。

- 继续/暂停（Continue/Pause，<F5>）：暂停或直接执行完代码，直到下一个断点。
- 单步执行（Step Over，<F10>）：一步一步执行，但不进入被调用函数。
- 单步进入（Step Into，<F11>）：一步一步执行，进入被调用函数。
- 跳出（Step Out，<Shift+F11>）：跳出单步执行模式。
- 重启（Restart，<Ctrl+Shift+F5>）：重启调试环境。
- 停止（Stop，<Shift+F5>）：停止调试程序。

模块
3

139

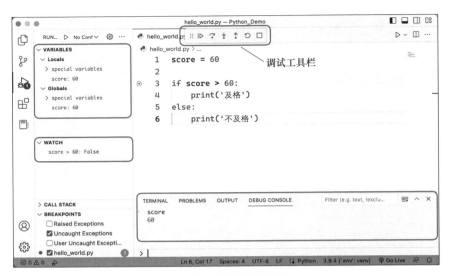

图6-12　跟踪程序运行

在调试模式下，VS Code提供了丰富的检视窗口，以便校验在当前的代码运行状态下，变量、表达式等的计算结果是否与预期符合。在变量（variables）窗口会显示当前执行环境下的全局变量和局部变量，还可以将代码中的表达式添加到监视（watch）窗口以便于观察当前执行环境下该表达式的计算结果，在控制台/终端窗口将显示一个调试控制台（debug console），输入想要校验的变量或表达式，将以交互式的方式返回计算结果。此外，在左下角区域还会显示当前代码文件中设置的所有断点。

这里，考虑到赋值语句一般不会出错，所以只在第3行代码if分支语句的位置设置一个程序执行的断点，程序执行到该位置时将暂停下来。在变量窗口显示变量score的值为60，符合程序逻辑；在调试过程中，想要知道if语句的逻辑表达式计算结果是True还是False，所以直接选中表达式"score > 60"，使用右键快捷命令"Add to Watch"将该表达式添加到监视窗口，这里显示该表达式的结果为False，不符合程序设计的预期，问题就出在该行代码，没有考虑边界值条件，因为60不会大于60，修改为"score >= 60"，程序就能正确执行了。

2. 利用网络API查询城市经纬度坐标

（1）HTTP与Requests

1）HTTP的工作原理。

当前，互联网已经深度融入人们的生活、学习和工作当中，人们几乎每天都在通过万维网（world wide web，WWW）服务访问不同的网页（web page）。万维网（WWW）并非某种特殊的计算机网络，而是一个大规模的、联机式的信息储藏所，简称Web。它起源于欧洲物理粒子研究中心（CERN），最初的目的是让世界各地的科学家能够有效地进行合作，由于其功能强大、操作简便，很快得到了广泛应用。万维网的浏览器/服务器（browser/server，B/S）体系结构，以请求/响应方式工作，用HTTP（hyper text transfer protocol，超文本传输协议）实现万维网上各种资源的链接，每一个信息资源都有统一格式的且唯一的地址，该地址就叫作URL（uniform resource locator，统一资源定位器）。

在本任务中，将使用"天地图"[⊖]网站提供的地理编码接口来查询各个地州市的经纬度数据，其官网URL（https://www.tianditu.gov.cn）主要由3部分组成，各部分含义为：协议/服务://域名/地址[:端口号]/文件路径/资源，如下图6-13所示。

图6-13　URL的含义

HTTP规定了从Web服务器到本地浏览器的交互，是一个无状态的应用层协议，使用TCP连接进行可靠的传送。HTTP会话过程包括4个步骤。

① 建立连接：客户端的浏览器向服务端发出建立连接的请求，服务端给出响应就可以建立连接了。

② 发送请求：客户端按照协议的要求通过连接向服务端发送自己的请求。

③ 给出应答：服务端按照客户端的要求给出应答，把结果（HTML文件）返回给客户端。

④ 关闭连接：客户端接到应答后关闭连接。

下面以在浏览器中打开天地图网站为例，介绍具体的访问过程。

从图6-14可以看出，当打开一个网址时，其实就是通过HTTP，从客户端向服务器发起的一个访问服务器上某一个资源的请求，该资源通过URL标注。服务器将资源准备好后（如从数据库里去查询），再将资源发送给客户端，这样就完成了一次完整的交流。

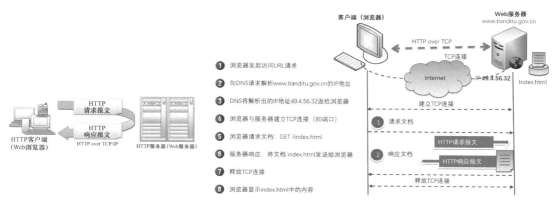

图6-14　访问一个网页的过程示意

2）API和Request。

API（application programming interface）是应用程序编程接口的英文简称。服

⊖　"天地图"是国家测绘地理信息局建设的地理信息综合服务网站，集成了来自国家、省、市（县）各级测绘地理信息部门，以及相关政府部门、企事业单位、社会团体、公众的地理信息公共服务资源，向各类用户提供权威、标准、统一的在线地理信息综合服务。它是"数字中国"的重要组成部分，是国家地理信息公共服务平台的公众版。

务器通过API可以提供服务、发布数据，客户端通过API可以实现功能调用、查询信息等，如图6-15所示。API的使用无处不在，如酒店预订、天气/股票查询等。如今，越来越多的Web应用面向开发者也开放了API，如人脸识别、语音合成等，API已然成为数字平台的支柱。API的运行方式与URL的运行方式大致相同，通过API，可以在服务器和客户端之间传递JSON网络数据。

一般来说，要访问Web服务器/网站都是通过浏览器，但从Python编程的角度看，实际上是向Web服务发起一个HTTP Request（请求），服务应答后，会向客户端/浏览器发回一个Response（响应）。HTTP是向Web服务器发送消息的标准协议，主要有以下两种方式：

● GET方式：以查询字符串（query string）的形式传递查询参数，对于中文、标点符号等需要进行转义处理，传递的字符数量有限制。

● POST方式：将要传递查询参数封装到消息体中进行传递，对于特殊字符不需要进行转义处理，能够传递的数据量大，包括图片。

图6-15　API网络资源获取示意

Python内置的urllib模块提供了基本的获取网络资源处理功能，其中的urllib.request子模块主要用于从客户端向服务器发起访问请求，包括添加HTTP头部信息、指定HTTP代理、提供账号密码以实现认证等。而urllib.response模块定义了一些函数和提供最小化文件类接口，包括read()和readline()等。该模块定义的函数会由urllib.request模块在内部使用。

本任务将主要用到urllib.request.urlopen()函数向服务器发起一个HTTP请求，得到一个JSON格式的经纬度坐标数据。urlopen()的语法格式原型如下：

urllib.request.urlopen(url, data=None, [timeout,]*, cafile=None, capath=None, \
cadefault=False, context=None)

常用的几个参数的含义如下：

● url：打开统一资源定位符url，可以是一个字符串或一个Request对象。

● data：必须是一个对象，用于给出要发送到服务器的附加数据，若不需要发送数据则为None。

需要注意的是，urlopen()函数返回的是一个对象，该对象可作为上下文管理器（context manager）使用，它带有url、headers和status属性，但它并不完全等同于一个Response

对象。除了HTTP，该函数还能处理诸如FTP等协议的URL访问，对于HTTP/HTTPS的URL而言，该函数将返回一个稍经修改的http.client.HTTPResponse对象，它由服务器在成功连接后返回，不由用户创建。

（2）字典与JSON数据

JSON是轻量级的文本数据交换格式，但却独立于语言和平台，几乎所有主流的编程语言都支持对JSON的编码和解析。Python内置了json模块支持对JSON的操作，主要操作函数有两个：

● json.loads（）：将已编码的JSON字符串解码为Python对象，转换规则为object->dict，array->list，string->str，number(int)->int，number (real)->float，true->True，false->False，null->None。

● json.dumps（）：将Python对象编码成JSON字符串，转换规则为dict->object，list/tuple->array，str->string，int/float->number，True->true，False->false，None->null。

简单来说，json模块就是在JavaScript对象和Python对象之间进行序列化（seriallization）和反序列化（deseriallization）操作以达到数据交换的目的。

下述代码实现了在JSON字符串格式和Python的字典数据类型之间转换。

```
1   import json
2
3   city_cor={ "长沙市": [ 112.933419, 28.23129 ]}
4   # str: '{"长沙市": [112.933419, 28.23129]}'
5   print(json.dumps(city_cor, ensure_ascii=False))
6
7   city_json = '{"长沙市": [112.933419, 28.23129]}'
8   # dict: {'长沙市': [112.933419, 28.23129]}
9   print(json.loads(city_json))
```

（3）通过API查询城市经纬度

创建湖南省人口分布图时，需要指定各地州市在地图上的经纬度，pyecharts允许用户使用自创的坐标文件，也可以使用pyecharts自带的。默认坐标文件是一个名为city_coordinates.json的JSON格式文件，这对一些坐标标注不全或不准确的场景非常有用。天地图查询行政区域的经纬度API地址形如：

http://api.tianditu.gov.cn/administrative?postStr={"searchWord":"湖南省"，"searchType":"1"，"needSubInfo":"false"，"needAll":"false"，"needPolygon":"true"，"needPre":"true"}&tk=你自己的密钥

"URL地址？"后面的部分表示网络查询的参数，参数名为postStr，以键值对的形式传递，其中键为"searchWord"的项即为要查询的城市名称；"&"用于多个查询参数的拼接；"tk"为密钥，使用天地图的行政区划服务前需要申请免费的服务调用密钥。程序流程图如图6-16所示。

模块
3

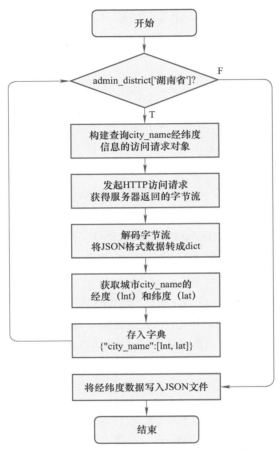

图6-16　通过API获取城市经纬度数据程序流程图

通过HTTP Request发送API调用请求及服务器返回的JSON数据格式如图6-17所示。

```
 1 {
 2     "msg": "ok",
 3     "data": [
 4         {
 5             "lnt": 112.933419,
 6             "adminType": "city",
 7             "englishabbrevation": "Changsha",
 8             "nameabbrevation": "长沙",
 9             "level": 11,
10             "cityCode": "156430100",
11             "bound": "111.891801,28.663667,114.250461,27.851039",
12             "name": "长沙市",
13             "english": "Changsha Shi",
14             "lat": 28.23129
15         }
16     ],
17     "returncode": "100"
18 }
```

图6-17　通过HTTP Request获取API数据

根据任务需要，只读取嵌套字典中键为"lnt"和"lat"的值即可。详细实现代码如下：

```
 1   import urllib. parse
 2   import urllib. request
 3   # 2)通过API查询湖南省14个地州市的经纬度并写入JSON文件
 4   # 格式: {"长沙": [113, 28.21]}
 5   city_point = { }
 6   for city_name in admin_district['湖南省']:
 7       api_url = 'http://api. tianditu. gov. cn/administrative?' + \
 8              'postStr={"searchWord":"' + urllib. parse. quote(city_name) + \
 9              '", "searchType":"1"}' + '&tk=你自己的key'
10       # Bytes -> JSON ->dict
11       req = urllib. request. Request(url=api_url)
12       # 天地图地图服务API申请的key权限类型为浏览器端
13       req. add_header('user_agent', 'Mozilla/5. 0(Windows NT 6. 1;Win64; x64)')
14       try:
15           # urlopen返回的是字节对象
16           resp = urllib. request. urlopen(req, timeout=5)
17       except Exception as e:
18           print("访问网络异常", e)
19       else:
20           # 把bytes转码为utf-8 str
21           resp_text = resp. read(). decode('utf-8')
22
23       # json ->dict
24       resp_json = json. loads(resp_text)
25
26       # 返回值字典data的value是一个列表
27       # 列表第一项元素/字典，包含需要的所有数据
28       city_data = resp_json['data'] [0]
29
30       # 经纬度的值为一个列表，[经度/lnt, 纬度/lat]
31       city_point[city_name] = [city_data['lnt'], city_data['lat']]
32
33
34   # 将经纬度数据写入JSON文件
35   coords_json_path = 'human_stats/data/city_coordinate. json'
36   with open(coords_json_path, mode='w', encoding='utf-8',
                                         newline='') as coords_file:
37       # ensure_ascii传入字符是否转义
38       json. dump(city_point, coords_file, ensure_ascii=False, indent=4)
```

程序通过一个循环对湖南省14个地州市名称列表进行了遍历，每次循环查询一个城市的经纬度信息。考虑到网络访问可能出现错误，这里把网络访问操作代码放到了try-exceptelse子句（第14、17、19行）中，这样能够提高程序的健壮性。在构建查询字符串时，因为查询的城市名称为中文汉字，需要使用urllib. parse. quote（）进行编码（第8行），否则会报错。此外，天地图申请的密钥分浏览器和服务器端，如果申请的是浏览器端密钥，在构建查询request对象时，还需要通过add_header（）添加HTTP请求的头部信息（第13行）。

　　准备好查询数据后，就可以通过urllib. request. urlopen（）方法（第16行）正式向服务器发起访问请求了，这里设置了连接超时时间为5s。服务器返回的值为bytes数据类型，需要将其转码为UTF-8字符串后再处理，使用json. loads(resp_text)可以直接将json对象转为dict类型进行操作（第24行）。最后，使用json. dump（）（第38行）将字典数据一次性写入JSON文件city_coordinate. json（第35行）中。indent表示JSON数组元素和对象成员会被美化输出为该值指定的缩进等级，为了美观和可读性强，这里设置每一层缩进4个空格。当然，VS Code中也可以使用一些代码检查工具插件（linting tool）设置JSON格式，使其更易于阅读。

　　细心的读者可能会发现，在使用open（）函数打开文件时指定了newline=''（第36行）。如果没有指定newline=''，则嵌入在引号中的换行符将无法正确解析，并且在写入时，使用"\r\n"换行的平台（如Windows）会有多余的"\r"写入，换行符"\n"被翻译为"\r\n"。由于csv模块会执行自己的通用（universal newlines mode）换行符处理，因此指定newline=''总是安全的。

　　最终生成的坐标JSON文件格式如图6-18所示。

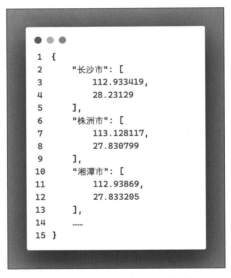

图6-18　坐标JSON文件格式

3. 创建城市人口分布Geo地图

（1）获取湖南省14个地州市的人口数

　　有了地州市的经纬度坐标数据，下面就剩下读取各地州市的人口数据的操作了。案例使用的数据可以从《湖南省人口普查年鉴（2020）》获取，可以直接下载Excel数据文件，这里，仍以CSV格式为例，数据格式如图6-19所示。

地区/city	合计/population	男	女	性别比（女=100）
全　　省	66444864	33995673	32449191	104.77
长沙市	10047914	5085746	4962168	102.49
株洲市	3902738	1978431	1924307	102.81
湘潭市	2726181	1383396	1342785	103.02
衡阳市	6645243	3427248	3217995	106.5
邵阳市	6563520	3392314	3171206	106.97
岳阳市	5051922	2586621	2465301	104.92
常德市	5279102	2646410	2632692	100.52
张家界市	1517027	771497	745530	103.48
益阳市	3851564	1954023	1897541	102.98
郴州市	4667134	2414249	2252885	107.16
永州市	5289824	2753253	2536571	108.54
怀化市	4587594	2361817	2225777	106.11
娄底市	3826996	1960551	1866445	105.04
湘西州	2488105	1280117	1207988	105.97

图6-19　湖南省各地州市人口数据

读取数据的过程与读取全国人口数相似，Excel文件转存为CSV格式时，可以删除掉"全省"统计汇总行数据。这里，也只需要前两列数据，对应的字典键的名称为city和population。详细代码如下。

```
1   # 3)获取湖南省14个地州市的人口数
2   # {'长沙市': 10047914}
3   city_population = { }
4   popu_file_path = 'human_stats/data/hunan_population. csv'
5   with open(file=popu_file_path, mode='r') as population_file:
6       popu_reader = csv. DictReader(population_file)
7       for city_popu in popu_reader:
8           # 删除城市名称字符前后的空格
9           city_name = city_popu['city'].strip( )
10          # 丢弃空白数据行
11          if len(city_name) == 0:
12              continue
13          # 城市人口，转成int类型
14          population = int(city_popu['population'])
15          # 各地州市人口数字典，城市名称为key
16          city_population[city_name] = population
17
18  # 规范城市名称，与坐标JSON文件保持一致
19  # pop(key)用于删除指定key的元素，并返回其value
```

```
20    population = city_population.pop('湘西州')
21    city_population['湘西土家族苗族自治州'] = population
22
23    # 或者使用dict.update()方法
24    #city_population.update({
25                           '湘西土家族苗族自治州': city_population.pop('湘西州')})
```

字典变量city_population存储每个地州市的人口数，字典的键为城市名称、值为人口数。对CSV文件数据的遍历中，可能会读取空白行，需要丢弃（第11行）。数据合规后，将把人口数转成int类型（第14行）再存入字典之中（第16行）。

前面从网络中查询到的城市经纬度坐标值中，湘西州地区用的名称是全称"湘西土家族苗族自治州"，而人口普查数据文件中用的是简称"湘西州"，为了和坐标文件数据一致，先删除了键为"湘西州"的字典数据项（第20行），再新增一个"湘西土家族苗族自治州"数据项（第21行）。当然，使用字典的city_population.update()方法（第24行）也可以实现相同的效果。

（2）使用zip()函数组合列表

字典的视图对象dict.keys()、dict.values()提供了单独从键和单独从值的角度查看字典的视角。如果又需要将分列的键和值两个序列组合到一起呢？zip()函数是不二的选择。zip(*iterables)用于创建一个聚合了来自多个可迭代对象中的元素的迭代器，它会将可迭代对象按从左至右的顺序求值，返回一个多元素的元组，其中的第i个元组包含来自每个可迭代对象的第i个元素。

其实，zip()函数就像是衣服的拉链，把左右两边两个相关联的数据序列进行一一匹配组合，如图6-20所示。

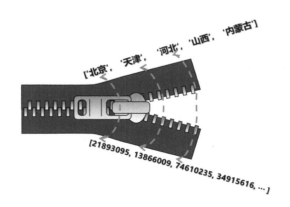

图6-20 zip()函数示意图

但zip()函数返回的是一个zip对象，并不是一个列表，可以用list()或tuple()函数把这个对象转成列表或者元组。

```
1   # 使用zip( )合并列表
2   prov_population = {
3       '北京': 21893095,
4       '天津': 13866009,
5       '河北': 74610235,
6       '山西': 34915616,
7       '内蒙古': 24049155
8   }
9   # [['北京', 21893095], ['天津', 13866009], ...]
10  data_pair = [
11      list(z) for z in zip(
12          prov_population.keys( ),
13          prov_population.values( )
14      )
15  ]
```

在上面的代码中，zip( )函数将字典prov_population的所有键及其对应的值一一组合在一起得到一个zip对象（第11～13行），然后对zip对象进行迭代，将每一个元素通过list( )函数将其转化成一个列表，最后利用列表推导式的方式将所有的列表元素（数据项）汇聚成一个嵌套列表值data_pair（第10行），该列表的每一个数据项又是一个列表，包括城市名称及该城市的人口数两项数据（第9行）。

（3）创建人口分布Geo地图

正式开始创建地区人口的Geo地图之前，还有一些准备工作需要完成，包括：模块的引入、人口数最大值和最小值的计算，以及图表数据的准备。详细代码如下：

```
1   from pyecharts import options as opts
2   from pyecharts.globals import GeoType
3   from pyecharts.charts import Geo
4
5   # 4) 创建城市人口的散点图
6   # 城市人口数的最大和最小值
7   low, high=min(city_population.values( )), max(city_population.values( ))
8
9   # 数据序列，嵌套列表
10  # [['长沙市', 10047914], ['湘潭市', 2726181], …]
11  data_serial = [
12      list(z) for z in zip(
13          city_population.keys( ),
14          city_population.values( )
15      )
16  ]
```

首先，引入了Geo地图依赖的模块，包括配置选项opts（第1行）、GeoType图表类型

（第2行）、Geo图表（第3行）。然后，使用min（）和max（）计算出各地级市人口数的最小和最大值，用于配置视觉映射visualmap_opts（第7行）。最后，使用zip（）函数创建"城市—人口数"序列对（第12行），用于配置Geo地图的数据序列。

所需数据准备好后就可以根据需要创建人口数据Geo地图了，详细代码如下：

```
1    # 创建一个geo对象
2    geo = (
3        Geo(init_opts=opts.InitOpts(js_host='../static_resource/'))
4        # 湖南省地图
5        .add_schema(maptype="湖南")
6        # 使用自定义的城市地图坐标
7        .add_coordinate_json(json_file=coords_json_path)
8        .add(
9            series_name="湖南人口",
10           # [[城市名，人口]，…]
11           data_pair=data_serial,
12           # 带涟漪效果的散点图
13           type_=GeoType.EFFECT_SCATTER
14       )
15       # {b}区域/城市名称
16       .set_series_opts(
17                   label_opts=opts.LabelOpts(is_show=True, formatter='{b}')
18       )
19       .set_global_opts(
20           # 图表的标题和副标题
21           title_opts=opts.TitleOpts(
22               title="湖南省人口分布",
23               subtitle='数据来源：湖南省人口普查年鉴(2020)'
24           ),
25           # 颜色与点之间视觉映射
26           visualmap_opts=opts.VisualMapOpts(min_=low, max_=high)
27       )
28       # 渲染为HTML文件
29       .render("human_stats/output/hunan_population_geo.html")
30   )
```

pyecharts所有方法均支持链式调用，通过一系列的方法对Geo（）对象进行配置和初始化。

首先，通过init_opts进行Geo地图的初始化，使用本地JS文件（第3行）。

其次，通过链式调用add_schema（）方法设置地图为一张湖南省地图（第5行），通过add_coordinate_json（）方法将创建的地理坐标经纬度文件添加到Geo地图（第7行），通过add（）方法将准备好的嵌套列表数据data_pair配置为地图数据系列（第8行）。

然后，通过set_series_opts（）设置系列配置（第16行），对标签文字进行格式化设置，在地图上显示城市的名字。

最后，通过set_global_opts（）设置全局配置（第19行），包括标题和副标题名称，并通过opts.VisualMapOpts配置了视觉映射/调节该滑块，可以控制在地图上显示的最大值和最小值区间内的人口数据。

所有配置完成后，就可以调用geo对象的render（）方法（第29行），生成一个本地HTML文件，打开该文件将会显示创建好的人口分布图。

任务5 学习集合数据类型

1. 集合及其基本操作

Python中的集合（set）与数学中的集合概念类似，用于保存不重复的元素。Python的集合数据类型是一个无序的不重复元素序列，可以使用大括号{ }或者set（）函数创建集合，每一个集合的数据项之间用逗号分隔。但创建一个空集合必须用set（）而不能用一对空花括号{ }，因为{ }已经用来创建一个空字典。

与字典的键一样，集合的元素只能是不可变数据类型，如整数、浮点数、字符串、元组等，不能是列表、字典等可变数据类型。

下面来看一个操作集合数据类型的例子：中国共产党的先驱们创建了中国共产党，形成了坚持真理、坚守理想，践行初心、担当使命，不怕牺牲、英勇斗争，对党忠诚、不负人民的伟大建党精神。将其存入一个列表，如下所示：

```
1  # 去重
2  great_spirit=["坚持真理","坚守理想","践行初心","担当使命","不怕牺牲","英勇斗争",
                                        "对党忠诚", "不负人民", "坚持真理"]
3
4  # {'不怕牺牲', '不负人民', '坚守理想', '坚持真理', '对党忠诚', '担当使命', '英勇斗争',
                                                        '践行初心'}
5  set(great_spirit)
```

在创建伟大的建党精神列表great_spirit时，把"坚持真理"重复了一次（第2行），需要去除列表中的重复元素，最简单的办法就是把该列表转成集合，利用集合元素不重复的特点快速去重（第5行）。从上面的代码也可以看出，虽然set（）函数将一个可迭代序列转换成了集合，但集合是无序的，集合元素的顺序和转换前列表元素的顺序不一定相同。

两个集合之间可以进行交集运算、差集运算、并集运算和补集运算，如图6-21所示。

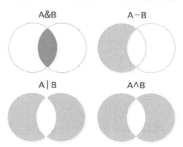

图6-21 集合的运算

- 交集（＆）：A&B或A.intersection（B），返回一个新的集合，包括同时在集合A和集合B中的元素。

- 差集（－）：A-B或A.difference（B），返回一个新的集合,包括在集合A中但不在集合B中的元素。

- 并集（|）：A|B或A.union（B），返回一个新的集合，包括集合A和B中的所有元素。

- 补集（^）：A^B或A.symmetric_difference（B），返回一个新的集合，包括集合A和B中的元素，但不包括同时在集合A和集合B中的元素。

下面以建党精神为例，演示集合的交、差、并、补计算。

```
1   # 集合set
2   spirit_ideals = {"坚持真理", "坚守理想", "践行初心"}
3
4   spirit_mission = {"践行初心", "担当使命", "坚持真理"}
5
6   # 交集:{'坚持真理', '践行初心'}
7   spirit_ideals.intersection(spirit_mission)
8   spirit_ideals & spirit_mission
9
10  # 差集:{'坚守理想'}
11  spirit_ideals.difference(spirit_mission)
12  spirit_ideals - spirit_mission
13
14  # 并集:{'坚守理想', '坚持真理', '担当使命', '践行初心'}
15  spirit_ideals.union(spirit_mission)
16  spirit_ideals | spirit_mission
17
18  # 补集:{'坚守理想', '担当使命'}
19  spirit_ideals.symmetric_difference(spirit_mission)
20  spirit_ideals ^ spirit_mission
```

Python除了为集合的交、差、并、补计算提供了4个运算符外，集合set数据类型内置的方法也能提供相应的操作。intersection（ ）方法为求交集，difference（ ）方法为求差集，union（ ）方法为求并集，symmetric_difference（ ）方法为求补集。

2. 容器类型的通用操作

列表、元组、字典和集合这4种容器（collection）数据类型的数据元素都是由多个数据项组成的[⊖]，虽然结构各不相同，但有些操作是具有共性的。

（1）运算符

通用的运算主要包括：加法、乘法和成员运算。容器的通用运算符见表6-1。

⊖ 事实上也包括字符串数据类型，字符串可以理解为多个字符元素组成的列表。

表6-1　容器的通用运算符

序　号	运　算　符	含　　义
1	+	字符串、列表和元组的合并、拼接操作
2	*	字符串、列表和元组的复制操作
3	in / not in	测试字符串、列表、元组、字典和集合中元素是否存在

可以从下面的测试代码中体会容器类数据的计算。

```
1   # 容器(collection)型数据的操作
2
3   # 通用运算: 加法、乘法操作
4   # ['不怕牺牲', '英勇斗争', '对党忠诚', '不负人民']
5   ["不怕牺牲", "英勇斗争"] + ["对党忠诚", "不负人民"]
6
7   # ('对党忠诚', '对党忠诚', '对党忠诚')
8   ("对党忠诚",) * 3
9
10  # in/not in
11  great_spirit = {"CPC": ["坚持真理", "坚守理想", "践行初心",
                          "担当使命", "不怕牺牲", "英勇斗争", "对党忠诚", "不负人民"]}
12
13  # False
14  "CPC" not in great_spirit
15  # False
16  "不负人民" in great_spirit. values()
17  # True
18  "不负人民" in list(great_spirit. values()) [0]
```

（2）函数/命令

容器型数据类型常用的Python函数有:

● len( ): 求容器中数据项的个数。

● max( )/min( ): 求序列值的最大/最小值。

● del命令: 删除容器中的指定数据项。

```
1   # 函数/命令
2   great_spirit = {"CPC": ("坚持真理", "坚守理想", "践行初心",
                          "担当使命", "不怕牺牲", "英勇斗争", "对党忠诚", "不负人民")}
3
4   # len:1
5   len(great_spirit)
6   # len:8
7   len(great_spirit['CPC'])
```

模块
3

（3）推导式

推导式能够实现从一个数据序列快速地构建另一个数据序列。在4种容器型数据类型中，列表、字典和集合3种数据类型支持推导式，元组也支持推导操作，但得到的结果是一个生成器，而不是元组。

```
1    # 推导式
2    great_spirit = "坚持真理#坚守理想#践行初心#担当使命#
                                    不怕牺牲#英勇斗争#对党忠诚#不负人民"
3
4    # ['坚持真理', '坚守理想', '践行初心', '担当使命',
                        '不怕牺牲', '英勇斗争', '对党忠诚', '不负人民']
5    spirit_list = [ _ for _ in great_spirit. split("#") ]
6
7    # 元组对象：<class 'generator'>
8    spirit_tuple = ( _ for _ in great_spirit. split("#") )
9    # 元组的第一个数据项：'坚持真理'
10   next(spirit_tuple)
11
12   # {0: '坚持真理', 1: '坚守理想', 2: '践行初心', 3: '担当使命',
                        4: '不怕牺牲', 5: '英勇斗争', 6: '对党忠诚', 7: '不负人民'}
13   spirit_dict = {
14       i: great_spirit. split("#") [i]
15       for i in range(len(great_spirit. split("#")))
16   }
17
18   # {'不怕牺牲', '不负人民', '坚守理想', '坚持真理', '对党忠诚',
                        '担当使命', '英勇斗争', '践行初心'}
19   spirit_set ={
20       _ for _ in great_spirit. split("#")
21   }
```

≫ >> **单 元 小 结** ≫ ≫≫

字典是一种映射类型数据结构，是任意对象的无序容器（collection），它通过键（key）而不是索引（index）来读取数据。字典的键必须是唯一的、不可变的。但字典本身是一种可变数据类型，还可以任意嵌套。

扫一扫，查看视频

作为一种无序的多项集，集合（set）并不记录元素的位置或插入顺序。相应地，集合不支持索引、切片或其他序列类的操作。虽然集合的数据项是不可变的，但集合类型是可变的，其内容可以使用add()和remove()这样的方法来改变。

截至本单元已经完成了Python的6种数据类型的学习，包括2种基本数据类型和4种容器

（collection）数据类型。可变和不可变是Python非常重要的特性，有序和无序是数据结构非常重要的外在表现，但无序并不表示不可排序，只要容器内的数据项之间支持比较，就可以使用Python的sorted（）函数对容器数据元素进行排序。6种数据类型总结见表6-2。

表6-2　6种数据类型总结

数 据 类 型	可　　变	不 可 变	有　　序	无　　序	可 排 序
数值		✓	N/A	N/A	N/A
字符串		✓	✓		✓
列表	✓		✓		✓
元组		✓	✓		✓
字典	✓			✓	✓
集合	✓			✓	✓

模块
3

155

模块 4

函数与代码复用

- 学习单元 7　获取照片拍摄地址信息 // 158
- 学习单元 8　批量创建文件夹 GUI 工具 // 180

学习单元7
获取照片拍摄地址信息

扫一扫，查看视频

学习目标

- 理解代码的复用
- 熟练掌握函数的定义和调用
- 理解函数的返回值
- 理解函数参数的传值和传引用
- 掌握函数的多种参数传递方式
- 具有个人信息保护和国家版图意识

任务概述

1. 照片位置信息

生活中，智能手机的功能越来越强大，就像一台小型的计算机，拍摄照片的效果也不逊色于专业的数码相机。其实，照片文件中还存储了很多附加信息，也就是所谓的元数据（metadata），它们描述了拍照的光圈、快门及设备名称等。如果用手机拍照时还开启了定位功能，这其中还会包括GPS（global positioning system，全球定位系统）全球位置信息，包括经度、纬度和高度值等。通过一张图片就可以暴露你在什么时间、去过什么地方，轻松得到你的活动轨迹。

在个人信息和隐私保护越来越受到重视的今天，国家也加强了立法保护，《中华人民共和国网络安全法》《中华人民共和国个人信息保护法》等都明确规定公民个人在网上享有私人生活安宁，私人信息、私人空间和私人活动依法受到保护，不被他人非法侵犯、知悉、搜集、复制、利用和公开。

本单元将读取一张带GPS信息的照片文件，获取其中的经纬度值，然后再通过逆地理编码◯发起查询，最终得到拍摄照片的具体地址信息。为简化操作，这里只需要输出照片的GPS信息和拍摄照片的地址信息即可，不需要在地图上进行标注。

实际上，利用Windows自带的图片软件打开照片时也能清楚地查询到照片的元数据信息，带GPS信息时，还会在左下角地图上标注该照片的拍摄地，如图7-1所示。

◯ 将详细地址信息映射为地理坐标（如经纬度）的过程称为地理编码；将地理坐标转换为地址信息的过程称为逆地理编码。

图7-1　查阅照片拍摄的位置信息

2. 任务分析

❶ 目标解构：要获取照片文件的拍摄地址信息，首先需要知道拍摄地的地理坐标，也就是经纬度，再通过地理坐标去反查询具体的地址信息。因此，实现获取照片文件拍摄地址就转换成从照片文件提取GPS经纬度数据和利用逆地理编码查询地址两个子目标。

❷ 模式识别：获取照片的经纬度坐标值和逆地理编码二者没有太大的关联，照片文件中已经带有GPS数据，只需要借助Python第三方包从文件中读取即可；而利用经纬度查询地址的逆地理编码可以借助Python第三方模块实现，也可以通过地图服务商提供的逆地理编码Web API查询实现。

❸ 模式归纳：输出照片的经纬度坐标信息和查询照片拍摄地址信息都需要重复使用获取照片GPS经纬度数据的代码，为提高代码的复用，可以将该功能模块封装成一个Python函数。无论是通过Python第三方包查询地址信息，还是通过API查询地址信息，该功能模块都是相对独立且可重复调用的，都可以用函数来实现。

❹ 算法设计：Python生态中提供了丰富的第三方包用于处理图片文件的元数据，读取照片的GPS信息可以使用exifread模块，调用其中的process_file（）方法就能获得照片文件的丰富元数据，包括但不限于GPS信息。而geopy模块提供了对逆地理编码操作的封装，简化了编程实现。当然，使用天地图等地图服务商的在线Web API也可以方便、免费地查询地址信息。

模块
4

3. 任务准备

（1）exifread模块

Exif（exchangeable image file format）交换图像文件格式是专门为数码相机的照片设定的，可以记录数码照片的属性信息和拍摄数据，Python通过exifread第三方包可以轻松读取照片的Exif信息。

（2）geopy模块

geopy是一个比较流行的GEO编码Web服务客户端，geopy使Python开发人员能够使用第三方地理编码程序和其他数据源轻松定位全球各地的城市、国家和地标的坐标。

exifread和geopy都是Python的第三方包，需要安装才能使用。

全球逆地理编码服务（又名Geocoder）是一类Web API服务，提供将坐标点（经纬度）转换为对应位置信息（如所在行政区划，周边地标点分布）功能。大部分地图服务商都对个人开发者免费提供该服务，如百度、高德、天地图等。

地理编码是将地址作为输入，然后将其转换为地图上的位置，也就是将地址转换为经纬度坐标（纬度和经度）。逆地理编码刚好相反，它是将纬度和经度坐标转换为对应的街道、城市等名称。地理编码和逆地理编码如图7-2所示。

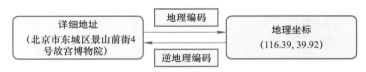

图7-2　地理编码和逆地理编码

如图7-3所示，geopy不直接提供地理编码服务，具体的地理编码数据库及其服务是由类似百度、必应等许多不同的地图服务商提供。geopy只是一个在单个模块中为不同服务提供实现的接口（API）。自己编写的程序中要使用这些编码服务可以通过调用接口来实现。大部分API的调用都需要申请开发者账号（key）。其中Nominatim是免费的，它提供低访问请求，高并发、频繁的访问可能会被拒绝。Nominatim（来自拉丁语，"按名称"）是一种按名称和地址搜索OSM[⊖]（open street map）数据（地理编码）并生成OSM点的综合地址（逆地理编码）的工具。

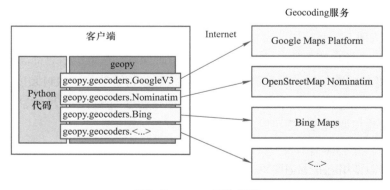

图7-3　geopy工作原理

⊖　OSM是一款由网络大众共同打造的免费、开源、可编辑的地图服务，OSM是非营利性的。

任务1　使用函数复用代码

1. 函数的定义和调用

（1）创建函数的语法格式

扫一扫，查看视频

函数（function）就是实现某一个特定功能的代码块，能够被重复使用。虽然还没学习怎样创建一个自己的函数，但已经使用了Python内置的许多函数，例如，使用print（ ）/input（ ）函数实现输入/输出操作，使用max（ ）/min（ ）求最大/最小值等。函数本质上是一种代码的封装，它将变量、计算表达式及计算逻辑封装在一个代码块中。它像一个黑匣子，对外提供一种特定的功能，调用者不需要关心其内部的具体实现。在面向过程的结构化程序设计中，将大的功能模块逐步分解为小的功能，把一个复杂的任务分解成许多易于控制和处理的子任务，最后可以把这些小任务的实现代码封装到一个个函数中。

Python中，定义一个函数的语法格式如下：

```
def func_name(args-list):
    statements
    [return]
```

def是定义函数的关键字，紧跟其后的是函数的名称和一对圆括号括起来的函数的参数，并以冒号"："结束。函数名用户自定义，函数名要求符合Python标识符命名规则。函数参数是可选的，但即使函数不需要参数，一对圆括号也不可以省略。如果函数有结果需要返回给调用代码，则可以通过return语句实现，return语句也是可选的，即函数可以没有返回值。函数体内的代码块要与关键字def保持一个缩进单位。

函数名的命名虽然可以自主决定，但良好的命名风格有助于提高代码的可读性。建议命名函数用lowercase_with_underscores的形式，即只用小写字母单词（即使是单词的简写），并且单词之间使用下划线"_"连接。

下面来看一个例子，使用函数封装共性代码，以增强代码的复用。

```
1   # 设使用函数复用代码
2   import datetime
3   bei_jing = {'city': '北京', 'point': {"lat": 39.903117,"lng": 116.401003}}
4   chang_sha = {'city': '长沙', 'point': {"lat": 28.23129,"lng": 112.933419}}
5
6   print('北京坐标：', bei_jing)
7   print('打印任务完成')
8   print(datetime.datetime.now( ))
9
10  print('长沙坐标：', chang_sha)
11  print('打印任务完成')
12  print(datetime.datetime.now())
```

上述代码定义了bei_jing和chang_sha两个字典，保存了两个城市的名称和经纬度坐标值。每次将字典信息输出后，还要输出两条信息：一是提示任务已经完成，二是一个时间戳。很明显，这两条信息的输出代码是一模一样的（第7、8行和第11、12行）。这些相同的代码可以使用函数来进行封装、复用。改造后的代码如下：

```
1    # 重复代码封装入函数
2    def print_city_info( ):
3        print('打印任务完成')
4        print(datetime. datetime. now( ))
5    # 调用函数
6    print('北京坐标: ', bei_jing)
7    print_city_info( )
8
9    print('长沙坐标: ', chang_sha)
10   print_city_info( )
```

这里，定义了一个函数print_city_info（第2行），把重复的两行代码装入函数体内，用于输出信息。在所有需要这两行代码的地方，就只需要用"函数名（ ）"形式调用函数（如第7、10行），就达到了代码复用的目的。虽然函数实现了代码复用，但函数的定义并不会执行代码，只有主动调用函数，函数体内的代码块才会被执行。

（2）函数的形参与实参

输出信息时，可能面临调用同一函数但希望输出不同信息的需要，这个时候就可以借助函数的参数来实现，把差异部分参数化。函数的参数有形参和实参之分。

● 形参（parameter）：定义函数时，在函数声明中定义的变量。

● 实参（argument）：调用函数时，给定函数调用/执行的变量。

下面把输出城市坐标值函数改写一下，以适应更通用的输出需求。

```
1    # 把差异参数化
2    def print_city_info(my_city):
3        print('{ }坐标: '. format(my_city['city']), my_city)
4        print('打印任务完成')
5        print(datetime. datetime. now( ))
6
7    print_city_info(bei_jing)
8
9    print_city_info(chang_sha)
```

上述代码首先定义了一个带参数的函数，参数为表示城市信息的字典变量my_city（第2行），此为形参。在函数体内，直接引用形参变量表示一个城市坐标信息的字典，通过该形参变量解包出城市名称，最后把该字典变量一同直接输出（第3行）。调用函数时，需要为函数传递一个具体的字典值，这里为bei_jing（第7行）和chang_sha（第9行），即为实参，这两个变量都是字典数据类型。

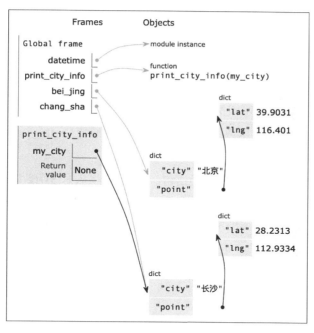

图7-4　函数的参数传递

　　函数执行时，将会把实参变量bei_jing和chang_sha分别赋值给形参变量my_city，每一次的执行（调用），形参my_city就分别等同于具有bei_jing和chang_sha字典的值。

　　（3）函数的返回值

　　函数并非总是直接输出数据，可能希望调用函数后能得到一个结果并在后续的代码中使用该结果，该结果称为函数的返回值。在Python中，函数使用return语句返回返回值，可以返回一个或一组值。函数执行过程中，遇到return语句将直接退出（结束）函数的执行，并将程序返回到函数被调用的位置继续执行。

```
1   # 函数的返回值
2   city_point = [{'city': '北京', 'point': {"lat": 39.903117,
                                              "lng": 116.401003}},
3                 {'city': '长沙', 'point': {"lat": 28.23129,
                                              "lng": 112.933419}}]
4
5   def get_city_point(city_name):
6       for city in city_point:
7           if city['city'] == city_name:
8               return city['point']
9
10  city_point = get_city_point('北京')
11  # {'lat': 39.903117, 'lng': 116.401003}
12  print(city_point)
```

模块
4

在上面的程序中定义了一个具有返回值的函数get_city_point（）（第5行）。该函数具有一个形参city_name用于接收函数执行需要用到的值，函数通过一个for循环对一个列表嵌套的字典进行遍历，以找出城市名称和参数值相同的城市，如果找到，则使用return语句将该城市的经纬度坐标返回给函数调用（第8行）。返回值本身就是一个具有多项数据的字典，包含了经度和纬度两项数据。可以把函数的返回值直接赋值给一个变量，这里将函数调用放到赋值符号（＝）的右边，就将函数的返回值赋值给了普通变量city_point（第10行），这样city_point就具有了经纬度值。

需要注意的是，如果函数没有return语句，Python将认为该函数以return None结束，即返回空值。函数既可以用return语句返回数值、字符串等单值，也可以用return语句返回列表、元组、字典、集合等多值。对于编写带return语句的函数，明确（explicit）函数的返回值总是有必要的。在上述get_city_point（）函数中，只有在if分支语句逻辑值为真时才有明确的return结果，这并不是一个好的编程习惯。当条件不满足时，函数会返回一个默认的return None。

2. 函数的编码风格

（1）文档字符串

在代码中加入注释有助于提高代码的可读性。为编写的函数添加注释也有一些文档字符串（docstring）和格式的约定。函数内的第一条语句是字符串时，该字符串就是文档字符串，利用文档字符串可以自动生成在线文档或打印版文档，还可以让开发者在浏览代码时直接查阅文档。

```
1    # docstring
2    def get_city_point(city_name):
3        '''根据城市名称，查询该城市的经纬度坐标。
4
5        这个函数有返回值，这里省略了函数体部分代码。
6        '''
7
8        print("文档字符串: ",get_city_point._doc_)
9
10       pass
```

一般来说，文档字符串用于为函数的用途做一个简短摘要。为保持简洁，不在这里显式说明参数名及其类型，因为可通过其他方式获取这些信息。这一行应以大写字母开头，以句号结尾。文档字符串为多行时，第二行应为空白行，在视觉上将摘要与其余描述分开。后面的行可包含若干段落，描述对象的调用约定、副作用等。Python解析器不会删除Python中多行字符串字面值的缩进，因此，文档处理工具应在必要时删除缩进。

在上面的示例代码中，在函数体的第1行用一对三引号引起一段函数简要介绍的字符串（第3～6行）。当调用该函数时，编程环境可以据此给出对于函数使用的提示。可以通过函数的__doc__属性进行查看。

（2）函数注解

函数注解（annotations）是用户自定义函数类型的元数据完整信息。注解以字典的形式存放在函数的__annotations__属性中，并且不会影响函数的任何其他部分。

形参注解的定义方式是在形参名后加冒号"："，后面跟一个表达式，该表达式会被求值为标注的值。返回值注解的定义方式是加组合符号"->"，后面跟一个表达式，该标注位于形参列表和表示def语句结束的冒号之间。

在VS Code中利用插件可以非常便捷地创建一个函数文档字符串和注解标注的框架，人们只需要在对应的位置写注解信息即可。

```
1   # 函数注解
2   def get_city_point(city_name: str) ->dict:
3       """根据城市名称，查询该城市的经纬度坐标。
4
5       Args:
6           city_name (str)：查询城市的名称
7
8       Returns:
9           dict: 城市的经纬度坐标值
10      """
11      # print("文档字符串: ",get_city_point.__doc__)
12      # print("函数注解: ",get_city_point.__annotations__)
13      point = None
14
15      for city in city_point:
16          if city['city'] == city_name:
17              point = city['point']
18
19      return point
```

在上述代码中，为形参变量city_name标注为字符串str数据类型，为函数返回值标注为dict字典数据类型（第2行），在文档字符串中，分成了摘要部分（第3行）、参数部分（Args）（第5、6行）和返回值（Returns）（第8、9行）共3个部分，这些信息将为函数的调用提供翔实的使用手册。

此外，该代码也对get_city_point()函数的返回值做了优化，首先定义了一个初始值为None的字典变量point（第13行），用作函数的返回值；然后通过循环（第15行）和分支（第16行）查找指定城市的坐标值，如果找到了就修改point变量，没有找到就返回point的初始值。这样，显示地、明确无歧义地指定函数返回值更有利于避免程序的逻辑错误。

模块
4

>> 任务2 使用位置参数获取照片经纬度 >>

1. 参数的传值和传引用

扫一扫，查看视频

当参数类型为不可变数据类型时（如数值、字符串、元组等），在函数内部直接修改形参的值不会影响实参。但当参数类型为可变数据类型时（如列表、字典、集合等），在函数内部使用下标或其他方式为其增加、删除或修改元素值时，修改后的结果是可以反映到函数之外的，即实参也会得到相应的修改。前者一般称为传值（value），后者称为传引用或传址（address）。就像平时生活中收快递，一种情况是快递员将包裹直接送到你的手上，你可以现场就看到你买的商品，这就是传值；另一种情况是快递员将包裹放到快递存放柜，发个取件码给你，你再根据取件码去拿快递，这就是传址。

从严格意义上来讲，Python并没有提供让程序员自主选择在自定义函数时是采用传值还是传址的方式来设计参数，而主要是通过Python数据类型的可变和不可变特性来实现的。一般来说，使用不可变数据类型变量传递参数就是传值，使用可变数据类型变量传递参数就是传址。但这也不是绝对的，还需要看函数体内对形参变量的操作是否为形参重新分配了内存地址空间。

```
1  # 传值 or 传址
2  def add_city_point(point: list) -> None:
3      # 不影响实参
4      point = point + [{'city': '长沙', 'point': {"lat": 28.23129,
                                                    "lng": 112.933419}}]
5
6      # 影响实参
7      point.extend([{'city': '长沙', 'point': {"lat": 28.23129,
                                                "lng": 112.933419}}])
8
9
10 city_point = [{'city': '北京', 'point': {"lat": 39.903117,
                                            "lng": 116.401003}}]
11 add_city_point(city_point)
```

函数add_city_point（）的形参虽然是一个可变数据类型的列表（第2行），但函数体内实现列表新增数据项的操作，如果是采用加号"+"直接计算的话，得到的是一个新的列表，所以即使对形参变量point重新赋值（第4行）也不会影响到函数体外的实参变量city_point。但如果函数体内新增数据项的操作采用的是列表自带的extend（）方法（第7行），这是在列表对象上直接操作，会影响列表本身，也会影响调用函数时传入的实参变量。两种函数实现方法带来的差异可以从图7-5所示的对比中清晰看出。

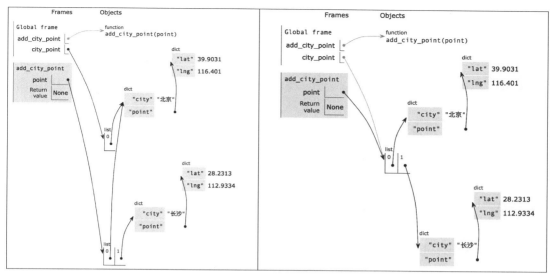

图7-5　传值和传址的对比

　　既然在函数调用时可变数据类型的实参变量有可能被修改，那么怎样可以避免发生这种问题呢？那就是创建一份实参变量的副本，将副本传递给函数调用。一般可以使用copy（　）或切片操作来创建副本。

```
1   # 如何避免实参被修改
2   def add_city_point(point: list) -> None:
3     # 影响实参
4     point.extend([{'city': '长沙', 'point': {"lat": 28.23129,
                                              "lng": 112.933419}}])
5
6   city_point = [{'city': '北京', 'point': {"lat": 39.903117,
                                            "lng": 116.401003}}]
7   # copy( )复制实参副本
8   add_city_point(city_point.copy( ))
9   # 切片复制实参副本
10  add_city_point(city_point[:])
```

　　函数add_city_point（　）虽然会修改实参的值，但传递参数时采用了传参数的一份副本（第8行），而不是实参变量本身，所以任凭函数体内怎么操作都不会影响到函数体外的实参变量的值。需要注意的是，copy（　）是浅复制，如果可变数据类型的实参变量是嵌套了其他可变类型的值，要通过深复制来创建副本；此外，切片操作也只对线性数据结构有效（第10行）。

　　2.　创建获取照片坐标数据的函数

　　在调用函数传递参数时，实参和形参的顺序必须严格一致，并且实参和形参的数量必须相同。这种严格按位置来传递参数称为位置参数（positional parameter）。如果在函数参数列表中加入一个斜杠（/）则表示在它之前的形参全都仅限位置形参（positional-

模块
4

only），仅限位置形参没有可供外部使用的名称，在调用仅接受位置形参的函数时，实参只会根据位置映射到形参上。

下面将采用位置参数传参的形式创建一个函数，传入照片文件的路径，返回照片文件的GPS信息，包括经度、纬度和高度3个值。类似于从Windows系统中获取的图片GPS属性，如图7-6所示。

大家都知道，我们生活的地球是一个椭球形的球体。地理坐标系（geographic coordinate system，GCS）使用三维球面来定义地球上的位置，如图7-7所示。点（point）要素可通过其经度（longitude）和纬度（latitude）的值进行引用。经度和纬度是从地球中心对地球表面给定点测量得到的角度。经度是东西方向，纬度是南北方向。经度和纬度的值以十进制度（°）为单位或以度、分和秒（DMS）为单位进行测量。选用不同的地理坐标系对维护国家地理信息安全有着重要的战略意义，在经济、国防、社会发展和生态保护服务等方面都离不开测绘。我国也从《中华人民共和国测绘法》等法律层面对地图的编制和使用提出了严格的要求，"一点一线，皆是河山""规范使用地图，一点都不能错。"○我国于2008年7月1日起开始启用CGCS 2000（China geodetic coordinate system 2000，2000国家大地坐标系）。它是我国当前最新的国家大地坐标系，国家天地图采用的就是CGCS 2000。从手机上获取的原始GPS坐标大多都是WGS-84（world geodetic system 1984，世界大地测量系统）坐标，是美国为了解决GPS定位而产生的全球统一的一个坐标系。实际上，CGCS 2000椭球和WGS-84椭球极为相似，完全可以兼容使用。

图7-6　在操作系统中查看图片的GPS信息

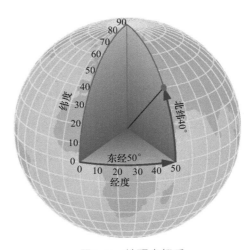

图7-7　地理坐标系

下面来编写一个获取照片文件元数据的函数，读取照片文件的GPS信息，并将经度、纬度和高度3个数据作为函数的返回值。

○　获取标准地图可从自然资源部网站下载。

```
1   import exifread
2   from geopy.point import Point
3
4   def image_exif(folder:str, file:str) -> tuple:
5       """获取照片文件的GPS信息，返回经度、纬度和高度值
6
7       Args:
8           folder (str): 照片文件所在的文件夹
9           file (str): 照片文件的文件名
10
11      Returns:
12          tuple: lng/经度:float, lat/纬度:float, alt/高度:float
13      """
14      photo_file = folder + "/" +file
15      with open(photo_file, 'rb') as img_file:
16          # 读取照片元数据，image_map是字典数据结构
17          image_map = exifread.process_file(img_file)
18
19      # str:'11793/100' -> 117.93
20      altitude = eval(image_map['GPS GPSAltitude'].printable)
21      # altitude = image_map['GPS GPSAltitude'].values
22
23      # 经度: '[114, 24, 17308959/1000000]' -> [114, 24, 17.308959]
24      img_lng = eval(image_map["GPS GPSLongitude"].printable)
25      # img_lng = image_map["GPS GPSLongitude"].values
26
27      # DMS -> Decimal Degree
28      longitude = Point.parse_degrees(img_lng[0], img_lng[1],img_lng[2])
29
30      # 纬度: '[30, 29, 85437/20000]' -> [30, 29, 4.27185]
31      img_lat = eval(image_map['GPS GPSLatitude'].printable)
32      # img_lat = image_map['GPS GPSLatitude'].values
33
34      # DMS -> Decimal Degree
35      latitude = Point.parse_degrees(img_lat[0], img_lat[1],img_lat[2])
36
37      return longitude, latitude, altitude
38
39
40  directory = 'photo_place/resource'
```

```
41    file_name = 'IMG_20191221_101137.jpg'
42
43    # 任务1：获取照片的经纬度信息
44    # 位置参数/返回多个值
45    lng, lat, alt = image_exif(directory, file_name)
46    print('照片的GPS信息：({0}, {1}, {2})'.format(lng, lat, alt))
```

因为要使用exifread模块读取照片文件的元数据，所以要导入该模块（第1行）。此外，还将要用到将经纬度"度-分-秒"值转换为十进制"度"值转换函数，这里是用geopy. point模块的Point来实现，所以还需引入该模块（第2行）。

首先，定义了函数image_exif()（第4行）。它包含2个字符串类型的形参：一个是folder，表示照片文件所在的目录；另一个是file，表示照片文件的文件名。函数的返回值为包含GPS信息的元组。根据良好的代码编写风格推荐，为函数编写了丰富的注解信息。

其次，在函数实现部分，使用了exifread模块的process_file()函数对文件元数据进行解析，传入一个图片文件对象，返回一个包含图片信息的字典（第17行）。注意，因为照片文件是二进制数据文件，这里用open()函数打开文件时使用的是"rb"模式，即以二进制、只读方式打开文件（第15行）。读取到的字典中，键为"GPS GPSLongitude""GPS GPSLatitude"和"GPS GPSAltitude"分别代码GPS信息中的经度、纬度和高度值，直接通过访问字典变量值的方式即可获取。但该字典值在Exif的表示中都是用的str字符串类型，形如"[114, 24, 17308959/1000000]"，所以使用了eval()函数对该字符串表达式进行了计算并返回表达式的值（第20行）。得到一个形如[114, 24, 17.308959]的列表，包含了坐标的度、分、秒数据。实际上，这里主要是为了演示eval()函数的使用，若只是为了获取经纬度的数据值，可以直接通过Exif字典数据结构中的values属性读取（第21行）。

再次，Exit中GPS格式为DMS格式，即D（degree，度）、M（minute，分）、S（second，秒），因此要进行转换才能得到常见的double类型的经纬度值DD（decimal degree）。这里可以直接调用geopy. point模块中Point的parse_degrees()方法完成计算转换，得到一个float型的坐标值（第28、35行），形如114.40480804416667。这里为了简化问题，没有考虑南纬、西经坐标，转换时没有提供方向参数direction(N, S, E, W)，该信息可以从Exif数据字典的"GPS GPSLatitude"和"GPS GPSLongitude"键读取数据值。

最后，在函数调用时，定义了2个变量directory（第40行）和file_name（第41行），分别存储了照片文件的目录和文件名，并作为实参、以位置传参的形式调用函数image_exif()（第45行）。根据位置参数的传递规则，按照从左至右的顺序，将实参逐一传递给形参，即实参directory的值传递给形参folder，实参file_name的值传递给形参file，一一对应传递。函数将一个包含3个数据项的元组作为函数返回值，对该元组自动解包后分别赋值给了3个变量。

任务3　使用关键字参数查询地址信息

1. 创建逆地理编码查询函数

有了GPS信息的经纬度数据，就可以通过经纬度反查询到地图上该经纬度所对应的地址信息，即逆地理编码。编写一个函数，传入经度和纬度两个参数，再通过geopy.geocoders的Nominatim地图服务来进行地址信息查询，使用Nominatim的服务不需要注册开发者账号，可直接使用，但调用频度不能太高，太高有可能会出现拒绝服务。函数的实现代码如下：

扫一扫，查看视频

```
1    from geopy.geocoders import Nominatim
2
3    def reverse_nominatim(longitude:float, latitude:float) -> str:
4        """根据经纬度值，查询对应的地址
5
6        Args:
7            longitude (float)：经度值
8            latitude (float)：纬度值
9
10       Returns:
11           str: 具体的地址信息
12       """
13       #不能访问，尝试: yeo_locator=ArcGIS()
14       geo_locator = Nominatim(user_agent='Photo_Place')
15       # 按地点(latitude, longitude)返回地址
16       # 注意参数顺序，纬度在前、经度在后
17       query_point = (latitude, longitude)
18       return geo_locator.reverse(query_point).address
```

上述代码定义了名为reverse_nominatim（）的函数，接收代表经度和纬度的两个形参，两个形参的数据类型都为float，函数的返回值为str类型的地址信息（第3行）。函数功能的实现非常简单，构建好一个元组类型的查询点对象后，直接调用Nominatim对象的reverse（）方法就可以查询到逆地理编码，其中address属性代表str类型的地址信息（第18行）。这里需要注意的是，构建查询点时要注意参数的顺序，纬度在前、经度在后。

2. 使用关键字参数调用函数

一般怎样调用该函数呢？按位置传参，就像这样：

```
1    # 任务2: 根据经纬度查询地址
2    # 命名参数
3    # (114.40480804416667, 30.484519958333333)
```

```
4  address = reverse_nominatim(114.40480804416667,\
                                        30.484519958333333)
5
6  # address = reverse_nominatim(30.484519958333333,\
                                        114.40480804416667)
7
8  print("照片的地址是: {}".format(address))
```

根据上一个任务的实现，已经获取了照片的经纬度值，其中经度为114.40480804416667，纬度为30.484519958333333。按照位置传参，直接将经度和纬度值传递给函数reverse_nominatim()（第4行），得到一个地址信息，结果如图7-8所示。

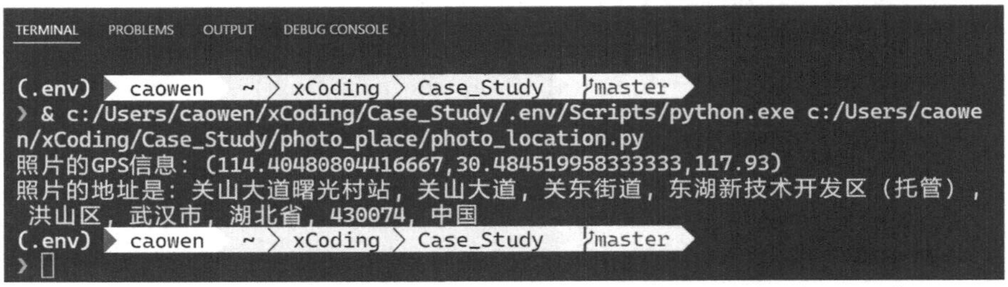

图7-8 逆地理编码

若在调用函数时，不小心把经度和纬度的顺序搞反了，即先传的纬度值、后传的经度值（第6行），执行程序后会收到一条错误提示信息："ValueError: Latitude must be in the [-90; 90] range."很显然，根据位置参数传参的机制，实参纬度值传递给了形参经度变量，而实参经度值传递给了形参纬度变量，这种按位置传参的方法导致了程序的可读性差，引起了程序的错误。这时可以通过关键字参数对代码进行改善。

关键字参数（keyword argument）是指在函数调用中前面带有标识符，形如kwarg=value的参数传递方式，即一种按参数名字传递值的方式。使用关键字参数传递方式，函数调用时参数的顺序与定义时形参的顺序可以不一致。改写代码如下：

```
1  # 任务2: 根据经纬度查询地址
2  # 命名参数
3  # (114.40480804416667, 30.484519958333333)
4
5  address = reverse_nominatim(latitude=30.484519958333333,\
                                        longitude=114.40480804416667)
6
7  print("照片的地址是: {}".format(address))
```

调用函数时，不需要关心函数在定义时形参的顺序，直接通过形参名称赋值的方式将实际的值进行传递。在上述代码中，虽然函数定义时第一个形参是经度值，但通过关键字参数传递值的方式，把纬度值传递给第一个参数（第5行），Python执行环境能够用参数名匹配参数值。

任务4　使用默认值参数查询地址信息

1. 创建带默认值参数的函数

定义函数时，可以给函数的形参赋予默认值，这个参数被称为默认值参数（default argument values）。也就是说，在调用函数时，如果不给该形参传递值，则该形参就使用定义时赋予的默认值。

要定义一个带默认值参数的函数，只需要在形参变量的后面用赋值符为该形参赋一个值即可。在调用带有默认值参数的函数时，如果没有为设置了默认值的形参进行传值就用默认值，如果为设置了默认值的形参传递值，则覆盖默认值。语法格式及调用方法如下。

```
1    # 默认值参数
2    def fun_name(para='value'):
3        # para=value
4        print('para={}'.format(para))
5
6        # ('value',)
7        print(fun_name.__defaults__)
8        pass
9
10   fun_name()
```

在上面的示例代码中，定义了一个带默认值参数"para='value'"的函数（第2行），调用时，可以不为该形参传值（第10行），在函数体内使用该形参变量时就是其默认值（第4行）。如果想知道函数默认值参数的值，可以使用"函数名.__defaults__"查看函数所有默认值参数的当前值（第7行），其返回值为一个元组，其中的元素依次表示每个默认值参数的当前值。

在定义带有默认值参数的函数时，默认值参数必须出现在函数形参列表的最右端，否则会提示语法错误。也就是说，形参列表中一旦开始使用默认值参数，那么其后的形参都要使用默认值参数。

下面来创建一个带默认值参数的函数来进行逆地理编码查询，这里选用天地图提供的API。天地图逆地理编码服务API是一类简单的HTTP/HTTPS接口，提供将坐标点（经纬度）转换为结构化的地址信息的功能。使用逆地理编码服务前需要申请账号。

调用网络API来查询地址信息采用的是JSON格式数据。首先对比一下图7-9中两幅图片所展示的JSON数据。图7-9a是函数需要返回的结果，图7-9b是天地图API返回的格式。编写的函数需要实现的功能就是通过网络调用服务获得天地图的逆地理编码信息，然后将JSON数据解析成图7-9a所示的数据信息和格式。天地图逆地理编码查询API的URL为

http://api.tianditu.gov.cn/geocoder?postStr={'lon':*116.37304*,'lat':*39.92594*,'ver':1}&type=geocode&tk=*你自己的密钥*

模块
4

173

其中，除了经度、纬度和开发者账户密钥之外，其余部分基本都是固定的，特别是URL的域名、版本号等就可以设置为默认值参数。

```
1  {
2      "formatted_address": "武汉市洪山区湖北省武汉市洪山区关山大道465附1101
   (光谷创意大厦)光谷创意基地停车场出口",
3      "location": {
4          "lon": 114.40480804416667,
5          "lat": 30.484519958333333
6      },
7      "addressComponent": {
8          "address": "湖北省武汉市洪山区关山大道465附1101(光谷创意大厦)",
9          "city": "武汉市",
10         "county_code": "156420111",
11         "nation": "中国",
12         "poi_position": "西南",
13         "county": "洪山区",
14         "city_code": "156420100",
15         "address_position": "西南",
16         "poi": "光谷创意基地停车场出口",
17         "province_code": "156420000",
18         "province": "湖北省",
19         "road": "关山大道",
20         "road_distance": 20,
21         "poi_distance": 47,
22         "address_distance": 47
23     }
24 }
```

a）

```
1  {
2      "result": {
3          "formatted_address": "武汉市洪山区湖北省武汉市洪山区关山大道465附1101
   (光谷创意大厦)光谷创意基地停车场出口",
4          "location": {
5              "lon": 114.40480804416667,
6              "lat": 30.484519958333333
7          },
8          "addressComponent": {
9              "address": "湖北省武汉市洪山区关山大道465附1101(光谷创意大厦)",
10             "city": "武汉市",
11             "county_code": "156420111",
12             "nation": "中国",
13             "poi_position": "西南",
14             "county": "洪山区",
15             "city_code": "156420100",
16             "address_position": "西南",
17             "poi": "光谷创意基地停车场出口",
18             "province_code": "156420000",
19             "province": "湖北省",
20             "road": "关山大道",
21             "road_distance": 20,
22             "poi_distance": 47,
23             "address_distance": 47
24         }
25     },
26     "msg": "ok",
27     "status": "0"
28 }
```

b）

图7-9　逆地理编码查询

a）函数返回的结果　b）天地图API返回的结果

函数的实现代码如下:

```
1  import json
2  from urllib.request import urlopen, Request
3
4  def tianditu_geocode(appkey: str, point: tuple, \
                           domain='http://api.tianditu.gov.cn', ver=1) ->dict:
5      """使用天地图逆地理编码服务API将坐标点(经纬度)转换为结构化的地址信息
6
7      使用逆地理编码服务需要申请密钥
8
9      Args:
10         point(tuple): (lon/坐标的x值, lat/坐标的y值)
11         appkey (str): 开发者申请的密钥
12         domain (str, optional): API URL的域名
13         ver (int, optional): 接口版本,默认为版本1
14
15     Returns:
16         dict: 逆地理编码查询结果
17     """
18
19     # 查询要提交的数据
20     post_dict = {'lon': point[0], 'lat': point[1], 'ver': ver}
21     # dict -> str
22     post_str = json.dumps(post_dict).replace(' ', '')
23     api_url = f"{domain}/geocoder?postStr={post_str}
                                      &type=geocode&tk={appkey}"
24
25     # 返回结果
26     # {'formatted_address': None, 'addressComponent': None,
27     #   point:{'longitude': None, 'latitude': None}}
28     location = dict.fromkeys(\
                       ('formatted_address', 'addressComponent', 'point'))
29
30     # 发起查询请求
31     request = Request(api_url)
32     with urlopen(request) as response:
33         response_text = response.read().decode('utf-8')
34         response_json = json.loads(response_text)
35
36     location['formatted_address'] = response_json['result']['formatted_address']
```

模块
4

```
37     location['point'] = response_json['result']['location']
38     location['addressComponent'] = response_json['result']['addressComponent']
39
40     return location
```

自定义函数tianditu_geocode（ ）包含了2个默认值参数（第4行）：一个是表示API URL域名的domain，默认值就是天地图逆地理编码查询API的域名；一个是表示API服务版本信息的ver，默认版本号为1。函数的返回值为一个JSON数据，调用该API服务的具体要求和参数说明、返回值说明可以参考网站上的介绍。该函数除了2个默认值参数外，还需要提供2个必需的参数：一个是调用天地图API服务的授权访问账号appkey，需要到天地图的网站上注册申请，免费使用；另一个为查询点的经纬度值point，这里用元组打包成一个形参。

函数tianditu_geocode（ ）的函数体部分，主要就是准备好查询参数、构建好API URL，然后发起网络访问，得到一个JSON数据查询结果。这里，变量post_dict（第20行）是一个字典，包括了经度、纬度和版本3个数据项，使用json.dumps（ ）方法将字典对象post_dict转变成JSON字符串post_str时，会产生多余的空格，需要调用replace（ ）方法将空格删掉（第22行），否则执行会出错。使用urlopen（ ）发起一个简单的HTTP Request Get访问请求（第32行）后将得到一个JSON格式的返回值，使用json.loads（ ）将JSON字符串转成Python的字典对象（第34行）后，就可以方便地读取字典值，获得最终需要的数据了（第40行）。

2. 通过API逆地理编码解析地址

调用函数的代码如下：

```
1     # 任务3：通过API地理逆编码解析地址
2     # 默认值参数
3     point = (lng, lat)
4     # 你自己的密钥
5     api_key = '替换你自己申请的key'
6     location = tianditu_geocode(api_key, point)
7     print(location)
```

因为形参定义了默认值，所以在调用函数时，对于给定了默认值的形参可以不指定相对的实参值。这里，对于API服务的域名和版本都使用默认值，所以调用函数时，虽然形参有4个，但只指定2个实参就可以了（第6行）。

为形式参数设置默认值时需要注意，多次调用带默认值参数的函数时，如果形参默认值为可变对象，如列表、字典等的时候，尤其需要重点关注并尽量避免使用。因为，如果函数修改了该形参对象（例如，向列表添加了一项新的数据），则实际上默认值也会被修改，这通常不是所预期的。绕过此问题的一个方法是使用None作为默认值，并在函数体中显式地对其进行测试。

任务5 使用不定长参数查询地址信息

1. 创建可变参数函数

有时候，预先并不确定函数需要接收多少个实参，例如，查询地址信息的函数需要传入坐标，也许需要经度和纬度2个值，也许需要经度、纬度和高度3个值。Python允许函数在执行/调用中接收任意数量的实参，即可变参数或不定长参数（Arbitrary Argument）。Python包括两种不定长参数：

扫一扫，查看视频

- *args：接收任意多个实参，并将其解包到一个元组中。
- **kwargs：接收任意多个关键字参数，并将其解包到一个字典中。

结合位置参数一起使用时，必须将不定长参数放在位置参数的最后，且*args和**kwargs同时出现时，*args在**kwargs的前面。Python先匹配位置实参，再将剩余的位置参数装入*args，最后将剩余的关键字参数装入**kwargs中。不定长参数能够支持函数接收任意数量的实参，其本质就是利用对线性数据结构和映射数据结构的解包操作将实参值传递给形参，称为函数参数的解包（function argument unpacking）。

下面来改写天地图函数，函数形参列表采用不定长参数实现。代码如下：

```
1   def tianditu_geocodeV2(appkey:str, *point, **postStr) ->dict:
2       """使用天地图逆地理编码服务API将坐标点（经纬度）转换为结构化的地址信息
3
4       改造tianditu_geocode()函数，以支持不定长参数调用
5
6       Args:
7           appkey (str)：开发者申请的密钥
8
9       Returns:
10          dict: 逆地理编码查询结果
11      """
12
13      # 在tianditu_geocode()函数中，形参point本身就是tuple类型
14      # 该行代码可以不要，可以直接传递形参point
15      point = tuple(point)
16
17      domain = postStr['domain']
18      ver = postStr['ver']
19      # 调用tianditu_geocode()实现逆地理编码查询
20      location = tianditu_geocode(appkey, point, domain, ver)
21
22      return location
```

模块
4

上面的代码中定义了一个与tianditu_geocode（ ）函数相同功能的V2版本函数tianditu_geocodeV2（ ）（第1行），除了一个必需的位置参数appkey之外，其余两个是不定长的位置参数*point和不定长的关键字参数**postStr，前者表示包含经度、纬度等多个值的序列/元组，后者表示包括域名、版本号等多个值的关键字参数/字典。在函数体内，可以把point当成一个元组（第15行），实际上是把postStr当成一个字典来直接使用（第17、18行），将要进行逆地理编码信息查询的参数值准备好后，直接调用上一个版本的tianditu_geocode（ ）函数来实现地址信息的查询（第20行）。该函数用不同的参数形式实现相同的功能。

2. 采用不定长参数调用函数

调用该函数有两种方式：

```
1    # 任务4：通过API逆地理编码解析地址V2
2    # 不定长参数
3    point = (114.40480804416667, 30.484519958333333)
4    post_data = {'domain': 'http://api.tianditu.gov.cn', 'ver': 1}
5    # 你自己的密钥
6    api_key = '替换你自己申请的key'
7    # 方式1：直接传值调用
8    location = tianditu_geocodeV2(api_key, 114.40480804416667,\
                30.484519958333333, domain='http://api.tianditu.gov.cn', ver=1)
9
10   # 方式2：变量解包传值调用
11   # location = tianditu_geocodeV2(api_key, *point, **post_data)
12
13   print(location)
```

一种方式是按单值、多个值传递。Python首先会把实参api_key的值传给形参appkey，然后把114.40480804416667和30.484519958333333两个float类型数据传给可变参数*point，最后把剩余的domain='http://api.tianditu.gov.cn'和ver=1两个关键字参数传给可变参数**postStr，前者当成一个元组处理，后者当成一个字典处理。

另一种方式是变量解包方式。先准备好一个存储经纬度值的元组变量point（第3行）和一个存储API域名及版本号的字典变量post_data（第4行），调用tianditu_geocodeV2（ ）时对这两个变量按序列解包和字典解包后作为实参赋值给形参（第11行）。

>> **单 元 小 结** >>

扫一扫，查看视频

函数是一种仅在调用时运行的代码块，函数使编写的代码可重复使用，既能提高代码的复用率，也让代码更易于维护。函数必须在调用函数的代码行之前声明。添加注解用于解释函数的用途，将使代码更具可读性。

形参是指出现在函数定义中的名称，而实参则是在调用函数时实际传入的值。函数参数进行值传递后，若形参的值发生改变，不会影响实参的值，称为传值（value）调用；反之，若形参的值发生改变，实参的值也会一同改变，称为传引用（reference），亦称传址（address）调用。对于可变数据类型的变量，在作为实参传递时需要特别注意，以防在函数调用过程中修改了实参变量值。要避免发生该问题，可以传递实参的副本。

函数可以按位置，关键字/命名参数（named argument）、默认值参数，或通过不定长参数传递参数值，当形参名有实际意义，且显式名称可以让函数定义更易理解时，推荐使用关键字；如果大部分时候函数参数的值都是相同的，还可以通过默认值参数指定形参的默认值；如果不确定函数将要接收的实参的个数，可以使用不定长参数，通过"*"接收多个位置参数打包（packing）成一个元组，通过"**"接收多个关键字参数打包成一个字典。使用时要注意，不定长参数要在位置参数的后面，不定长的关键字参数要在不定长的位置参数的后面。

函数可以把数据作为结果返回，可以使用return语句显式指明函数的返回值，没有return语句时，默认为return None。

模块
4

学习单元8
批量创建文件夹GUI工具

扫一扫，查看视频

任务概述

1. 文件夹创建工具

人们平时常用的软件都是Windows窗口界面形式的，即图形用户界面（graphical user interface，GUI）程序，包括Windows窗体，以及文本框、按钮、下拉列表框等窗体元素，使用GUI程序让人们通过简单的鼠标点选操作就能快捷地完成工作。

本单元将完成一个批量创建文件夹的GUI应用程序。假设，Python程序设计课程的考试需要同学们提交代码文件，院部教学干事将期末考试的安排在Excel文件中编写好后，开发一个Windows小程序，实现从Excel排考文件中读取数据，再批量创建按指定文件名规则命名的一批空文件夹。

程序的运行界面如图8-1所示，选择排考Excel文件后，联动选择Sheet工作表，然后将工作表的数据按需读取、拼接后显示到窗口下部的列表框中。为了提升用户体验，在批量创建文件夹过程中提供一个进度条，显示创建的进度。

Excel排考文件的原始格式如图8-2所示。

这里只提取B、C、E、F、H这5列的数据来拼接空文件夹名称，其余数据项的数据不使用。父文件夹名称为"场次[日期]考试科目名称"，形如"第2场[2021-12-01]Python运维开发"；子文件夹名称为"[考场号]班级"，形如"[4-101]云计算2001班"。文件夹包含两层父子目录结构，相同场次（B列）、日期（C列）、考试科目名称（E列）的父文件夹相

180

同，子文件夹是不同的考场号（F列）和参考班级（H列）。

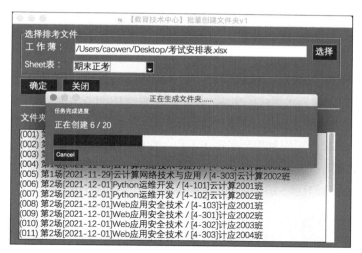

图8-1　批量创建文件夹GUI应用程序

	A	B	C	D	E	F	G	H	I	J
1	序号	场次	日期	时间	考试科目名称	考场号	考试类型	参考班级	学号	人数
2	1	第1场	2021-11-29	12:20-13:50	操作系统安全	4-201	机试	信安2001班	全	35
3	2	第1场	2021-11-29	12:20-13:50	操作系统安全	4-205	机试	信安2002班	全	36
4	3	第1场	2021-11-29	12:20-13:50	操作系统安全	4-301	机试	信安2003班	全	35
5	4	第1场	2021-11-29	12:20-13:50	云计算网络技术与应用	4-302	机试	云计算2001班	全	50
6	5	第1场	2021-11-29	12:20-13:50	云计算网络技术与应用	4-303	机试	云计算2002班	全	46
7	6	第2场	2021-12-01	12:20-13:50	Python运维开发	4-101	机试	云计算2001班	全	50
8	7	第2场	2021-12-01	12:20-13:50	Python运维开发	4-102	机试	云计算2002班	全	46
9	8	第2场	2021-12-01	12:20-13:50	Web应用安全技术	4-103	机试	计应2001班	全	52
10	9	第2场	2021-12-01	12:20-13:50	Web应用安全技术	4-301	机试	计应2002班	全	49

图8-2　排考文件的原始格式

2.　任务分析

❶ 目标解构：GUI小工具的实现可以拆分成两个主要部分：一个是Windows GUI界面的实现；另一个是后台批量创建文件夹部分。而创建文件夹又包括从Excel中提取数据、分析数据和拼接数据，以及在计算机上具体地创建父、子文件夹。

❷ 模式识别：创建Windows GUI界面和在计算机上创建文件夹是两个不同的编程领域范畴，前者需要借助第三方库，遵循Windows窗体程序开发的消息事件驱动机制来编程，而后者主要是借助和操作系统的编程接口来创建文件。当然，对Excel文件数据的处理也需要专门的第三方模块。

❸ 模式归纳：本任务涉及许多功能完全不同的模块开发，既有前台的界面，也有后台的文件夹创建，为了增强代码的可维护性，考虑将不同的功能模块进行拆分，即需要对多代码文件进行组织。函数能实现代码的封装和复用，所以对于子功能可以编写函数实现。因为Python主要是脚本程序开发，对诸如创建文件夹等调用操作系统的功能内置了编程接口，但

借助第三方库的话效率会更高。对于排考场次的计数、创建进度条等可以运用高阶函数，采用函数式编程的方法实现。

❹ 算法设计：虽然Python内置了Tk的支持，但使用并不太友好，特别是GUI界面元素的布局。所以，本任务将采用PySimpleGUI库来构建GUI界面。对Excel文件，因为只涉及读取数据，所以只需要加载xlrd模块即可。在多模块的开发中，Python提供包和模块的概念，每一个模块对应一个.py源代码文件，同一个文件夹内的多个模块组成一个包，这里将创建一个utils包，用于存放主模块以外的代码。通过高阶函数能高效地实现函数式编程。对于父、子目录路径的拼接，可以利用Python自带的map（）高阶函数，以将排考数据和格式拼接做映射；对于排考场次流水号计数，可以使用生成器、闭包函数等实现；对于进度条，可以通过在创建文件夹函数的基础上增加装饰器来实现。

3. 任务准备

（1）第三方库

本任务中将要用到多个第三方库，包括：读取Excel文件的xlrd、编写GUI窗口程序的PySimpleGUI，以及将程序打包成一个可执行文件的PyInstaller。

● xlrd：读取Excel文件的库，可以实现指定表单、指定单元格的读取。但对于高版本Excel文件的读取需要安装指定的版本，命令为"pip install xlrd==1.2.0"。该库只能读Excel文件，写Excel文件需要安装xlwt[⊖]。

● PySimpleGUI：使用基本的Python数据类型（列表和字典），简化了窗口定义，能将tkinter、Qt、WxPython和Remi（基于浏览器）等GUI框架转化为更简单的界面。PySimpleGUI非常适合初学者使用，它提供了丰富的Demo，不需要太多的基础，借助官网的例子就能快速地编写一个GUI程序，几乎可以做到"复制，粘贴，运行"。

● PyInstaller：打包应用程序的一个库。PyInstaller会分析代码并发现Python代码执行所依赖的所有其他模块，然后，收集所有这些文件的副本（包括Python解释器）并将它们与源代码文件一起放在单个文件夹中，或者可以选择打包到单个可执行文件（.exe/.app）中。

（2）PySimpleGUI的工作原理

本任务是一个典型的Windows GUI程序开发，与图形用户界面程序的大部分交互都是通过对话框完成的。文本环境（如命令行界面）下程序事件的发生是确定的，而GUI环境下程序事件的发生是用户确定的。例如，编写程序时并不知道用户先单击按钮，还是先在文本框中输入数据。

Python中有非常多支持GUI开发的优秀库。其自身就带有tkinter（Tk），而且自带的IDLE编程环境就是基于tkinter开发的。除此之外，比较常用的还有wxPython、PyQT、Kivy等。这里推荐简单易上手的PySimpleGUI。与传统Windows程序开发模式不同的是，它通过将事件处理从基于回调的模式改为消息传递的模式，进一步简化了程序。

───────────────

⊖ 本任务因为只需要简单读取老版本的Excel文件，所以只使用了xlrd模块，如果希望使用Python来更专业地处理Excel文件，可参考https://www.python-excel.org/。

与传统的GUI程序Push消息（message）处理模式不同，PySimpleGUI采用的Pull模式（见图8-3）是，当用户操作了GUI界面上的Windows窗体控件（如单击按钮），PySimpleGUI GUI库会将event（事件，控件名称）和values（值，一个存储了所有控件值的字典）保存起来，一直等待应用程序的代码线性读取和处理。

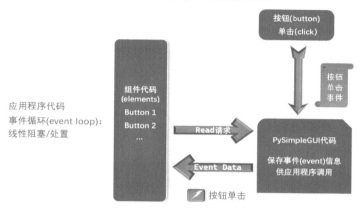

图8-3　PySimpleGUI的消息Pull模式

开发一个Windows GUI程序只需要简单的5步。

```
1    # PySimpleGUI-5步
2
3    # 1 - 导入模块
4    import PySimpleGUI as sg
5
6    # 2 - 定义布局
7    layout = [[sg.Text('请输入：')],
8              [sg.Input(key='-INPUT-')],
9              [sg.Button('确定'), sg.Button('取消')]]
10
11   # 3 - 创建窗体
12   window = sg.Window('Design Pattern 3', layout)
13
14   # 4 - 事件循环
15   while True:
16       # 从GUI读取消息，包括事件（event）和值（values）
17       event, values = window.read()
18       # event/确定 values/{'-INPUT-': 'Python'}
19       print(event, values)
20       if event in (None, '取消'):
21           break
22
23   # 5 - 关闭窗体
24   window.close()
```

扫一扫，查看视频

模块
4

在上述代码中，首先，导入PySimpleGUI模块，建议使用as关键词为模块起一个别名，用别名简化代码，这里使用的是sg（第4行）。其次，定义Windows窗体的布局，也就是GUI界面上放哪些控件。这里放了一个标签（text）、一个文本输入框（input）和两个按钮（button），每一个控件用一个列表表示，所有的控件最后装入到一个列表中，并赋值给变量layout（第7～9行）。再次，使用sg. Window（）创建Window窗体，指定窗体标题栏显示的名称，并将上一步创建的布局layout作为输入（第12行）。然后，使用一个while语句创建一个消息读取无限循环。这部分就是程序员需要编写的业务逻辑代码，例如，从Excel文件中读取排考数据、将排考信息格式化后显示在GUI界面中等。使用window. read（）将获得两个值：一个是触发事件的窗体控件，一个是界面上控件的值（第17行）。最后，使用close（）方法退出Windows GUI程序。

任务1　规划并组织项目文件结构

1．模块的导入与搜索

（1）文件与路径

Python中操作文件、文件夹和路径主要用到os和sys两个模块。os模块提供了使用操作系统的接口，它屏蔽了不同操作性的差异，不管当前使用的是Windows、macOS还是Linux操作系统，只要不同的操作系统某一相同的功能可用，它就使用相同的接口。这让用户能在自己编写的代码中更便捷地使用操作系统的相关功能。如果只是想简单读写一个文件，可直接使用open（）函数；如果想操作文件路径，可使用os. path模块。由于不同的操作系统具有不同的路径名称约定，例如，在Windows中是用"\"分隔路径，而在macOS中是用"/"分隔路径，为了让Python代码更具适应性，可以使用os. path. join(path, *paths)方法来智能地拼接一个或多个路径，它返回path和*paths的所有成员的全路径拼接。此外，要获取一个文件绝对路径的仅目录部分，可以使用os. path. dirname（）函数。

sys模块用来处理Python运行时（running time）配置及资源，从而可以与当前程序之外的系统环境（Python解释器，interpreter）进行交互。这个模块可供访问由解释器使用或维护的变量和与解释器进行交互的函数。其中，sys. path属性是一个由字符串组成的列表，用于指定模块的搜索路径。

```
1    #os & sys
2    import os, sys
3
4    # 当前python脚本工作的目录路径
5    os. getcwd（）
6
7    # 当前使用平台
8    os. name
9
```

```
10   # 启用记事本/Windows
11   os. system ('notepad')
12
13   # True /判断路劲是否为目录
14   os. path. isdir (r'C:\Users\caowen')
15
16   # win32
17   sys. platform
18
19   # python解释器版本
20   sys. version
21
22   # 一个字典，当前导入了哪些模块及其路径
23   sys. modules
```

（2）导入模块

函数已经实现了部分代码的封装，那么，怎样把多个函数或变量定义封装到一起呢？为实现这些需求，Python把各种定义存入一个扩展名为.py的Python源代码文件中，这个文件就是模块（module）。模块包含可执行语句及函数定义，可以使用import语句把其他模块导入当前模块，也可以把当前模块导入其他模块或主模块中去。按惯例，所有import语句都放在模块或脚本的开头，且仅在import语句第一次遇到模块名时执行，但这不是必须的。常见的几种模块导入方式如下：

● import <module_name>：直接把模块里的对象导入到另一个模块里，就像在本地使用一样。

● from <module_name> import *：导入模块内定义的所有对象，除了以下划线 "_"开头的所谓私有对象。一般情况下，不建议从模块或包内导入*，因为可能会覆盖已经定义的同名对象。

● from <module_name> import <sub_module> as <alias>：模块名后使用as时，直接把as后的名称与导入模块绑定，也就是为导入的模块起了一个别名，以简化代码的编写。

为了保证运行效率，每次解释器会话（session）只导入一次模块，如果更改了模块内容，必须重启解释器。为了快速加载模块，当首次导入模块时，在模块.py文件所在目录下会创建一个名为 "__pycache__"的子目录，Python会把模块程序源代码编译成.pyc文件缓存在该目录下。把源代码文件编译成.pyc文件后加载速度更快而且提高了代码的安全性。.pyc文件只是加载速度更快，从.pyc文件读取的程序并不比从.py读取的执行速度快。编译缓存.pyc文件的文件名开头部分与.py文件名相同，并以.pyc为扩展名，中间部分则依据创建它的Python版本而各不相同，例如，模块settings.py在Python 3.9解释器下编译的文件名为settings. cpython-39. pyc。模块的源代码文件发生了改动时，Python会对比编译版本与源码的修改日期，以确定是否需要重新编译，该过程是自动的，对程序员来说是透明的。

执行import语句块时，Python解释器就开始搜索模块，首先从内置的模块（即标准模块）里按名称查找，这些名称以元组的形式在sys. builtin_module_names中列出。如果没

模块
4

有在内置模块中找到，就从sys.path指定的目录下面搜寻与模块名同名的.py文件。程序启动时将初始化sys.path列表，其中列表的第一项path[0]表示调用Python解释器的脚本（代码）文件所在目录，这个脚本（代码）一般也就是我们自己编写的程序文件。程序可以随意修改此列表以满足项目需要，但只能向sys.path中添加str和bytes类型数据，其他类型数据将在导入时被忽略。如果代码文件的目录不可用（例如，以交互方式调用了解释器，或脚本是从标准输入中读取的），则path[0]为空字符串。

假设，在程序中导入了一个名为foo的模块，模块加载时的搜索流程图如图8-4所示。

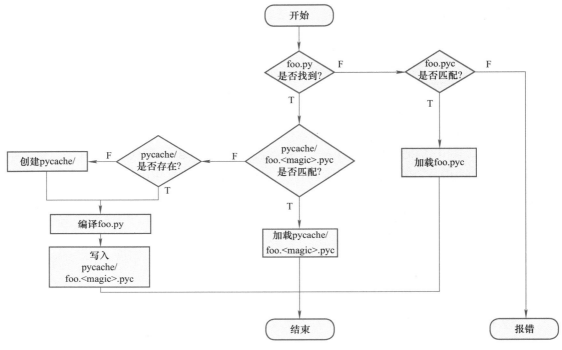

图8-4 模块加载流程图

因为foo不是标准模块，所以会直接搜索foo.py文件，如果找不到就去搜寻是否有匹配的编译好的.pyc文件，没有就会去找到模块源代码.py文件，编译模块并在模块的编译文件缓存目录__pycache__下创建一个相应的.pyc文件供模块的导入引用。

```
1   # import
2   import os
3   import sys
4
5   # import后就可以在当前环境中直接使用了
6   # module
7   type(os)
8
9   # 解释器的内置模块
10  # ('_abc','math', 'nt', 'parser', 'sys',…)
```

```
11    sys. builtin_module_names
12
13    # 查看包的位置
14    # ……\\Python. 3. 9\\lib\\os. py
15    os. __file__
```

（3）认识__name__

从软件工程的角度看，代码的复用有助于提高软件开发的生产力。现代软件开发不可能都需要编程人员一行一行从零开始编写代码，大部分项目都会引用一些成熟的、通用的基础代码或模块。这也就意味着，在. py代码文件中，有可能是直接执行该脚本文件，也有可能是被别的模块调用。Python怎样判断出代码是被直接运行，还是被导入到其他程序中去了呢？在模块内部，通过全局变量"__name__"可以获取模块名（字符串），当以脚本的方式执行模块时，会把"__name__"赋值为"__main__"。根据这个特性就能区分模块. py文件什么时候被当成脚本执行，什么时候被当成模块导入。

开发批量创建文件夹的GUI工具时，需要对程序的一些全局变量进行初始化，例如，获取根目录路径、指定程序ico文件在哪里等。为此，编写了一个单独模块settings，代码如下：

```
1    #settings. py
2    import os
3    import sys
4
5    # 获取根目录
6    # sys. path是Python的搜索模块的路径集，是一个列表
7    # sys. path[0]是当前脚本的运行目录
8    BASE_DIR = sys. path[0]
9
10   # 检查应用程序是作为脚本还是作为冻结的EXE运行
11   # _MEIPASS: 运行打包生成的EXE文件时动态生成依赖文件所在文件夹的路径
12   if getattr(sys, 'frozen', False) and hasattr(sys, '_MEIPASS'):
13       # 获取可执行文件的目录名称
14       BASE_DIR = os. path. dirname(sys. executable)
15
16   # 设置工程目录为导入工具包的搜索路径
17   sys. path. append(BASE_DIR)
18
19   # 程序的. ico文件
20   ICO_FILE = os. path. join(BASE_DIR, 'folder. ico')
21
22   # 创建文件夹的存放路径
23   OUTPUT_PATH = os. path. join(BASE_DIR, 'output')
24
25   MENU_ITEM = [
```

```
26        'DarkBlue3', 'Python', 'BlueMono', 'BluePurple', 'Dark',
                    'Reds', 'BrownBlue', 'DarkAmber', 'DarkBlue', 'DarkBrown',
                    'DarkRed', 'LightGreen', 'LightPurple', 'Green', 'GreenTan',
             'Purple', 'SandyBeach', 'Tan', 'TanBlue', 'TealMono', 'Topanga']
27
28  if __name__ == '__main__':
29        # /batch_directory/utils
30        print(BASE_DIR)
31        # .env/Scripts/python.exe
32        print(sys.executable)
```

上述代码首先引入了标准模块os（第2行）和sys（第3行），并通过sys模块的sys.path[0]得到代码文件所在的目录（第8行）。考虑到最终编写的程序要用PyInstaller打包成一个.exe可执行单一文件，该.exe在运行时会动态生成依赖文件，sys._MEIPASS就是这些依赖文件所在文件夹的路径，但仅在.exe运行时有效，IDE运行时报错。兼容的做法是判断程序运行模式，进而确定项目根文件夹BASE_DIR的值（第12、14行）。同时，将根目录设置为模块的搜索路径，并添加到sys.path列表之中（第17行），这样就能把项目中自创建的子功能模块便捷地导入项目主模块中了。为了屏蔽不同操作系统文件路径表示的差异，这里使用了通过os.path.join（）拼接目录和文件的方法指定程序.ico文件（第20行）和批量创建文件夹存放的位置（第23行）。PySimpleGUI定义一个菜单是将菜单项（item）的名称放到一个列表中，这里定义了一个MENU_ITEM列表，存储了用于切换GUI窗体主题皮肤（themes）的名称。

在编写完一个模块后，想测试一下模块中的代码是否能正确运行，但该模块被别的程序引用时这些测试代码又不希望被执行，这怎么办呢？可以通过"__name__"的值是否为"__main__"来判断本模块代码文件是被执行（第28行），还是被作为模块导入到别的程序中执行。

2. 创建模块和项目文件目录

（1）再谈模块和包的导入

模块是包含Python可执行语句的文件，模块名就是其文件名。到现在为止，大多情况下可能都是在一个.py文件中编写代码，但作为一个稍微复杂点的软件项目开发，代码不可能全部都放在同一个文件里，而是把许多功能相似而又不同的代码组织在同一个文件中，整个软件将会由许多的.py文件及其文件夹组成。Python中使用包（package）来对模块进行进一步的封装，包是一种用"点式模块名"构造Python模块命名空间的方法。例如，模块名A.B表示包A中名为B的子模块。

虽然，Python的包与普通的文件夹没有什么区别，但Python只把含有__init__.py文件的目录当成包，__init__.py文件一般用作初始化包代码，最简情况下，__init__.py只是一个空文件。注意：使用"from package import item"时，item可以是包的子模块（或子包），也可以是包中定义的函数、类或变量等其他名称。

```
1   #直接引入模块
2   import os
3   import xlrd
4
5   #引入模块，并起别名
6   import PySimpleGUI as sg
7
8   #引入模块中的变量
9   from utils.settings import OUTPUT_PATH
10
11  #引入utils包的gui_kit模块中创建的函数_create_window
12  from utils.gui_kit import _create_window
```

如果不知道包或模块下定义了哪些对象，也不确定自己需要导入哪些对象，可以用"import *"或"from <package.module> import *"导入模块下的所有对象。但一般来说并不建议这么做，因为这项操作花费的时间较长，并且导入子模块可能会产生不必要的副作用，例如同名变量将被覆盖等。解决方案是为包提供显式索引，也就是在包文件夹里面的__init__.py代码中定义一个列表变量__all__，在其中列出包所包含的模块，当执行"import *"语句时，该列表就是用于导入的模块名。

```
1   # import * modules
2   __all__ = ['decorator', 'enclosing', 'generator', 'gui_kit', 'settings']
```

注意：列表变量__all__中只需要提供模块的名称，不需要带有模块文件的扩展名".py"。当然，包的里面还可以再定义子包，且不同的包里面允许有同名的模块。

至此，已经介绍了变量与数据类型、程序语句、函数、模块和包等概念（后续还将要介绍面向对象编程的类和对象）。数值、字符串、列表、元组、字典、集合6种变量相对应的就是数据结构，即计算机存储、组织数据的方式；顺序、分支、循环3种语句其实隐含的就是算法，即一系列解决问题的程序指令。从某种意义上来说，程序=数据结构+算法。从软件工程的角度看，对代码的封装大体如图8-5所示。

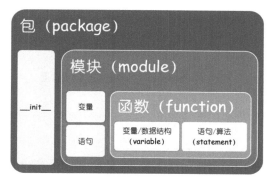

图8-5 代码的封装结构

模块
4

189

（2）GUI工具的项目结构

为了更好地管理项目代码，本任务的项目文件目录结构如图8-6所示。

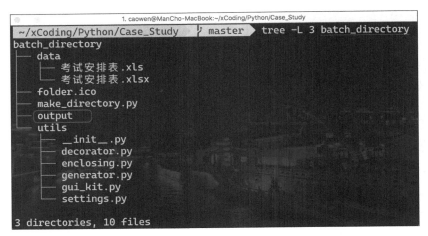

图8-6　项目文件目录结构

各个文件夹和文件表示的意义如下：

- output：目录，批量创建的文件夹将存放到该目录下。
- data：目录，存放排考数据的Excel文件。
- utils：包，包含了一个__init__.py包初始化文件，以及多个功能模块.py文件。
  - __init__.py：空文件，初始化包。
  - settings.py：定义工作主目录、指定文件路径、定义GUI菜单项等全局变量。
  - gui_kit.py：创建GUI主窗口的代码。
  - generator.py：生成器，生成器函数实现文件的计数。
  - enclosing.py：闭包，闭包函数实现文件的计数。
  - decorator.py：装饰器，在批量创建文件夹时增加进度条效果。

此外，在项目根目录下，还包含了主模块文件make_directory.py和应用程序的.ico文件folder.ico，在项目主模块文件中将会引入utils包下面的相关模块。分模块和包来组织项目代码文件后，既提高了代码的可维护性，也提高了代码的复用性。

规划了整个项目的文件结构后，就可以创建GUI了。gui_kit.py模块的完整代码如下：

```
1   #gui_kit.py
2   import PySimpleGUI as sg
3   from utils.settings import MENU_ITEM, ICO_FILE
4
5   def _create_window():
6       '''创建主程序的Windows窗口'''
7       # 菜单项定义
8       # Default is Dark Blue 3
9       menu_items = [['窗体皮肤', MENU_ITEM]]
```

```
10
11      # Windows窗口的界面元素
12      layout = [[sg.Menu(menu_items, tearoff=True, key='-THEMES-')],
13          [sg.Frame(title='选择排考文件', layout=[
14          [
15              sg.Text('工作簿: '),
16              sg.Input(size=(38, 1),
17                  key='-FILE-',
18                  readonly=True,
19                  enable_events=True),
20              sg.FileBrowse(button_text='选择',
21                  file_types=(("Excel文件", "*.xlsx"),
22                      ("旧版Excel", "*.xls")),
23                      target='-FILE-')
24          ],
25          [
26                  sg.Text('Sheet表: '),
27                  sg.Combo(values=['-请选择-'],
28                      s=(14, 1),
29                      key='-SHEET-',
30                      readonly=True,
31                      default_value='-请选择-')
32          ]])
33          ],
34          [
35              sg.Button(button_text='确定', size=(6, 1)),
36              sg.Button('关闭', size=(6, 1))
37          ],
38          [sg.Text('_' * 90)],
39          [sg.Text('文件夹路径: ')],
40          [sg.Listbox(values=[ ], key='-DIREC-', size=(60, 20))]]
41
42      # 创建窗体
43      window = sg.Window(title='【教育技术中心】批量创建文件夹v1',
44              layout=layout,
45              font=("DengXian", 14),
46              size=(600, 400),
47              icon=ICO_FILE,
48              enable_close_attempted_event=True)
49      return window
```

gui_kit模块就只有一个创建Windows GUI的函数_create_window( )。因为创建Windows GUI需要依赖前面在utils包的settings模块中定义的菜单项、ICO文件等，所

以要先导入该模块（第3行）。窗口界面的控件（即窗口元素）定义在layout列表中，调用
PySimpleGUI的Window（）函数即可创建，其中enable_close_attempted_event用于设
置在关闭窗口时是否提示用户（第48行）。

（3）创建文件目录操作函数

批量创建文件夹GUI工具的主模块make_directory.py中需要调用几个操作文件和目录
的函数，包括：sheet_names（）函数，从Excel文件中获取所有的工作表（Sheet）的名称，
返回一个名称列表；exam_schedules（）函数，从指定的Sheet中提取指定列的数据，拼接成
父、子两级目录；create_folder（）函数，在指定的目录下批量创建文件夹。具体代码如下：

```
1    import os
2    import xlrd
3    from utils.settings import OUTPUT_PATH
4
5
6    def sheet_names(file_path: str) -> list:
7        """获取Excel文件包含的所有工作表名称
8
9        Args:
10            file_path (str): Excel文件的路径
11
12        Returns:
13            list: 所有的工作表（Sheet）名称
14        """
15        try:
16            workbook = xlrd.open_workbook(file_path)
17            return workbook.sheet_names()
18
19        except Exception as e:
20            print('读取排考Excel文件失败。{0}[详细]{1}'.format('\n', e))
21
22
23    def exam_schedules(fileName: str, sheetName: str) -> list:
24        """根据排考文件，提取【场次】和【考室】两级目录名称
25
26        Args:
27            fileName (str): 文件名
28            sheetName (str): Sheet名字
29
30        Returns:
31            list: 包含场次、考试字典的列表，[{ },]
32            [{'场次': '第1场[2021-11-29]操作系统安全',
                                    '考室': '[4-201]信安2001班'},]
33        """
```

```
34      # 打开文件
35  try:
36      workbook = xlrd. open_workbook (fileName)
37      # 根据sheet索引或者名称获取sheet内容,sheet索引从0开始
38      #sheet = workbook. sheet_by_index (0)
39      sheet_data = workbook. sheet_by_name (sheetName)
40
41      schedule_list = [ ]
42      for row in range (1, sheet_data. nrows):
43          schedule = {"场次": "", "考室": ""}
44          # 2/日期
45          exam_date = xlrd. xldate_as_datetime (sheet_data. cell_value (row, 2),
46                                                                      0)
47          exam_date = exam_date. strftime ("%Y-%m-%d")
48          # 1/场次 4/考试科目名称
49          # 第1场 [2019-12-30] 路由技术
50          schedule ["场次"] = "{0} [{1}] {2}". format (
51              sheet_data. cell_value (row, 1),
52              exam_date,
53              sheet_data. cell_value (row, 4))
54          # 5/考场号 7/参考班级
55          # [4-101] 计网1801班
56          schedule ["考室"] =
                                " [{0}] {1}". format (sheet_data. cell_value (row, 5),
57                                  sheet_data. cell_value (row, 7))
58
59          schedule_list. append (schedule)
60
61  except Exception as e:
62      print ('排考数据格式不符合规范。{0} [详细] {1}'. format ('\n', e))
63
64  else:
65      print ('读取排考数据 { } 条。'. format (len (schedule_list)))
66
67  finally:
68      return schedule_list
69
70
71  def create_folder (output_path: str, par_folder: str, sub_folder: str) -> None:
72      """在当前文件目录下的output文件夹下创建父/子目录
73
74  Args:
75      par_folder (str): 父文件夹名称/dict ["场次"]
76      sub_folder (str): 子文件夹名称/dict ["考室"]
```

```
77          """
78
79          # parent dir
80          parent_dir = os.path.join(output_path, par_folder)
81          if not os.path.isdir(parent_dir):
82              os.mkdir(parent_dir)
83
84          # full path
85          sub_dir = os.path.join(parent_dir, sub_folder)
86          if not os.path.isdir(sub_dir):
87              os.mkdir(sub_dir)
```

sheet_names（）函数（第6行）中获取一个Excel文件的所有工作表名称。可以使用 xlrd模块打开工作簿后，利用工作簿对象的sheet_names（）函数直接读取工作表的名称（第 17行）。文件的I/O操作使用的try-except语句块安全读/写。

exam_schedules（）函数实现提取Excel工作表的数据拼接目录操作，主要利用xlrd 模块对Sheet的操作函数读取数据，单元格通过行、列序号定位，通过cell_value（）函数 读取单元格的值。需要注意的是，对日期型数据的读取需要先经过xlrd模块的xldate_as_ datetime（）函数进行转换（第45行）。

创建文件夹的函数create_folder（）包括3个参数，分别是：文件夹的存放位置、父目 录、子目录。创建文件夹主要是利用os模块：首先，通过os.path子模块中的join（）函数安 全拼接输出文件夹下的路径；然后，再通过os.path子模块中的isdir（）函数判断该路径下文 件夹是否存在；最后，如果不存在的话，就使用os.mkdir（）函数创建文件夹。

任务2　使用高阶函数拼接父、子目录路径

1. 将函数作为一个对象使用

函数式编程（functional programming）是一种抽象程度很高的编程范式，它的一个 特点就是，允许把函数本身作为参数传给另一个函数，还允许返回一个函数赋值给变量。其 设计思想接近于数学计算，类似于数学上的抽象 $y=f(x)$，给定一个自变量 x，经过函数 f 的计 算，会有一个因变量 y 映射，它不依赖于外部的数据，只要输入是确定的，那么输出也会是确 定的。当然，程序不可能完全都是由函数组成的，一般都还会有全局变量等。对编程语言来 说，函数式编程中甚至没有游离于函数以外的变量，函数内部的计算逻辑中引用的变量都是与 其计算环境绑定的，也就是把函数作为一个整体来对待（想象成把函数当成一个变量来用）， 聚焦于描述问题而不是怎么实现，这样在更高层次的抽象上代码的可读性更强，更能让人把握 问题求解的全貌。

Python中一切皆为对象，函数也是一样，Python中的函数本质上也是一个对象，可以 将一个函数赋值给变量，或者把函数作为参数传递，也可以把函数自身作为返回值。简而言

之，就是可以把定义的一个函数像前面单元中介绍过的int、str等类型变量一样看待和使用，只不过使用时语法形式有所不同而已。

函数式编程实际上只是一个思考逻辑的框架，有其优点和缺点，并且可以与其他范式组合。函数式编程以晦涩难懂而闻名，并且更喜欢优雅或简洁而不是追求实用性，在企业开发实践中很少大规模依赖函数式编程。虽然Python不是一种函数式语言，但因为Python中一切皆为对象，这使得它能够相对容易地支持函数式编程。下面先来认识一个最简单的lambda函数。

（1）小函数lambda

编写函数式程序时，会经常需要很小的函数，作为谓词函数或者以某种方式来组合元素。一个编写小函数的方式是使用lambda。lambda接收一组参数及组合这些参数的表达式，它会创建一个返回表达式值的匿名函数。

lambda函数又称为lambda表达式、单表达式函数、匿名函数，它以声明性方式创建函数定义。关键字lambda来自形式数理逻辑中使用的希腊字母，用于抽象地描述函数和变量绑定。如果将匿名函数赋给变量，则它们执行的操作与任何其他普通函数完全一样。lambda函数可以包含任意多的参数，但是函数体部分只能包含一个表达式。其语法格式如下：

lambda [parameters]: expression

- lambda：关键字，表示（定义）一个lambda函数。
- parameters：函数的参数，可选。
- expression：函数体部分，就是一个表达式。

其实，lambda函数像一个群众演员，不出现名字（函数体不必与名称绑定），只出下镜而已，但总包含一个隐藏的return语句，把一个代码块赋值给一个变量。

下面来看一个应用lambda函数作为sorted( )函数参数辅助排序的例子。

```
1   # lambda函数
2   # 字典排序
3   prov_population = {
4       '北京': 21893095,
5       '天津': 13866009,
6       '河北': 74610235,
7       '山西': 34915616,
8       '内蒙古': 24049155
9   }
10  # 按字典的键来排序
11  # ['内蒙古', '北京', '天津', '山西', '河北']
12  sorted(prov_population)
13  # 按字典的值来排序
14  # [('天津', 13866009), ('北京', 21893095), …]
15  sorted(prov_population.items( ), key=lambda x: x[1])
```

在前面学习单元6中，在创建人口数据地图、对字典数据排序时走的是一条"曲线救国"的道路。因为sorted( )函数对容器数据进行排序时默认是按数据项的第一项数据值进行排序，而字典元素的第一项数据是键的值（第12行），当需要按第二项值排序时，之前的处理是先通过迭代将字典元素的每一项键值对转成值键对后再进行排序。有了lambda函数后，就可以方便地指定排序的项了。sorted（）排序函数的第1个参数是待排序对象，即字典的数据项（items）；第2个参数是指定排序的规则，这里通过lambda函数将每一个字典数据项（key-value对）作为实参赋值给lambda函数的形参x，且将形参x的第2个数据值x[1]（也就是字典数据项key-value对的第2个值，即value）指定为返回值（第15行），即按字典的值来排序。

（2）函数作为变量值

一旦函数被定义就会被自动创建成一个对象/分配内存，可以像使用的一个普通变量一样来使用函数。例如，可以通过变量的名字来访问变量的值，可以把变量的值赋值给另一个变量等，函数也一样，可以把函数作为一个整体赋值给一个变量。

```
1   # 1）函数作为变量赋值
2   def add(a,b):
3       return a+b
4
5   # 常见的函数调用
6   add(8,9)
7
8   # 将函数赋值给一个变量
9   # 注意，这里只需要函数名，没有括号
10  plus = add
11
12  # 通过变量来执行函数,returns 17
13  plus(8,9)
```

在上述代码中，定义了一个名为add（）的函数对象（第2行），并将该对象赋值给了变量plus（第10行），要调用函数add（），既可以使用函数的名称add（）（第6行），也可以使用变量plus的名称（第13行）。从图8-7所示的函数调用过程可以看出，函数名add和变量名plus的作用是一样的。

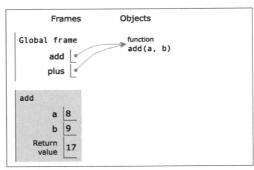

图8-7　函数作为变量赋值使用

（3）函数作为参数

可以把一个函数作为参数传递给另一个函数。例如上面排序例子中，lambda函数就是作为参数传递给sorted（）函数的。下面再来看另一个案例：

```
1   # 2)函数作为参数传递
2
3   def tell_me(weapons, func):
4       # 函数three_weapons
5       print(func(*weapons))
6
7
8   def three_weapons(*args):
9       # 拼接元组元素
10      return "中国共产党在新民主主义革命中战胜敌人的'三大法宝':{}".format(","
        .join(args))
11
12
13  magic_weapons = ('统一战线', '武装斗争', '党的建设')
14  # returns, 中国共产党在新民主主义革命中战胜敌人的"三大法宝":统一战线,武装斗
        争,党的建设
15  tell_me(magic_weapons, three_weapons)
```

函数tell_me()有两个参数:一个参数是元组序列weapons,另一个参数func是一个函数,该函数将作用于元组序列weapons(第4行),最终返回一个对元组序列格式化后的字符串。three_weapons()函数是一个功能性函数,负责将一个可变序列*args以逗号","分隔连接起来(第10行)。在调用tell_me()函数时,将元组变量magic_weapons和函数three_weapons()作为参数一同传入(第15行),最终输出中国共产党在新民主主义革命中战胜敌人的"三大法宝"信息。函数执行过程示意图如图8-8所示。

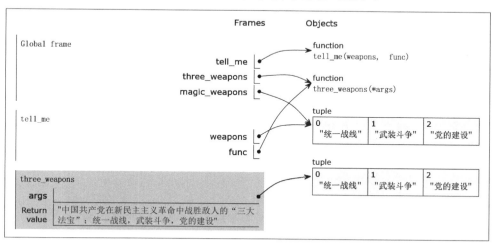

图8-8 函数作为参数使用

（4）函数作为返回值

函数的返回值也可以是一个函数,可以用于惰性求值。例如,有时调用一个函数并不需要立即得到最终的结果,而是在需要的时候再计算,即只保存计算的逻辑但不取最终的结果。这时,可以把函数/计算逻辑作为返回值。

来看下面求年龄的计算函数示例。

```
1    # 3) 函数作为返回值
2    born_year = [1980, 1985, 1990, 1995, 2000]
3    age = [ ]
4
5    # 普通函数方式
6    def cal_age(born):
7        return lambda born: 2022-born
8
9
10   for year in born_year:
11       # 返回函数，得到一个包含多个函数的列表
12       # [<function cal_age.<locals>.<lambda> at 0x10527b310>,]
13       age. append(cal_age(year))
14       # 执行每个函数得到具体的计算结果值
15       # age. append(cal_age(year)(year))
16
17
18   # 列表推导式
19   # [42, 37, 32, 27, 22]
20   age = [(lambda n:2022-n)(y) for y in born_year]
21
22   # print(age)
```

上述代码定义了一个求年龄的函数cal_age( )，它的返回值是一个lambda小函数，用于计算年龄（第6、7行），列表born_year（第2行）中存储了5个出生年，空列表age（第3行）用于存储对应的年龄值。列表元素每次调用函数cal_age(year)得到的并不是一个年龄值，而是一个计算年龄的函数（第13行），要得到年龄值需要继续对该返回的函数执行调用操作，将出生年作为参数再次传递（第15行）。当然，与此类似的功能也可以通过列表推导式的方式实现（第20行）。

函数执行的过程示意图如图8-9所示。

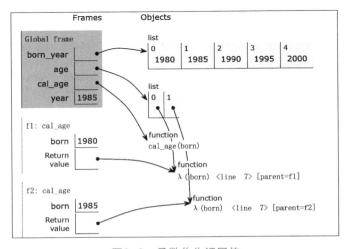

图8-9 函数作为返回值

2. 三大内置高阶函数的使用

高阶函数（higher-order function）是一个接收函数作为参数或将函数作为输出返回的函数。编程求解问题域时，把函数作为代码单元来考虑，着眼于"要干什么"（抽象），而不是"怎么干"（具象）。Python自带了许多高阶函数，例如前面已经介绍过的sorted（）排序函数，对字典进行排序时，接收一个lambda小函数作为参数。除此之外，还有几个常用的内置高阶函数。

（1）map（）函数

map（）函数会根据提供的函数对指定序列做映射，它接收一个函数和一个可迭代对象，将函数作用于可迭代对象的每一个元素。其语法格式如下：

map(func, *iterables) --> map object

示例代码如下：

```
1    # 高阶函数—— map
2    def square(x: int) -> int:
3        return x**2
4
5    number = [1, 2, 3, 4, 5, 6]
6    #<map at 0x21372cf79a0>
7    map(square, number)
8
9    # [1, 4, 9, 16, 25, 36]
10   list(map(square, number))
```

首先，定义了一个求平方的函数square（）（第2行），传入一个整数，返回该整数的平方；然后，调用map（）映射函数，将square（）函数作用于列表number的每一个元素上，得到每个元素的平方（第10行）。需要注意的是，map（）函数的返回值是一个map对象（第7行），并不是一个列表，要得到求平方值后的列表，需要将map对象用list（）函数转换。

在批量创建文件夹GUI工具中，程序主界面上的列表框是直接将排考信息列表按原始数据信息显示的，只是在格式上将父、子二级目录用反斜线"/"做了一个拼接，如图8-10所示。

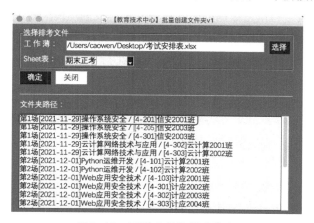

图8-10　不带序号的排考信息

在前述使用函数exam_schedules（ ）提取出排考信息的基础上，利用map（ ）映射函数可以方便地将字典中的"场次"和"考室"两个字典的值拼接在一起。在make_directory. py主模块中，具体代码如下：

```
1   if __name__ == "__main__":
2       window = _create_window()
3       while True:
4           ...
5           # 批量创建文件夹
6           if event == '确定':
7               # 判断是否选择了Excel文件
8               if (len(file_path) == 0):
9                   ...
10              # 判断是否选择了sheet表
11              elif sheet_name == '-请选择-':
12                  ...
13              else:
14                  #排考【场次】和【考室】数据，二者构成父子目录关系
15                  #[{'场次':'第1场[2021-11-29]操作系统安全',
                                        '考室':' [4-201]信安2001班'},]
16                  exam_schedules = exam_schedule(file_path, sheet_name)
17
18                  # 在列表框中显示文件夹信息
19                  # 方式1-简单拼接父子目录
20                  window['-DIREC-'].update(list(
                                    map(lambda d:d['场次']+' / '+d['考室'],
21                                  exam_schedules)))
22                      ...
23                  continue
                ...
```

map（ ）映射函数会将排考数据列表的每一个字典数据项传递给lambda函数，lambda函数再将字典中"场次"和"考室"两个键的值用反斜线拼接作为一个数据项，最后将所有的值转换成一个列表显示在Windows的列表框中（第20行）。

（2）reduce（ ）函数

reduce（ ）函数将两个参数的累积应用于序列的项，从左到右，以便将序列减少到单个值。reduce（ ）函数移到了functools模块，要使用它须导入该模块。其语法格式如下：

reduce(function, sequence[, initial]) -> value

示例代码如下：

```
1   # 高阶函数——reduce
2   from functools import reduce
3
```

```
4   number = [1, 2, 3, 4, 5]
5
6   # 15
7   # ((((1+2)+3)+4)+5)
8   reduce(lambda x, y: x+y, number)
```

reduce（）函数会对参数序列中的元素进行累积，先将序列中的第1、2个元素传递给第1个参数（这里是lambda函数）进行操作，然后将得到的结果再与第3个元素进行同样操作，依次类推，直至到序列的最后一个值（第8行）。

（3）filter（）函数

filter（）函数用于根据条件过滤序列。该函数接收两个参数：第1个参数是一个函数，第2个参数为序列。序列的每个元素作为参数传递给函数进行判断，最后将符合条件（返回True）的元素放到新列表中。其语法格式如下：

filter(function or None, iterable) --> filter object

需要注意的是，filter（）函数返回一个迭代器对象，如果需要获得一个列表，可以使用list（）函数进行转换。

示例代码如下：

```
1   # 高阶函数——filter
2   python_score = [
3       {'name': 'Han-Meimei', 'score': 90},
4       {'name': 'Li-Lei', 'score': 60}
5   ]
6
7   # [{'name': 'Han-Meimei', 'score': 90}]
8   list(filter(lambda x: x['score'] > 80, python_score))
```

filter（）函数将序列的每一个值都应用一次lambda函数，这里是求出Python成绩大于80分的数据项（第8行）。

任务3 使用生成器和迭代器进行流水号计数

1. 了解迭代与迭代器

迭代（iteration）是重复一个过程，以生成结果序列（可能是无限的）。该过程的每次重复都是一次迭代，每次迭代的结果都是下一次迭代的起点。迭代是访问容器类型（collection）元素的一种简单方式，通过迭代能遍历整个数据元素，其实也就实现了循环的效果。在计算机编程中，迭代器（iterator）使程序员能够遍历容器（尤其是列表）的对象。各种类型的迭代器通常由容器的接口提供。虽然给定迭代器的接口和语义是固定的，但迭代器通常是根据容器实现的结构实现的，并且通常与容器紧密耦合，以实现迭代器的操作语义。迭

模块
4

代器执行遍历，还允许访问容器中的数据元素，但本身不执行迭代。

　　Python认为遍历容器并不一定要用到迭代器，因此，设计了可迭代（iterable）对象。可迭代对象是实现了_iter_（　）方法（可迭代接口）的对象，它返回一个迭代器，而迭代器则是实现了_iter_（　）和_next_（　）方法的对象，它能够被内置函数next（　）调用并不断返回下一个值。例如，range就是可迭代对象而不是迭代器，如图8-11所示。

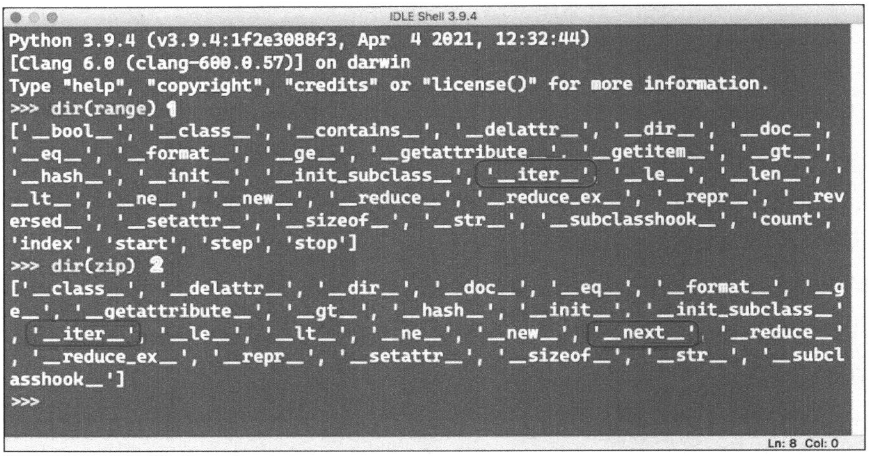

图8-11　可迭代对象与迭代器

　　Python中的4种容器数据类型及字符串都是可迭代对象，迭代器本质上也是一个对象，它保存的是生成可迭代对象的算法，而不是对象本身，这充分地节省了内存，提高了算法的效率。需要注意的是，迭代器的访问只能往前不能后退，在使用for循环遍历（迭代）时，会先用iter（　）函数将一个可迭代对象变成迭代器，再使用next（　）函数逐一访问迭代器容器中的元素，当元素用尽时，将引发StopIteration异常来通知终止循环操作。

```
1   >>> s = 'Python'
2   >>> it = iter(s)
3   >>> it
4   <str_iterator object at 0x112e262b0>
5   >>> next(it)
6   'P'
7   >>> next(it)
8   'y'
9   >>> next(it)
10  't'
11  >>> next(it)
12  'h'
13  >>> next(it)
14  'o'
15  >>> next(it)
16  'n'
```

```
17  >>> next(it)
18  Traceback (most recent call last):
19    File "<pyshell#11>", line 1, in <module>
20      next(it)
21  StopIteration
```

字符串变量是一个可迭代对象，通过iter( )函数（第2行）进行转换后创建了一个迭代器it（第3行）。该迭代器通过next( )函数向前、逐一访问容器中的元素（第5行）。可迭代对象与迭代器的性能是一样的，即它们都是惰性求值（lazy evaluation），指将一个表达式的值计算向后拖延直到这个表达式真正被使用的时候。

软件开发中，迭代其实就是一种递推、逼近。下面通过求解兔子繁殖的问题来理解如何利用迭代的思想解决问题：假设一对刚出生的幼兔一个月后就能长成成兔，再过一个月成兔就能生下一对幼兔，并且此后每个月只要是成兔都生一对幼兔。一年内没有发生死亡的话，问：一对刚出生的幼兔，一年内能繁殖多少对兔子？画一个图来进行分析和推演，如图8-12所示。

可以看出，每个月兔子的数量呈现出一定的规律，即除了第1个月和第2个月外，后面每月的数据都等于前面两个月数量之和。这其实就是著名的斐波那契数列（Fibonacci sequence），又称黄金分割数列。数学上的推导公式是

$$\begin{cases} f(0) = 0 \\ f(1) = 1 \\ f(n) = f(n-1) + f(n-2) & n \geq 2 \end{cases}$$

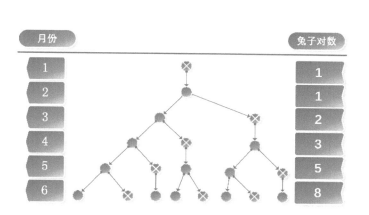

图8-12 兔子繁殖问题

实现函数如下：

```
1  # 斐波拉契数列——直接输出
2  # 除第1个和第2个数外，任意一个数都可由前两个数相加得到
3  def fib(end_num):
4    # 前end_num项数列, end_num>=0
5    assert end_num>= 0
```

```
6      n, a, b = 1, 0, 1
7      while n <= end_num:
8          print(b, end=", ")
9          a, b = b, a + b
10         n = n + 1
11
12    # returns: 1 1 2 3 5 8 13 21 34 55 89 144
13    fib(12)
```

函数fib()中用到了Python的断言语句assert（第5行），它用于判断一个表达式，在条件不满足程序运行的情况下直接返回错误，而不必等到程序运行出现错误的时候。变量b即是数列最后一项的值，从计算结果可以看出，12个月后将有144对兔子。上例代码结果虽然正确，但直接在函数中输出数列的值，函数的代码复用低，因为函数并没有返回计算的结果，这也就意味着别的函数无法获得该函数生成的数列。

把代码修改一下，让函数生成的数列用列表的形式返回，代码如下：

```
1     # 斐波拉契数列——返回列表
2     def fib(end_num):
3         assert end_num >= 0
4
5         fib_lst = []
6         n, a, b = 1, 0, 1
7         while n <= end_num:
8             fib_lst.append(b)
9             a, b = b, a + b
10            n = n + 1
11        return fib_lst
12
13    # returns: [1, 1, 2, 3, 5, 8, 13, 21, 34, 55, 89, 144]
14    fib(12)
```

把斐波拉契数列作为函数返回值返回后提高了代码的复用。但如果需要获得的是最后一项的值，而不是完整的斐波拉契数列，且恰好数列很长的话，那函数在运行中占用的内存势必会变得很大，这将带来算法的效率问题。

2. 使用yield生成器生成流水号

生成器（generator）通常是指生成器函数，是一个用于创建迭代器的工具，是一个返回一个迭代器（iterator）对象的函数。它们的写法类似于标准的函数，但当它们要返回数据时会使用yield语句，而不是return语句。yield改变函数的执行流程，得到一个生成器，每次对生成器调用next()时，它都会从上次离开的位置恢复执行（它会记住上次执行语句时的所有数据值）。

下面进一步完善斐波拉契数列函数，使用生成器来求解计算。

```
1    # 斐波拉契数列——yield
2    def fib(end_num):
3      assert end_num>= 0
4      n, a, b = 1, 0, 1
5      while n <=end_num:
6          # 遇到yield语句函数就返回
7          # 在第2次调用时，不会从头执行，而是从上次的yield代码处开始
8          yield b
9          a, b = b, a + b
10         n = n + 1
11
12   fib_generator = fib(12)
13   # next(fib_generator)
14   # 输出前12个
15   [next(fib_generator) for i in range(12)]
```

fib( )函数实际上是定义了斐波拉契数列的推算规则，而不是数列的每一个具体的值，在需要值的时候使用next( )函数进行动态地迭代计算即可。当然，也可以把生成器放到推导式语句中，用于生成一个序列。

使用生成器每次迭代按需产生一个对象，这极大地节省了内存。此外，生成器从上一次执行位置开始执行的特性保存了函数的运行环境，为特定编程需求提供了解决方案。例如，在列表框中显示所有排考信息时，希望在每一条排考信息前显示一个格式化的序号（流水号），如图8-13所示。

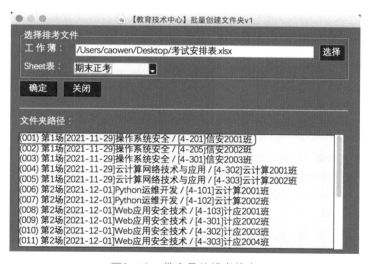

图8-13　带序号的排考信息

可以编写一个生成器来专门用于计算流水号，再通过字符串的格式化生成形如"（001）"之类的序号。生成器的具体代码（存放于单独的模块文件generator.py中）如下：

模块
4

```
1   #generator.py
2   def schedules_couter(max_num:int) -> int:
3       """生成器，每次执行+1
4       Args:
5           max_num (int)：计数的最大值
6       Returns:
7           int: yield返回当前的计数值
8       Yields:
9           Iterator[int]：函数成为一个生成器
10      """
11
12      count = 1
13
14      while count <= max_num:
15          # 返回计数值，生成器
16          yield count
17
18          count += 1
```

用于计数的生成器函数schedules_couter（）（第2行）比较简单，计数变量count从1开始计数，每调用一次就返回count的当时计数值（第16行），下次调用时，先执行上次调用yield语句以后的代码，即count+=1（第18行），再返回值。因为是惰性计算，后一次的计算与前一次的计算绑定在一起，这就达到了连续计数的目的。

在主程序中调用生成器计数并格式化显示的代码修改如下：

```
1   if __name__ == "__main__":
2       window = _create_window()
3       while True:
4           ...
5           # 批量创建文件夹
6           if event == '确定':
7               # 判断是否选择了Excel文件
8               if (len(file_path) == 0):
9                   ...
10              # 判断是否选择了sheet表
11              elif sheet_name == '-请选择-':
12                  ...
13              else:
14                  # 读取排考的【场次】和【考室】数据，二者构成父子目录关系
15                  #[{'场次':'第1场[2021-11-29]操作系统安全',
                                    '考室':'[4-201]信安2001班'},]
16                  exam_schedules = exam_schedule(file_path, sheet_name)
17
18                  # 在列表框中显示文件夹信息
```

206

```
19              # 方式1：简单拼接父子目录
20              #window['-DIREC-'].update(list(
                #                  map(lambda d:d['场次']+' / '+d['考室'],
21              #                  exam_schedules)))
22
23              # 方式2：通过生成器实现计数拼接
24              counter = schedules_couter(len(exam_schedules))
25              window['-DIREC-'].update(list(map(
                            lambda d:'({0:03}) {1} / {2}'.format(
                                        next(counter),
                                        d['场次'],
                                        d['考室']),
                                        exam_schedules)))
26              ...
27              continue
28          ...
```

schedules_couter( )是一个函数，也是一个生成器，赋值给了变量counter，在map高阶函数的调用中，通过每次调用next(counter)得到一个连续的计数值，再通过lambda函数利用字符串的format( )方法按3位宽度、不够高位补0格式化排考数据，以达到为考场流水编号的目的。

3. 生成器表达式

某些简单的生成器可以写成更简洁的表达式代码，所用语法类似列表推导式，但外层为圆括号而非方括号。

```
1   # 列表推导式
2   # returns: [0, 1, 2, 3, 4]
3   # [x for x in range(5)]
4
5   # 生成器表达式
6   # returns:<generator object <genexpr> at 0x1096e0c80>
7   ge = (x for x in range(5))
8
9   # 获取列表值
10  list(ge)
```

与列表推导式相比，生成器表达式只是把列表的中括号换成了圆括号，但数据类型已经由列表变成了生成器（第6行），要从生成器得到列表值，可以使用next( )函数逐一获得，也可以使用list( )函数进行转换（第10行）。

列表推导式已经是一个不错的选择，但从内存使用的角度而言，应该考虑生成器表达式而不是列表解析。生成器表达式相比完整的生成器更紧凑，但较不灵活，相比等效的列表推导式则更节省内存。

模块
4

任务4　使用闭包及装饰器实现进度条

1. 了解变量的作用域和嵌套函数

（1）LEGB原则

变量的作用域是指程序中代码能够访问到变量的可见范围，也称为命名空间（namespace），即变量的可用性、可见性范围。Python中寻找一个变量遵循就近原则，寻找的作用域可以分为4种：L（local）局部作用域、E（enclosure）闭包函数外的函数中、G（global）全局作用域、B（built-in）内置/Python解释器作用域。这就是所谓的LEGB原则，可见范围的关系如图8-14所示。

图8-14　变量作用域的LEGB原则

局部变量一般是定义在函数体内部的，闭包一般是在嵌套函数定义中出现，全局一般是基于模块级别的，而内置是指Python解释器环境。函数在执行时优先使用函数局部变量，引用变量时，首先在局部符号表里查找变量，然后是外层函数局部符号表，再是全局符号表，最后是内置名称符号表。基于安全编码考虑，一般应尽量避免使用全局变量。在不同的命名空间中，可以使用相同名字的变量，它们代表着不同对象，互不干扰。此外，函数的形式参数也属于局部变量，作用范围仅限于函数内部。

当内部命名空间想要使用外部命名空间的变量时，要使用global或nonlocal关键字。在函数内部读取函数外部变量时可以直接读取，但修改一个定义在函数体外的变量时，须使用global关键字显式声明变量。使用global关键字修饰一个函数的局部变量时又分两种情况：如果该变量已经在函数外定义，则global修饰后，对该变量的修改会反映到外部变量；如果该变量没有在函数外部定义，而在函数内部使用global做了修饰后，会创建一个全局变量。

```
1   # global
2   magic_weapons = ('统一战线', '武装斗争')
3
4
5   def add_weapons( ):
6       # 全局变量声明，改写变量
7       global magic_weapons
8
9       # 直接读取函数外部变量
10      # 修改前: ('统一战线', '武装斗争')
11      print("修改前: ", magic_weapons)
12
13      magic_weapons = ('统一战线', '武装斗争', '党的建设')
14
15
16  # 调用函数
```

```
17    add_weapons( )
18    # 修改后: ('统一战线', '武装斗争', '党的建设')
19    print("修改后: ", magic_weapons)
```

add_weapons( )函数（第5行）将会操作函数外部的变量magic_weapons（第2行），如果只是读取函数外部变量的值，根据Python变量作用域的寻找规则，会在函数体外部找到变量magic_weapons，直接使用。但这里需要在函数体内修改外部变量，所以需要使用global进行声明（第7行），而在函数体内对全局变量的修改是会影响变量本身的，所以即使在函数外部输出全局变量也是被修改后的值（第19行）。

（2）嵌套函数

Python允许嵌套定义函数，也就是函数内部还可以再定义其他函数，这称为函数嵌套定义（nested function）。如果要在一个嵌套的函数中修改嵌套作用域中的变量，则须使用nonlocal关键字。

```
1    #nonlocal
2    def outer_weapons( ):
3      # 嵌套函数外部变量
4      magic_weapons = ('统一战线', '武装斗争')
5
6      def inner_weapons( ):
7        nonlocal magic_weapons
8        magic_weapons=('统一战线', '武装斗争', '党的建设')
9
10     # 执行嵌套函数
11     inner_weapons( )
12     print("三大法宝: ", magic_weapons)
13
14
15   # 调用函数
16   # 三大法宝:  ('统一战线', '武装斗争', '党的建设')
17   outer_weapons( )
```

外部outer_weapons( )函数（第2行）体内又定义了一个嵌套函数inner_weapons( )（第6行），同时，嵌套函数还引用了外部函数的局部变量，所以这里用nonlocal关键词进行了修饰（第7行）。要体现内部函数对外部函数局部变量的修改，需要执行内部函数（第11行），最终，对外部函数调用时会发现，内部函数将外部函数的局部变量进行了修改（第17行）。

（3）递归函数

函数可以调用函数，如果是函数调用自身呢？如果函数直接或间接地调用其本身，就称为递归函数（recursive function）。

下面将求解斐波拉契数列的函数用递归的实现方式进行改写：

```
1    # 斐波拉契数列 —— 递归函数
2
3    def fib(end_num):
```

```
4      assert end_num>= 0
5
6      if end_num<= 1:
7          return end_num
8      else:
9          return fib(end_num-1) + fib(end_num-2)
10
11
12  # 输出前12个
13  [fib(i) for i in range(1, 12+1)]
```

根据斐波拉契数列的特点，每一项数据的计算都是基于前面两项的，只有第1项和第2项的结果是明确的（第6、7行），如果创建的函数fib(end_num)能求解第end_num项的数列值，那么执行函数fib(end_num-1)和fib(end_num-2)就能得到end_num的前一项和前两项的数列值（第9行）。递归函数的执行过程如图8-15所示。

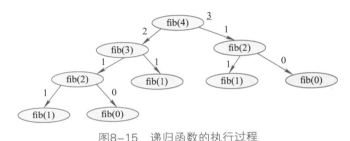

图8-15　递归函数的执行过程

可以看出，递归调用周而复始，一定要找到递归函数递归终止的条件，不然会形成一个死循环。求斐波拉契数列的函数中，当数据项是第1项或第2项时就会返回一个确定的值，这就是递归终止的条件。

需要注意的是，递归只是解决问题的一种方法，任何用递归可以解决的问题也可以用循环来解决。事实上，递归算法通常比迭代算法效率低，因为函数调用时要产生更多的系统开销。

2. 使用闭包和装饰器创建进度条

（1）闭包

闭包是嵌套函数的一种使用形式。函数在执行完后，在函数内定义的局部变量就自动销毁了，如果计算要求保留某个自由变量的值（比如计数）呢？也可以通过闭包来解决这个问题。闭包（closure）是词法闭包（lexical closure）的简称。与普通的嵌套函数返回一个具体的值不同，形成闭包要将嵌套函数整体作为外层函数的返回值。要符合闭包的要求，须同时满足以下3个条件：

● 存在函数的嵌套定义，也就是函数体内定义了函数。
● 内部函数引用外部函数的变量（包括外部函数的形参）。
● 外部函数将内部函数作为返回值。

语法上可以通过函数对象的__closure__属性来判断一个函数是否为闭包函数。注意：该方法的前后是两个下划线。

批量创建文件夹GUI工具界面上显示排序信息的父、子目录前加流水号功能，前面使用高价函数map（）和yield生成器函数实现了，这里用闭包的形式进行改写：

```
1   #enclosing.py
2   def counter_format():
3       '''闭包函数实现文件的计数'''
4
5       # 函数的局部变量，一般函数执行完后即销毁
6       # 除非被内部函数引用形成闭包
7       row_index = 0
8
9       def increment(schedule_dict):
10          # 嵌套函数引用了外部函数的变量
11          # nonlocal表明该变量不是嵌套函数定义的
12          nonlocal row_index
13
14          # 内部函数执行时会保留row_index上一次执行的值
15          row_index += 1
16          # (001) 第1场 [2021-11-29] 操作系统安全 / [4-201] 信安2001班
17          return '({0:03}) {1} / {2}'.format(row_index,
                                              schedule_dict['场次'],
                                              schedule_dict['考室'])
18      # 嵌套函数作为外部函数的返回值
19      return increment
20
21
22  if __name__ == "__main__":
23      func_count_format = counter_format()
24      # (<cell at 0x0000026FEF7C3460: int object at 0x0000026FEED96910>,)
25      print(func_count_format.__closure__)
```

外部函数counter_format（）（第2行）中定义了一个嵌套函数increment（）（第9行），同时，外部函数中还定义了一个用于计数的整型局部变量row_index（第7行）。嵌套函数使用nonlocal关键字引用了该外部函数的局部变量，每次执行都会将该计数变量加1后拼接成3个字符宽度的流水号（第17行）。最后，将嵌套函数作为外部函数的返回值（第19行），这样就形成了一个闭包。注意：函数作为返回值时，只需要写函数名，不要带一对括号，有括号时是表示执行函数。

在主模块make_directory中调用该闭包函数的方式如下：

```
1   if __name__ == "__main__":
2       window = _create_window()
3       # Event Loop to process "events" and get the "values"
4       while True:
```

```
5          ...
6          # 批量创建文件夹
7          if event == '确定':
8              # 判断是否选择了Excel文件
9              if (len(file_path) == 0):
10                 ...
11             # 判断是否选择了sheet表
12             elif sheet_name == '-请选择-':
13                 ...
14             else:
15                 #读取排考的【场次】和【考室】数据，二者构成父子目录关系
16                 # [{'场次': '第1场[2021-11-29]操作系统安全',
                                          '考室': '[4-201]信安2001班'},]
17                 schedule_list = exam_schedules(file_path, sheet_name)
18
19                 # 在列表框中显示文件夹信息
20                 # 方式1：简单拼接父子目录
21                 # window['-DIREC-'].update(\
                   # list(map(lambda d:d['场次']+' / '+d['考室'],
22                 #     schedule_list)))
23
24                 # 方式2：通过生成器实现计数拼接
25                 # counter = schedules_couter(len(schedule_list))
26                 # window['-DIREC-'].update(list(
27                 #             map(lambda d:'({0:03}) {1} / {2}'.format(
28                 #             next(counter),d['场次'],d['考室']),
29                 #             schedule_list)))
30
31                 # 方式3：通过闭包实现计数拼接
32                 func_count_format = counter_format()
33                 window['-DIREC-'].update(
34                             list(map(func_count_format, schedule_list)))
35
36                 ...
37
38             continue
39             ...
```

每次调用闭包函数counter_format( )会返回一个格式化的、带流水号的父子目录字符串，func_count_format实际上就与一个函数绑定了（第32行），这个函数就是counter_format( )函数的闭包函数increment( )。通过map( )映射函数将排考数据schedule_list的"场次"和"考室"两项字典数据作为参数传给counter_format( )函数的闭包函数increment( )（第34行），每次闭包函数的执行都会保留引用的变量row_index上一次执

行的值，这样就达到了累计计数的目的。

（2）装饰器

装饰器（decorator）是返回值为另一个函数的函数，它在不修改函数代码的情况下增加额外功能。装饰器本质上就是一个函数，与普通函数不同的是，其参数也是函数，返回值还是函数。下面通过一个计算函数执行时间的例子来体会装饰器的使用。

```
1   # 计算函数用时
2   import time
3
4
5   def hello_world( ):
6       # 程序暂停3s
7       time. sleep(3)
8       print('hello world!')
9
10
11  # 函数调用开始时间
12  start_time = time. time( )
13
14  hello_world( )
15
16  # 函数调用结束时间
17  end_time = time. time( )
18
19  # 函数执行费时：3.0002949237823486
20  print('函数执行费时: ', end_time – start_time)
```

该函数功能非常简单，就是输出一个"hello world!"字符串。为了便于演示，在函数中使用time. sleep（ ）方法将程序执行暂停了3s（第7行）。在函数执行前和执行后各取一个时间，最后将二者相减就得出了函数的执行时间。但这样编码，计算程序执行时间的代码复用率低，每次求解都要重新写，为此，使用装饰器对代码进行改进：

```
1   # decorators
2   import time
3
4
5   def spend_time(func):
6       # 把计算执行函数用时的功能代码移入嵌套函数中
7       def _wrapper(*args, **kwargs):
8           # 函数调用开始时间
9           start_time = time. time( )
10
11          # 照原样执行函数
12          func(*args, **kwargs)
```

```
13
14       # 函数调用结束时间
15       end_time = time.time()
16
17       print('函数执行费时: ', end_time-start_time)
18
19    return _wrapper
20
21
22  def hello_world():
23      # 程序暂停3s
24      time.sleep(3)
25      print('hello world!')
26
27
28  # 装饰hello_world()函数
29  hello_world = spend_time(hello_world)
30  # 执行函数
31  hello_world()
```

在上述代码中，首先，编写了一个嵌套函数spend_time()（第5行），和普通函数不同，它接收一个函数为参数，并在其嵌套函数_wrapper()（第7行）中调用执行（第12行），且将计算函数执行用时的代码全部收入到了嵌套函数中，最后再将该嵌套函数作为函数的返回值（第19行）。也就是说，装饰器接收函数作为参数，并把装饰后的函数作为装饰函数的返回值。应用装饰器时，只要把需要装饰的hello_world()函数作为参数传给装饰器spend_time()并重新将装饰后的函数赋值给自己就达到了装饰的目的（第29行），再调用函数hello_world()时（第31行）就具备了计算函数执行时间的功能了。可以看出，装饰器一方面提高了代码的复用率，另一方面也以"无害"的方式增强了被装饰函数的功能。在需要记录日志、统一身份认证等功能需求方面都可以使用装饰器。

实际上，Python还提供了一种称为语法糖（syntactic sugar）的形式，可以更加便捷地使用装饰器，形如"@装饰器函数"。对上面的示例代码做进一步完善如下：

```
1   # @语法糖
2   import time
3
4
5   def spend_time(func):
6       # 把计算执行函数用时的功能代码移入嵌套函数中
7       def _wrapper(*args, **kwargs):
8           # 函数调用开始时间
9           start_time = time.time()
10
```

```
11        # 照原样执行函数
12        func(*args, **kwargs)
13
14        # 函数调用结束时间
15        end_time = time.time( )
16
17        print('函数执行费时: ', end_time-start_time)
18
19     return _wrapper
20
21
22  @spend_time
23  def hello_world( ):
24     # 程序暂停3s
25     time.sleep(3)
26     print('hello world!')
27
28
29  # 执行函数
30  hello_world( )
```

装饰器spend_time( )函数和普通函数hello_world( )的编写都与前面的示例代码相同，不同之处在于在普通函数hello_world( )上面使用"@装饰器"的方式对被装饰函数做了注解式的声明，被装饰函数像普通函数一样使用就能达到被装饰的效果。

在批量创建文件夹GUI工具中，提取、拼接好父子目录路径后就可以直接批量创建两级目录了。在主模块make_directory中需要为创建文件夹编写一个函数并在GUI事件中调用。具体代码如下：

```
1   #make_directory.py
2
3   def process_create_normal(output_path: str, schedules: list) -> None:
4      '''迭代列表，处理每一条排考记录，调用创建文件夹的函数'''
5
6      # enumerate( )函数返回可迭代对象元素及其索引值
7      for i, schedule in enumerate(schedules):
8         # create_folder(output_path, schedules[i]['场次'], schedules[i]['考室'])
9         create_folder(output_path, schedule['场次'], schedule['考室'])
10
11
12  if __name__ == "__main__":
13     window = _create_window( )
14     # Event Loop to process "events" and get the "values"
15     while True:
16        ...
17        # 批量创建文件夹
```

```
18        if event == '确定':
19            # 判断是否选择了Excel文件
20            if (len(file_path) == 0):
21                ...
22            # 判断是否选择了sheet表
23            elif sheet_name == '-请选择-':
24                ...
25            else:
26                # 排考【场次】和【考室】数据，二者构成父子目录关系
27                ...
28                # 正确读取了排考数据，批量创建文件夹
29                if len(schedule_list) > 0:
30                    # 方式1：直接在主程序中迭代调用函数创建
31                    process_create_normal(OUTPUT_PATH, schedule_list)
32
33        continue
34        ...
35    # 关闭程序
36    window.close( )
```

process_create_normal( )用于批量创建文件夹，可以将排考数据的列表字典变量通过enumerate( )转换成一个枚举对象后以索引的方式迭代，也可以直接读取数据项目的键值对（第7～9行）。该方式实现后的效果用户体验不佳，程序在后台运行批量创建文件夹时，用户并不知道进展，效果如图8-16所示。

图8-16　不带进度条的批量文件夹创建

为了改善用户体验，为批量创建文件夹函数增加一个带进度条的装饰器。装饰器的代码如下：

```
1    #decorator.py
2
3    import PySimpleGUI as sg
4    from functools import wraps
```

```
 5
 6
 7   def progress_bar(schedule_list):
 8       '''在批量创建文件夹时增加进度条效果'''
 9
10       def decorator(func):
11           # 保持被装饰函数的元信息: docstring, __name__
12           @wraps(func)
13           def _wrapper(*args, **kwargs):
14               '''装饰器: 在创建文件夹时显示一个进度条'''
15               layout = [[
16                               sg.Text(text='正在创建',
17                                       size=(15, 1),
18                                       font=('DengXian', 14),
19                                       key='-LABEL-')
20                           ],
21                           [
22                               sg.ProgressBar(max_value=len(schedule_list),
23                                   orientation='h',
24                                   size=(50, 20),
25                                   key='-BAR-')
26                           ], [sg.Cancel()]]
27
28               window = sg.Window('任务完成进度', layout)
29
30
31               # enumerate函数返回可迭代对象元素及其索引值
32               for i, schedule in enumerate(schedule_list):
33                   # 10ms
34                   event, _ = window.read(timeout=100)
35                   if event == 'Cancel' or event == sg.WIN_CLOSED:
36                       break
37
38                   window['-BAR-'].UpdateBar(i + 1)
39                   window['-LABEL-'].update('正在创建 {} / {}'.format(
40                                                       i, len(schedule_list)))
41                   # 执行创建目录的函数
42                   func(i, *args, **kwargs)
43
44               window.close()
45
46           return _wrapper
47
48       return decorator
```

模块
4

与前面计算函数执行时间的装饰器相比，进度条装饰器progress_bar( )稍微增加了一点难度，为被装饰函数提供了参数传递（第10、13行），需要使用到3层嵌套函数。当装饰器自己也需要输入参数时，需要给装饰器再嵌套一层函数，最外层接收装饰器参数，然后再接收被装饰函数，最后才是被装饰函数的参数。

为了保持被装饰函数的函数元数据（如文档字符串、函数名字等）信息独立性，这里使用"@wraps( )"对装饰器函数_wrapper(*args, **kwargs)进行了修饰。该函数通过可变长度参数可以接收任意函数参数，并将接收到的参数原封不动地传递给被装饰的函数。此外，装饰器还构建了一个进度条的Windows GUI界面，为了体现批量创建文件夹的过程，特意将读取Windows消息的时间做了延迟处理。

在主模块中的调用代码如下：

```
1   # make_directory.py
2
3   if __name__ == "__main__":
4     window = _create_window()
5     # Event Loop to process "events" and get the "values"
6     while True:
7         …
8         # 批量创建文件夹
9         if event == '确定':
10            # 判断是否选择了Excel文件
11            if (len(file_path) == 0):
12                …
13            # 判断是否选择了sheet表
14            elif sheet_name == '-请选择-':
15                …
16            else:
17                # 读取排考的【场次】和【考室】数据，二者构成父子目录关系
18                …
19                # 正确读取了排考数据，批量创建文件夹
20                if len(schedule_list) > 0:
21                    # 方式1：直接在主程序中迭代调用函数创建
22                    # process_create_normal(OUTPUT_PATH, schedule_list)
23
24                    # 方式2：采用装饰器改造，增加进度条
25                    @progress_bar(schedule_list)
26                    def process_create_decorate(i: int,
                                            output_path: str, schedules: list):
27                        create_folder(output_path, schedules[i]['场次'],
28                                                    schedules[i]['考室'])
29                    # 调用函数
```

```
30                    process_create_decorate(
31                           output_path=OUTPUT_PATH, schedules=schedule_list)
32
33        continue
34    …
35  # 关闭程序
36  window.close( )
```

主模块中重新创建了一个批量创建文件夹的函数process_create_decorate( )并使用语法糖装载了装饰器progress_bar( )函数，调用该函数就像调用普通函数一样即可。

关于如何更好地设置GUI窗口的主题/皮肤颜色，以及窗口的关闭等详细代码，请参考Pysimple GUI应用示例代码自行生成。

任务5　打包应用程序

1. 使用PyInstaller工具打包

PyInstaller工具可以把脚本及其所有的依赖项都捆绑到一个包中，将所需模块和Python解析器打包成一个可执行的文件，用户可以直接运行打包的应用程序而无须安装Python解释器或依赖模块，这样非常便于程序的分发。PyInstaller支持Python 3.7及更高版本，对Windows、macOS和Linux平台都支持打包操作，能便捷地为各平台制作程序包。

PyInstaller的简单使用命令为

pyinstaller [-h] [-i] [-D] [-F]

- -h：查看帮助。
- -D（onedir）：默认值，生成dist文件夹。
- -F（onefile）：在dist文件夹中只生成独立的打包文件。
- -i：指定打包程序使用的图标(icon)文件。

将开发的GUI小工具打包，命令如下：

pyinstaller -F .\make_directory.py -i .\folder.ico --clean

其中，"—clean"参数表示清理打包过程中的临时文件。打包过程如图8-17所示。

```
(.env) ▶ caowen  ~ ▶ xCoding ▶ Case_Study ▶ batch_directory  ⎇master  🗘 .env 3.9.13
▶ pyinstaller -F .\make_directory.py -i .\folder.ico --clean  ❶
194 INFO: PyInstaller: 5.1
194 INFO: Python: 3.9.13
234 INFO: Platform: Windows-10-10.0.19042-SP0
236 INFO: wrote C:\Users\caowen\xCoding\Case_Study\batch_directory\make_directory.spec
244 INFO: UPX is not available.
244 INFO: Removing temporary files and cleaning cache in C:\Users\caowen\AppData\Local\pyinstaller
290 INFO: Extending PYTHONPATH with paths
['C:\\Users\\caowen\\xCoding\\Case_Study\\batch_directory']
pygame 2.0.1 (SDL 2.0.14, Python 3.9.13)
Hello from the pygame community. https://www.pygame.org/contribute.html
1385 INFO: checking Analysis
1385 INFO: Building Analysis because Analysis-00.toc is non existent
1385 INFO: Initializing module dependency graph...
1392 INFO: Caching module graph hooks...
1429 INFO: Analyzing base_library.zip ...
```

图8-17　打包脚本程序

打包操作完成后将会在当前目录下生成一个make_directory.spec文件，这是一个文本文件，可以直接在VS Code中打开，可以根据项目需要进行更进一步的细致配置。它提供了丰富定制化选项。例如，上面的打包命令生成的EXE文件启动时会先启动一个控制台黑屏幕窗口，在.spec文件中找到"console=True"配置项，将其设置为"console=False"，再对.spec文件执行打包命令即可取消。

当然，也可以在一开始的时候就使用命令：

pyinstaller -w -F .\make_directory.py -i .\folder.ico --clean

其中，参数-w/--windowed/--noconsole表示不为标准的I/O提供控制台窗口。

2. 使用psgcompiler工具打包

psgcompiler也能将Python程序转换为适用于Windows的EXE、适用于Mac的App和用于Linux的二进制文件。实际上，psgcompiler只是为许多可用于将Python程序转换为二进制可执行文件的工具提供GUI接口，简化使用命令行工具的操作。PyInstaller被选为第一个后端工具，psgcompiler将优先使用PyInstaller制作软件分发包，只需要选择好主模块文件、ICO文件等，单击转换按钮即可完成打包操作。使用psgcompiler打包程序的界面如图8-18所示。

图8-18　使用psgcompiler打包程序

单 元 小 结

扫一扫，查看视频

模块是包含了可执行语句、函数等代码的.py文件，它把一组相关的变量、函数、类等代码组织到一个文件中。一个源代码文件就是一个模块，模块名就是文件名。包是包含了一个__init__.py文件的代码文件夹，__init__.py可以是一个空文件，也可以在里面编写代码初始化包，例如，定义变量__all__以指明包所包含的模块。包是一个具有层次结构的目录，要将自定义或者第三方的包或模块引入到项目中时，可以使用import或from…import语句，模糊导入中*代表的模块是由__all__定义的。

Python中的函数是一个对象，无论是把函数赋值给其他变量，还是作为参数传递给其他的函数，针对的都是函数对象本身，而不是函数的调用，由此带来了高阶函数的使用。高阶函数接收一个或多个函数作为输入，返回新的函数。

Python有两种方法创建生成器：一种是生成器函数，它与普通函数相似，但是使用yield语句取代了return语句作为函数的返回值；另一种是生成器表达式，它与列表推导式相似，只是将方括号换成了圆括号。它们返回按需产生的一个结果对象（按照某种算法推算数据），而不是构建一个结果列表。生成器具有惰性求值的特点，适合大数据处理。

Python变量是有作用域的，也就是所谓的命名空间，它遵循LEGB原则（优先级为L→E→G→B），由近及远寻找变量。函数也支持嵌套，即在函数中还可以再定义函数。当然，函数内部也可以再调用函数，如果在函数内部再调用函数自身，那就是递归。递归函数必须要有一个明确的结束条件，不然无休止地自我调用会形成一个死循环。如果在函数内部修改外部的变量应使用global关键字进行声明，如果是在嵌套函数内修改外部函数中的局部变量应使用nonlocal关键字进行声明。

嵌套会引发作用域问题：嵌套函数如果引用了局部变量，就有可能形成闭包；如果嵌套函数引用了函数，就有可能形成装饰器。闭包的每个实例引用的自由变量互不干扰。装饰器能在不修改原函数代码的前提下为函数增加新的功能。

总的来说，函数能提高代码的复用，而高阶函数将函数作为输入和输出使用。大量应用函数式编程能减少代码的重复，代码也更加简洁、灵活、高效。

模块
4

模块 5

面向对象程序设计

- 学习单元 9　采集网络图书数据 // 224

- 理解面向对象程序设计思想
- 掌握面向对象编程的三大特性
- 熟练掌握Python类和对象的基本使用
- 理解类成员和实例成员的区别
- 掌握简单网络爬虫应用
- 具有良好的职业道德和行为规范

扫一扫，查看视频

1. 图书数据采集

搜索引擎和网站时时刻刻都在采集大量数据，也就是常说的网络爬虫（web crawler），有时也称为蜘蛛（spider）或蜘蛛机器人（spider-robot），是一种从万维网上下载并索引内容的程序，通常由搜索引擎操作以进行Web爬取（web spidering）。本学习单元的任务是通过书名检索图书信息，对查询结果的网页进行解析，找出网页中的图书数据，并将每一本图书的基本数据（包括书名、作者和出版社信息）提取出来，且以两种格式保存到文件中。爬取图书数据的效果如图9-1所示。

```
1  # 当当网爬取图书数据
2  {
3      "title": "Python网络编程（原书第2版）",
4      "author": "[美] 埃里克·周（Eric Chou）",
5      "press": "机械工业出版社"
6  }
7
8  # 豆瓣网爬取图书数据
9  [1]
10 书名：Python网络编程（原书第2版）
11 作者：[美] 埃里克·周（Eric Chou）
12 出版社：机械工业出版社
```

图9-1 爬取图书数据

爬取网站数据时需要注意，大多数的网站目录下都有一个robots.txt文本文件，用于指导搜索引擎等如何爬取其网站上的页面。该文件是机器人排除协议（robots exclusion protocol，REP）的一部分。REP是一组Web标准，用于规范机器人如何爬取Web、访问和索引内容，以及将该内容提供给用户。robots文件俗称robots协议，也称爬虫协议，是互联网中通行的道德规范，也是维护网络隐私安全的重要规则。协议中会通过禁止（disallows）、允许（allows）、爬取延时（crawl-delays）等指令指明程序访问网站的要求，未经授权大量抓取网站内容有一定的法律风险。

总的来说，爬虫一定要在受控状态下进行：一方面，爬取频率过高（近乎DDOS的请求频率），有可能造成对方服务器瘫痪，就等同于发起网络攻击行为；另一方面，爬取的数据如果涉及用户隐私和知识产权等将有可能违法。

2. 任务分析

❶ 目标解构：网络爬虫主要包括采集数据、解析数据、清理数据和保存数据几个主要步骤，实现本单元任务，可以分成图9-2所示的几个主要阶段。

图9-2　网络爬虫的基本过程

- 采集数据：发起网络访问请求，并获得网站返回的响应网页HTML文件。
- 解析数据：对获得的网页文件进行分析、解析，找到包含所需数据的HTML节点。
- 清理数据：对提取的数据按规范的存储要求进行查漏补缺，统一格式要求。
- 保存数据：将最终的数据保存到文件。

❷ 模式识别：爬虫的4个主要阶段是递进开展的，每个阶段基本是相对独立的。在数据采集阶段主要是获取内容，在数据解析阶段主要是提取内容，在数据清理阶段主要是格式化内容，而在数据保存阶段只需要将数据写入文件即可。需要注意的是，在解析和清理数据时需要提取书名、作者和出版社3项数据，在保存数据时，从当当网获取的数据写入文件时采用的是JSON格式，而从豆瓣网爬取的数据写入文件时是逐行文本写入的。

❸ 模式归纳：爬虫所需技术有一定的综合性，会系统地使用前面学习的基本知识和模块。采集数据主要是发起HTTP网络访问请求，既可以使用Python自带的urlib3模块，也可以使用第三方模块Requests；解析数据要从网页HTML文件中提取包含所需数据的节点，并从中获得数据项，这需要对HTML DOC结构进行操作；清理数据是按规范格式整理数据，例如，有些图书有著者信息，还有译者信息，而存储的数据只有作者这一项内容，就需要将著者和译者信息拼接到一行，这些都可以利用Python字符串的基本操作实现；最后的保存数据只涉及文件的写入操作，一个是普通的字符串逐行写入TXT文件，另一个是JSON格式文本文件的写入。

❹ 算法设计：数据采集、数据清理及保存数据都可以利用前面学习的Python知识解决，

本任务要实现的：一是如何解析HTML内容，二是如何高效地组织代码。为了更高效地采集数据，将使用Requests第三方模块发起访问请求，它是对Python自带urllib模块的封装。提取数据有多种方式，常见的有Beautiful Soup和正则表达式，这里将用两种方式来分别解析当当网和豆瓣网的爬虫结果。清理数据利用Python中字符串的操作就可以完成。保存数据涉及对文件的读/写操作及json模块的使用，本任务中没有新的相关要求。从任务目标可以看出，整个爬虫操作因为涉及对两个不同网站的数据采集、解析、清理和保存，虽各有不同，但也有相似甚至相同的要求。这里将采用面向对象的方式来编写代码，将相同的需求抽象出来封装到基类，将相似但有不相同的需求分别由不同的子类来实现。

3. 任务准备

（1）第三方库

本任务中将要用到的库有：用于访问网站发起查询的Requests和用于解析网页HTML文本的Beautiful Soup 4两个第三方库，以及Python自带的html.parser解析器。

● Requests：Requests是一个用于模拟访问Web服务器、自动提交网络请求的第三方库，它对urllib进行了再次封装。为了实现以HTTP方式访问Web网站，虽然Python自带了一个urllib模块，但使用Requests能更加简单、便捷地发起和处理Web请求。使用Requests常用到的是GET与POST两种请求方式。本任务将用到GET请求发起对网页的访问，同时，为了伪装成是浏览器的访问而不是程序直接访问Web应用服务器，还需要配置Request Headers信息，主要是User-Agent和Referer。Request Headers是一个字典类型数据结构，其中的User-Agent（简称UA）即用户代理，它是一个特殊的字符串，根据该值，服务器可以判断出客户端的浏览器类别；Referer是一个URL地址，表示用户从该URL的页面出发发起访问当前网页的请求。一般来说，爬虫的时候通过设置User-Agent和Referer伪装成浏览器去访问网页也是绕过反爬虫的一种手段。

● Beautiful Soup 4：Beautiful Soup是一个可以从HTML或XML文件中提取数据的Python库，它能够以用户习惯的转换器实现对文档（DOM）导航、查找及修改等。该库为第三方库，需要单独安装，安装时使用的命令为"pip install beautifulsoup4"。爬取网页后，使用Beautiful Soup能将网页HTML文件解析成树形结构，树形结构的每一个节点也都是一个Python对象，使用这些对象就能方便地对其中的节点、标签、属性等进行进一步的操作。

● html.parser：html.parser是Python内置的一个简单的HTML和XHTML解析器，可以分析出一段HTML里的标签、数据等。Beautiful Soup需要借助解析器才能分析HTML文本，除了支持Python标准库中的HTML解析器（html.parser），还支持一些第三方的解析器，包括lxml解析器、htm15lib解析器等。Beautiful Soup为不同的解析器提供了相同的接口，但解析器本身是有区别的（如果一段HTML文档格式不正确的话，那么在不同的解析器中返回的结果可能是不一样的）。推荐使用lxml作为解析器，因为其效率更高。

（2）HTML文档

实际上，平时上网透过浏览器看到的网页主要是由超文本标记语言（hypertext markup language，HTML）实现的。所谓超文本是指把一些信息根据需要链接起来的信息管理技术，只要用鼠标单击一下文本中的超链接，便可以得到相关信息的文本。HTML通过标签（tag）来分割和标记文本中的各个元素，如标题（title）、表格（table）、段落（p）、列表（li）等，且标签都是成对出现的，如<HTML></HTML>。仅当HTML文档是以.html或.htm为扩展名时，浏览器才对此文档的各种标签进行解释。HTML定义了3种标签用于描述页面的整体结构，分别是<HTML>、<HEAD>和<BODY>。

● <HTML>：通知客户端浏览器这是一个HTML文档，需要浏览器用HTML格式解释它，直到文件尾部的</HTML>。

● <HEAD>：文档的起始部分，主要是用来描述文档的一些基本性质，一般不会被当成网页的主体显示在浏览器中。

● <BODY>：文档的内容部分，显示在浏览器中。

HTML是一个纯文本文件，由"显示内容"和"控制语句"组成。显示内容（content）是人们看到的信息，而控制语句描述了显示内容以何种形式在浏览器中显示，它以标签（tag）的形式出现，标签以及内容一起就组成了一个元素（element）。在一对尖括号之间HTML标记还可以有0个或多个属性（attribute），用于进一步对标签进行修饰。例如，<h1 align ="center">Hello World</h1>中，位于尖括号内的align表示对齐方式的属性，"<h1>"为标签名称。HTML文档结构如图9-3所示。

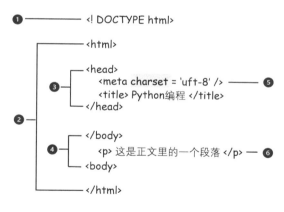

图9-3　HTML文档结构

整个HTML文档其实就是一个文本文件，HTML标签可以嵌套，但要按顺序正确闭合，它就像一个俄罗斯套娃一样，一层套一层。<!DOCTYPE html>❶声明的目的是让浏览器能够正确地渲染页面，<html> </html>❷标识HTML文档的开始和结束；<head></head>❸标识网页文档的头部信息，如标题、引入外部脚本文件、声明文档的字符集等❺；<body></body>❹标识HTML文档的主体部分，包含文档的所有内容，如定义一个段落❻。

模块
5

227

>> **任务1　初步认识类和对象** >>>

1. 了解面向对象编程

正所谓物以类聚，面向对象程序设计（object-oriented programming，OOP）是一种基于"对象"（object）概念的编程范式，它可以包含数据（data）和代码（code）。对数据而言，字段（field）形式的数据通常称为特性（attribute）或属性（property）；对代码而言，过程（procedure）形式的代码通常称为方法（method）。面向对象的程序设计与面向过程的函数式编程范式不同，面向过程的编程以业务为驱动，聚焦功能模块的分解，自顶向下、逐步求精；而面向对象编程聚焦"对象"的状态和交互，对象之间既相互联系，又可以相互作用。

面向对象的程序设计实际上是把人们生活的物理世界映射到计算机的机器世界中，在人们生活的现实社会中，类和实例的概念很自然就能理解，面向对象的设计思想也被认为最贴近人类的认知习惯之一。例如，要开发一个银行业务系统，面对过程的程序设计思路是首先将银行业务系统进行拆分，然后再逐一开发各个功能模块，最后再转化成一个一个的函数来实现，如存款函数、取款函数、转账函数等。而面向对象的实现方式则不同，首先考虑的是这个系统中存在哪些"对象"，然后再从这些具体的对象中抽象出共性的部分形成对某一类事物的描述或定义，最后再将每一个类别转化成一个一个的类（class），如客户类、账号类、金钱类等。各个对象之间进行相互的消息传递（调用）就完成了业务系统的功能需求。二者的主要区别如图9-4所示。

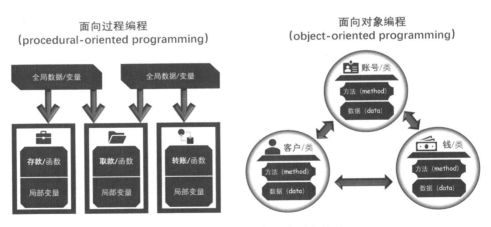

图9-4　面向过程编程与面向对象编程

在面向对象的编程范式中，类（class）是一个抽象概念，是一系列具有相同特征和行为的事物的统称；对象（object）作为内存区域，可包含任意数量和类型的数据，并由标识符引用。类是模板，对象是根据模板创建的特定实例。

例如，现实生活中，"人"是一个抽象的概念，是一个"类"，而某一个婴儿、男人或女人就是一个对象、一个实例。类和对象是模板与实例、抽象与具象的关系，如图9-5所示。

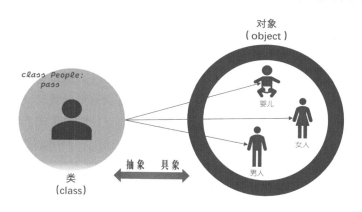

图9-5　类与对象

在Python中一切皆为对象，每个对象都有一个类型，这就是类（class），和模块一样，类也支持Python的动态特性，即在运行时创建，创建后还可以再修改。从编程的角度看，类把数据（data）与功能（function）绑定在一起，依据类，可以创建多个对象。就像建房子，工程师绘制的建筑图纸就是类，根据图纸可以建造多栋一模一样的房子，建造出来的房子就是对象。

面向对象编程具有三大特性。

1）封装（encapsulation）：把数据及与这个数据相关的操作放在一起。从某种意义上来说：封装=数据+代码；类=变量+方法。封装使得对象以外的事物不能随意操作对象内部的属性，以更加抽象的方式对外展现操作接口，隐藏了实现的复杂性，提高了代码的复用性，也增强了其可维护性。

2）继承（inheritance）：从已经有的类（基类、父类）中派生出新的类（派生类、子类），派生类/子类自动拥有其父类的所有属性和方法。当然，子类还可以定义自己新的属性和方法，并且还可以再"遗传"给下一代，下一代将拥有其父类及父类的父类的所有属性和方法。面向对象编程的继承机制有效实现了代码的复用，极大地提高了软件开发的效率。

3）多态（polymorphism）：这个概念是从生物学中借鉴来的，一个有机体或物种可以有许多不同的形式或阶段。在父类中定义的特征和行为，遗传给子类后，在子类中能表现出和父类不同的行为特征。多态可以为不同数据类型的实体/对象提供统一的接口（interface），这样就可以用一个函数名调用不同对象的函数/方法。从纵向上来看，依赖于继承，派生自同一个父类的不同子类可以通过改写继承到的方法而表现出与父类不同的特性从而表现出多态；从横向上看，依赖于接口，相同父类的不同子类对象虽然使用了相同的函数名称，但却有不同的函数功能，也就是说，向不同的对象发送同一条消息，不同的对象在接收时会产生不同的行为，一个接口多种实现从而表现出多态性。

在面向对象程序设计实践中，调用不同子类将会产生不同的行为，这是多态的典型应用场

模块
5

景，而鸭子类型（duck typing）是动态类型的一种风格。Python是一种动态语言，崇尚鸭子类型。鸭子类型是一个与动态类型相关的概念，其中对象的类型或类不如它定义的方法重要，使用鸭子类型时，根本不检查类型，相反，需要检查给定方法或属性是否存在。也就是说，在这种形式中，一个对象的类型不是由继承自特定的类或实现特定的接口决定，而是由对象当前方法和属性的集合决定，即忽略对象的真正类型，转而关注对象有没有实现所需的方法，Python的面向对象编程中，"内容比形式更重要"。正如"鸭子测试"所描述的："当看到一只鸟走起来像鸭子、游泳起来像鸭子、叫起来也像鸭子，那么这只鸟就可以被称为鸭子。"

对象将数据和操作封装在了一起，不同的对象之间的交互性就实现了现实世界中问题域[⊖]（problem domain）对应的解答域（solution domain），对相似对象进行分类和抽象就得到类，面向对象编程的关键就是如何定义和组织好这些类。

2. 类的创建与实例化

（1）实例对象成员

Python创建一个类要用到关键字class，语法格式如下：

```
class ClassName( ):
    # Constructor
    def __init__(self, parameter) -> None:
            pass

    statements
```

类的定义与函数的定义（def语句）一样，必须被执行才会起作用。类的名字遵循Python的标识符命名规则，一般建议采用Pascal命名方式，即采用单词首字母大写形式，如Book，如果是两个单词在一起的则推荐采用大驼峰命名方式，两个单词之间不带下划线、两个单词首字母都大写，如DangDang。当进入类定义时，将创建一个新的命名空间，并将其用作局部作用域。实例对象的成员主要包括属性和方法，属性就是局部变量，就是数据，一般会在构造函数__init__( )中对其进行初始化。所谓构造函数是类中一个非常特别的函数，该函数名称是固定的__init__( )、第一个参数也是固定的self，且没有返回值。当创建类的对象时，会自动调用类的构造函数，实现对对象的初始化操作。创建对象时使用形如"对象名 = 类名( )"的格式，会自动调用类的构造函数__init__( )去初始化实例对象。

```
Object = ClassName(arguments)
```

一个类可以创建多个对象，且对象之间是相互独立的，当然，也可以将多个变量绑定到同一个实例对象上。Python是如何区分同一个类模板创建的多个不同对象的呢？Python约定实例方法的第一个参数必须是实例对象自身并命名为self，它可以访问实例的属性和方法，也可以访问类的实例和方法，一般通过对象来调用，且该参数调用是隐式的。

⊖ 问题域指提问的范围、问题之间的内在关系和逻辑可能性空间。在软件工程中，问题域是指被开发系统的应用领域，即在客观世界中由该系统处理的业务范围。

下面来创建一个图书的类，并实例化。

```
1   # 类与对象
2   class Book ( ):
3       '''描述图书的类'''
4
5       # Constructor
6       def __init__(self, book_name, price=0) -> None:
7           self. title = book_name
8           self. price = price
9
10      # method
11      def print_info (self):
12          '''输出图书信息'''
13          print (f' 书名：{self. title}，价格：{self. price}元。')
14
15
16  # 创建类的实例对象
17  python_beginner = Book ('Python编程基础')
18  # 调用对象的方法
19  python_beginner. print_info ( )
20  # '<__main__. Book object at 0x000001DC5DCF8EB0>'
21  #python_beginner. __str__ ( )
22  print (python_beginner)
23
24  # 两个实例互不干扰
25  python_master = Book ('Python高手进阶')
26  python_master. print_info ( )
27  # '<__main__. Book object at 0x000001DC5E575FD0>'
28  #python_master. __str__ ( )
29  print (python_master)
30
31  # 实例对象也可以再修改属性
32  python_beginner. title = 'Python入门基础'
33  # 书名：Python入门基础       价格：0元
34  python_beginner. print_info ( )
35
36  # 还可以动态增加属性
37  python_beginner. author = 'caowen'
38  # 作者： caowen
39  print ('作者: ', python_beginner. author)
```

上述代码使用关键字class定义了一个Book类（第2行），它有一个构造函数__init__(）（第6行）和一个实例方法print_info (）（第11行），无论是构造函数还是实例方法的第一个参数都是self，用于区分不同的实例对象。除了self，无论是构造函数还是成员方法函数的定义和使用，都和普通函数基本相同，例如，也可以为函数参数提供默认值（第6行）。可以把类与函数类比，当成一个代码块，拥有一个独立的命名空间，类中的变量和函数都在同一命名空间，所以成员函数/方法print_info（）中可以直接引用变量self.title和self.price（第13行），因为这两个变量都属于实例变量，所以需要在变量名称前使用self。

这里，使用同一个Book类的模板创建了两个实例对象：一个是python_beginner（第17行），另一个是python_master（第25行）。创建对象时会自动调用类的构造函数__init__（）去初始化实例对象，这里传入的书籍名称字符串将传递给变量self.title。要调用实例对象的成员方法，直接使用"对象名.方法名（）"的方式进行访问，同一个类创建的不同对象的相同方法效果也不一定是相同的，例如，这里输出图书信息方法得到的就是两本不同图书信息（第19、26行）。两个实例对象之间是相互隔离的，拥有两块独立的内存地址空间，通过对象名可以访问不同对象空间的变量值，如图9-6所示。

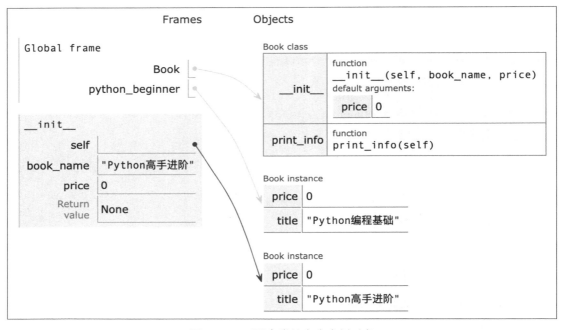

图9-6　self隔离类的多个实例对象

类中有一个__str（）__方法，直接输出对象时就会调用该方法，默认得到是该对象在内存中的地址信息，从中可以发现，两个对象拥有不同的两块地址空间。直接输出实例对象得到的结果和调用其__str（）__方法得到的效果是一样的（第20～21行，第27～29行）。

Python中类成员没有严格意义上的公有、私有访问控制，实例对象的所有变量/属性都是公有的，所以实例对象可以直接使用"对象名.属性名"的方式直接引用对象的成员变量，也可以直接对其进行修改。

与很多面向对象程序设计语言不同，Python允许动态地为类和对象增加成员，这是Python动态类型特点的重要体现。

　　如图9-7所示，为图书对象python_beginner增加了一个作者属性author（第37行）。与类定义时创建的属性不同，实例对象动态创建的属性只对该实例对象有效，对同一类的其他对象是没有影响的。

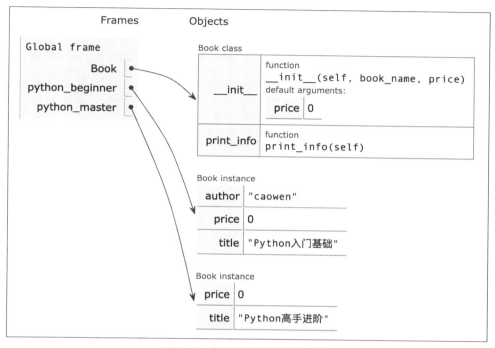

图9-7　实例对象动态新增属性

（2）类的成员

　　从同一个类模板创建的不同实例对象，即使属性名称相同，数据也不一定相同，它们是独立的不同变量。那如果希望这些相同类的实例对象都能共享一个在"类层面的全局变量"呢？那就要用到类成员变量。例如，所有的图书都是来自于同一家出版社，就可以定义一个类变量。对上面的代码改写如下：

```
1    # 类的成员
2    class Book( ):
3        '''描述图书的类'''
4
5        # 出版社
6        press = ""
7
8        def __init__(self, book_name, price=0):
9            self.title = book_name
10           self.price = price
11
12       def print_info(self):
13           print(f'书名：{self.title}，价格：{self.price}元。')
```

模块
5

233

```
14
15
16   # 类属性
17   python_beginner = Book('Python编程基础', 40)
18   #<class 'type'>
19   print(Book.__class__)
20   # 描述图书的类
21   print(Book.__doc__)
22
23   # 类的属性
24   Book.press = '机械工业出版社'
25   # 机械工业出版社
26   print(Book.press)
27   # 也可通过实例变量访问
28   print(python_beginner.press)
29
30   # 赋值时不能通过实例对象
31   python_master = Book('Python高手进阶')
32   python_master.press = '高等教育出版社'
33   # 机械工业出版社
34   print(python_beginner.press)
35   # 高等教育出版社
36   print(python_master.press)
```

在上述代码中，在类里面、构造函数和其他成员函数外面，以不带self前缀的方式定义了一个类变量press表示图书的出版社（第6行）。对类的变量赋值时，使用"类名.变量名"的形式（第24行），但读取类的变量时，既可以使用"类名.变量名"，如Book.press（第26行），也可以使用"对象.变量名"，如python_beginner.press（第28行）。但要注意的是，修改类的属性时，只能使用类名来引用，而不能通过对象名，通过"对象.变量名"的方式修改类的属性时，并不会操作类属性，而是会为对象创建一个新的同名属性。也就是说，如果同样的属性名称同时出现在实例和类中，则属性查找会优先选择实例。如上例中，python_master对象也是Book类的一个实例对象，python_master.press并不会修改Book类的press属性，而是为python_master新创建了一个同名的press属性，在使用"对象.变量名"的方式引用类的属性时，python_beginner.press得到的是类属性，而python_master.press得到的是实例对象的属性（第36行）。当然，类也只能访问类的属性，不能访问实例对象的属性，用类名访问实例对象的属性时会抛出异常。

由图9-8可以看出，类成员属于类，可以通过类名也可以通过对象名访问，但实例成员属于实例对象，只能通过对象名访问。

Python的类中还有两个特殊的属性__class__和__doc__，分别表示类型和类型的描述文档（第18～21行），从中可以更进一步了解类的使用。

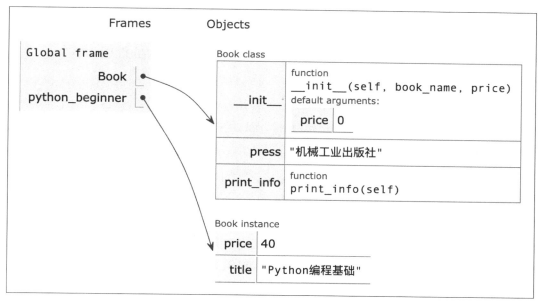

图9-8　类的成员属性

3. 成员的访问控制

（1）名称中的下划线

Python虽然没有严格的私有成员概念，但单下划线"_"和双下划线"__"命名的使用约定，对成员属性和成员方法的"可见"性有其专门含义。

● 前置单下划线，_var：命名约定，供内部使用/受保护，对Python解释器没作用。

● 后置单下划线，var_：命名约定，规避与Python关键字冲突。

● 前置双下划线，__var：类的私有成员，类中使用触发名称改写（name mangling），对Python解释器有作用。

● 前后双下划线，__var__：Python定义的特殊方法，自定义的属性中要避免使用。

● 仅单下划线，_：临时的、无关紧要的。

下面通过一个例子来进行说明。

```
1    # 访问限制——私有变量
2    class Book( ):
3
4        def __init__(self, book_name, isbn, price=0):
5            self.title = book_name
6            self._price = price
7            self.__isbn = isbn
8
9        def print_info(self):
10           print(f'书名：{self.title}，价格：{self._price}元。')
11
```

```
12
13   # 私有变量
14   python_beginner = Book('Python编程基础', '9787100170932', 40)
15   # 40
16   print(python_beginner._price)
17
18   # 'Book' object has no attribute '__isbn'
19   # print(python_beginner.__isbn)
20
21   # 名称改写：伪私有，可以通过_className__variName访问
22   print(python_beginner._Book__isbn)
```

Book类中定义了一个供内部使用的变量_price（第6行）和一个私有变量__isbn（第7行）。对于前者只是一种约定，还是可以直接在程序中使用的（第16行），但并不推荐这么做。对于后者，是不能直接在程序中引用的，会报错（第18、19行）。Python中的私有是伪私有，可以通过名称改写的方式直接访问私有成员，私有成员的名称改写成_类名__属性名（第22行）。

（2）添加属性

在类的设计中，既要保护变量的私有访问，又希望对象能便捷读取。怎样才能平衡好二者的关系呢？一种通用的方法是在类的设计中定义变量为私有，然后再为该变量编写两个成员函数分别用于读和写。示例如下：

```
1    # 访问限制——方法封装
2    class Book():
3
4        def __init__(self, book_name, price=0):
5            self.title = book_name
6            self._price = price
7
8        # 读取
9        def get_price(self):
10           return self._price
11
12       # 写入
13       def set_price(self, price):
14               self._price = price
15
16       def print_info(self):
17           print(f'书名：{self.title}，价格：{self._price}元。')
18
19
20   python_beginner = Book('Python编程基础')
21   # 通过方法间接读取属性
22   python_beginner.set_price(40)
```

```
23
24    python_beginner.get_price()
25
26    python_beginner.print_info()
```

创建Book类时，定义了一个私有成员价格__price，且在构造函数中使用了默认值参数（第6行）。按理说，对象是不能直接访问该变量的。为了实例对象能方便地直接操作私有变量，编写了两个函数get_price()（第9行）和set_price()（第13行）分别用于读取和设置私有变量self.__price的值。这样，实例变量就可以方便地直接操作私有变量了。实际上，这种方法不仅能方便实例对象直接操作私有属性，通过函数给属性赋值的方式还为程序员提供了更多操作属性的可能，例如，修改属性值之前，希望判断即将要修改的值是否满足要求，不满足要求可以抛出异常等，这些操作是对公有属性直接赋值做不到的。

如何将公有属性直接访问的便捷性和成员方法封装的扩展性结合起来使用呢？Python提供了属性装饰器@property，将方法变成属性调用。用"@property"装饰的方法为读取操作，其实就是实现了getter功能，用"@属性名.setter"装饰的方法为写入/赋值操作，其实就是实现了setter功能，定义方法的时候"@property"必须在"@属性名.setter"之前，且二者修饰的方法名相同，如果只实现了"@property"而没有实现"@属性名.setter"，那么该属性就成为只读属性。

```
1     # 访问限制——属性
2     class Book():
3
4         def __init__(self, book_name, price=0):
5             self.title = book_name
6             # 初始化时就会调用属性赋值进行校验
7             self.price = price
8
9         # 读取
10        @property
11        def price(self):
12            return self.__price
13
14        # 写入
15        @price.setter
16        def price(self, price):
17            # 对属性赋值进行校验
18            if isinstance(price, int):
19                self.__price = price
20            else:
21                raise ValueError('价格必须是整数')
22
```

模块
5

237

```
23        def print_info(self):
24            print(f'书名：{self.title}，价格：{self.price}元。')
25
26
27    python_beginner = Book('Python编程基础')
28    # Book类中存在私有变量__price
29    # 直接对私有变量赋值时不会调用属性赋值方法校验数据
30    #python_beginner._Book__price = 50
31    # print(python_beginner._Book__price)
32
33    # ValueError: 价格必须是整数
34    #python_beginner.price=40.0
35    python_beginner.price = 40
36
37    print(python_beginner.price)
```

注意：这里在构造函数中定义的实例对象属性并不是私有的，而是一个普通的公有属性 self.price（第7行），且用装饰器@property和@price.setter分别装饰了两个同名的方法 price（），表示对属性price的读（第10、11行）和写（第15、16行），在属性的写中，可以对赋值进行校验，比如这里希望图书的价格是一个整数，否则就抛出异常。对象使用属性时，与平时使用实例对象的公有变量一样，都是"对象名.变量名"，既可以读取值，也可以设置值。

由图9-9可以清晰地看出，在上例的代码中，有3个地方出现了price：一个是构造函数中定义了一个公有的对象属性self.price；一个是被属性装饰器装饰的函数名称price（）；再一个是price（）函数内部使用的私有变量self.__price。这里并没有把构造函数中的self.price设置为私有self.__price进行保护，而是作为普通的公有变量使用。因为，一旦定义了同名的属性后，无论是构造函数中对公有变量的初始化，还是实例对象直接以"对象名.变量名"的方式读/写该公有变量，都是通过属性/函数进行的。这样既达到了对象便捷操作公有变量的目的，也实现了对数据赋值前进行更多校验等操作的目的。

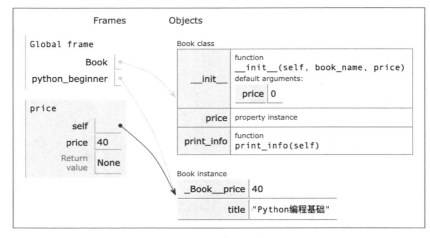

图9-9　成员属性

作为最佳实践，一旦决定使用属性，那就在所有的地方都要使用属性。例如，在上面的示例中，虽然可以直接通过python_beginner._Book__price名称改写的方式直接访问私有变量，但并不推荐这么做，因为通过属性能更友好地实现相同的操作，且通过"对象名.变量名"的方式访问公有属性时，将会直接转由属性/函数来处理。

4. 特殊的类和方法

（1）类方法

类也可以拥有方法。类方法要使用装饰器@classmethod来修饰。实例对象的方法第一个参数为self，而类方法第一个参数必须是当前的类自身，一般命名为cls。可以通过类名调用类方法，也可以通过对象名调用类方法，在类的方法中可以调用类本身的其他方法，也可以访问类成员。从逻辑上来说，实例对象的方法是给实例对象用的，类的方法是给类使用的。

```
1   # 类方法
2   class Book( ):
3
4       # 出版社
5       press = "机械工业出版社"
6
7       def __init__(self, book_name, price=0):
8           self.title = book_name
9           self.price = price
10
11      @classmethod
12      def get_pub(cls):
13          return cls.press
14
15      def print_info(self):
16          print(f'书名：{self.title}，价格：{self.price}元。')
17
18
19  print("图书出版社：", Book.get_pub( ))
20
21  # 对象也可以访问类的方法
22  python_beginner = Book('Python编程基础')
23  print("图书出版社：", python_beginner.get_pub( ))
```

在上述代码中，Book类中定义了一个类属性press表示图书的出版社信息（第5行），同时使用装饰器@classmethod装饰了一个类的方法get_pub(cls)（第11、12行），第一个参数cls表示类自身。在类方法的内部，用cls.press引用类的属性（第13行）。在调用类的方法时要使用"类名.方法名"的形式（第19行）。因为使用的类的方法和实例对象没什么直接关联，所以不用创建类的实例化对象也可以直接使用类的属性和类的方法。类的方法可以访问类成员，但无法访问实例成员，但实例对象可以访问类的方法（第23行）。

模块
5

图9-10中可以看出，get_pub（）方法是一个类方法实例（classmethod instance），调用该方法时，其第一个参数cls指向类Book本身。实际上，无论是类，还是实例对象来访问类的方法，它都是调用cls标识符绑定的类方法。

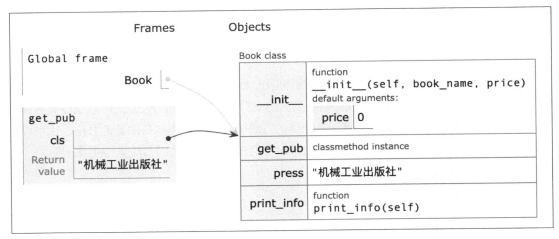

图9-10　类的方法

（2）静态方法

类的静态方法主要用于类对外部函数的封装，有助于整合代码，集成通用性的外部函数到类中。静态方法使用装饰器@staticmethod修饰，它不需要传入默认参数，既没有实例对象方法中的self，也没有类方法中的cls。因此，它既不能访问实例对象的属性和方法，也无法访问类的属性和方法。使用静态方法的好处是不需要实例化对象即可使用该方法，实例对象和类都可以调用静态方法。一般，把类的静态方法当工具使用，静态方法就像是类包含的一个工具包，只是名义上归属类管理，但是不能使用类成员和实例对象成员。

下面为Book类增加一个静态方法，用于校验图书的ISBN[⊖]长度是否正确，代码如下：

```
1    # 静态方法
2    class Book( ):
3
4        def __init__(self, book_name, price=0):
5            self. title = book_name
6            self. price = price
7
8        @staticmethod
9        def valid_isbn(isbn: str) -> bool:
10           length = len(isbn)
11           return length == 10 or length == 13
12
```

⊖　ISBN是国际标准书号（International Standard Book Number）的简称，是专门为识别图书等文献而设计的国际编号。ISBN由10/13位数字组成，并以4个连接号或4个空格加以分割，每组数字都有固定的含义。本例只是简单判断其长度。

```
13        def print_info(self):
14            print(f'书名: {self.title}，价格: {self.price}元。')
15
16    # 类调用
17    Book.valid_isbn('9787100170932')
18    # 对象调用
19    python_beginner = Book('Python编程基础')
20    python_beginner.valid_isbn('9787100170932')
```

在上述代码中，用@staticmethod装饰器（第8行）装饰了一个名为valid_isbn(isbn: str)的静态方法（第9行）。如图9-11所示，静态方法参数虽然没有self和cls，但可以和普通函数一样传递参数，这里传递了一个表示图书ISBN信息的字符串类型形参变量。调用类的静态方法时，可以直接使用类名Book（第17行），也可以使用类的实例对象python_beginner（第20行）。

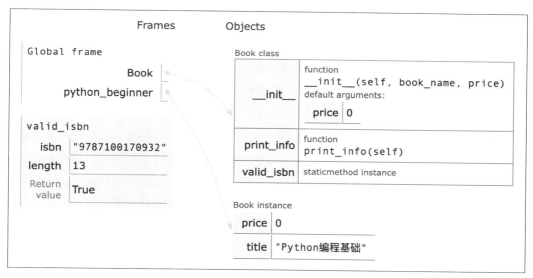

图9-11　类的静态方法

总之，使用实例对象可以访问实例方法、类方法和静态方法，使用类可以访问类方法和静态方法。一般情况下，如果要修改实例属性的值，直接使用实例方法/属性；如果要修改类成员的值，直接使用类方法；如果是类和实例对象都可以调用的通用性功能，则可以考虑使用类的静态方法。

（3）模型类

程序开发中经常需要自定义一些数据结构来装载数据。从面向对象编程的角度看，只关注类的属性，不在意类的方法。这时，可以使用模型类（model class）。所谓模型类就是一个"空类"，它将一些命名的数据项捆绑在一起。

在爬取数据时，希望将爬取到的每一本书籍数据保存到一个名为Book的数据结构体中，这时可以定义一个模型类。

模块
5

```
1   # 模型类
2   class Book( ):
3       pass
4
5
6   book = Book( )
7   book.title = 'Python编程基础'
8   book.press = '机械工业出版社'
```

在上面的代码中，定义了一个没有任何属性和方法的空类Book（第2行），创建了类的一个实例对象book（第6行）后，利用Python对象可以动态新增属性的特点，为实例对象增加了书名（第7行）和出版社（第8行）两个属性。

除了上面这种最简单的定义结构体方式外，更为完善的是利用前面介绍的类的属性知识，创建一个模型类。Book类图（class diagram）如图9-12所示。

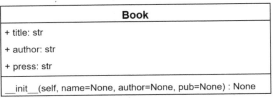

图9-12　Book类图

该图是UML（unified modeling language，统一建模语言）的类图。UML是面向对象软件开发中非常重要的工具，主要使用图形符号来表达软件项目的设计，代表了一系列最佳工程实践的集合，这些实践已被证明在大型复杂系统的建模中是成功的。

将类图"翻译"成具体代码如下所示：

```
1   # 模型类
2   class Book( ):
3       def __init__(self, name=None, author=None, pub=None)->None:
4           self.title = name
5           self.author = author
6           self.press = pub
7
8       @property
9       def title(self):
10          return self.__title
11
12      @title.setter
13      def title(self, name):
14          self.__title = name
15
16      @property
17      def author(self):
18          return self.__author
19
```

```
20      @author. setter
21      def author(self, writer):
22          self.__author = writer
23
24      @property
25      def press(self):
26          return self.__press
27
28      @press. setter
29      def press(self, pub):
30          self.__press = pub
```

在这个版本中，模型类Book拥有一个构造函数对实例对象进行初始化，构造函数的参数都提供了默认值（第3行），这样能更灵活地定义一个对象，例如book = Book()，不用赋初始值。此外，还使用@property属性装饰器为每一个实例对象的变量创建了可读又可写的属性，可以使用对象直接、安全地操作成员变量。

》》 任务2 编写爬虫基类 》》

1. 编写基类Crawler

根据任务，需要分别从当当网和豆瓣网两个网站搜索并爬取网页来获取数据，最后写入文件。虽然需要单独编写两个类分别实现对当当网和豆瓣网的爬取操作，但两个类还是有一些共性的部分。比如，搜索之前都需要知道图书名、爬取数据后都需要将其保存到文件中去等。因此，可以将共性部分抽取出来设计Crawler基类，如图9-13所示。

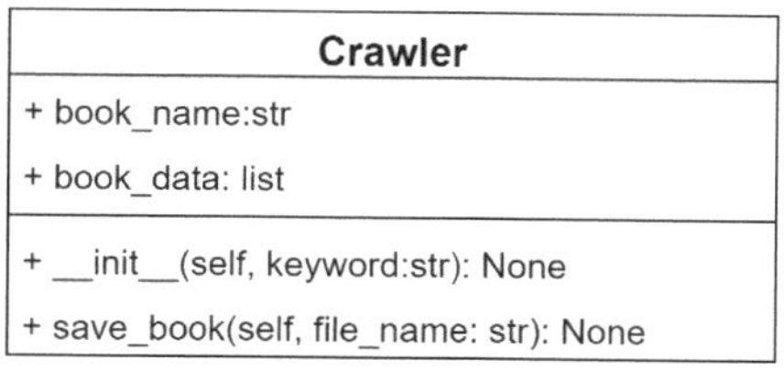

Crawler
+ book_name:str
+ book_data: list
+ __init__(self, keyword:str): None
+ save_book(self, file_name: str): None

图9-13 Crawler类结构图

Crawler类包括了两个属性：一个是表示书籍名称的字符串book_name，另一个是存储书籍信息的列表book_data。此外，它还有一个构造函数，以及将图书数据写入文件的成员方法save_book()，该方法需要一个字符串类型的形参file_name，表示要写入文件的路径与名称。具体的实现代码如下：

```
1   from book import Book
2
3   class Crawler():
```

```
4          """爬虫的基类，搜索图书信息并爬取网页数据"""
5
6      def __init__(self, keyword: str) -> None:
7          """类的构造函数
8
9          Args:
10             keyword (str): 要查询图书的名称
11         """
12         self.book_name = keyword
13
14         # 查询图书的结果，Book对象的列表
15         self.book_data = []
16
17     def save_book(self, file_name: str) -> None:
18         '''将查询结果/书名，写入指定的.txt文件'''
19         with open(file_name, mode="w", encoding="utf-8") as fn:
20             # 计数
21             row_count = 0
22             for book in self.book_data:
23                 print("===开始写文件===")
24                 # 每本图书信息作为一行数据写入
25                 # 格式形如：[1]Python编程基础
26                 row_count = row_count+1
27                 fn.writelines("[{0}]书名：{1}\t，作者：{2}\t，\
                                    出版社：{3}".format(row_count, book.title,
28                                         book.author, book.press))
29                 print("===完成写文件===")
30
31     # 析构函数
32     def __del__(self):
33         # 销毁对象，释放资源
34         del self.book_data
35
36
37 if __name__ == "__main__":
38     # 创建一个类的对象
39     spider = Crawler('Python')
40
41     # 创建一个Book类的测试对象
42     book = Book('Python编程基础', '曹文', '机械工业出版社')
43     spider.book_data.append(book)
44     # 调用成员方法
45     spider.save_book('query_book/data/book_db.txt')
```

因为Crawler类的成员属性book_data列表存储的数据对象为Book实例对象，因此首先就导入了Book类（第1行）。成员方法save_book（）就是简单地对列表进行遍历（第17行），然后将每一个Book实例对象写入一个TXT文件中，并对每一个写入对象做了计数，称为对象的序列化（serialization）。为了测试该类是否正确，在该模块中构建了一个实例对象book，并把该对象添加到了成员属性book_data中，最后调用成员方法save_book（）将该对象写入了一个名为book_db.txt的文本文件中。数据格式如图9-14所示。

图9-14　book_db.txt文件数据格式

在Crawler类中还定义了一个特殊名称的函数__del__(self)（第32行），称之为析构函数（destructor），一般用于处理资源的释放。当对象没有被引用、不再使用时将会触发垃圾回收机制，如关闭网络连接、关闭文件、删除对象等，这时会用到析构函数。与构造函数__init__（）类似，它也是由Python自动调用。构造函数是类在实例化的时候自动执行的函数，析构函数在对象被删除或者销毁的时候自动执行。

2. 改写父类的__str__方法

子类或派生类继承了父类或基类的方法后可以直接使用，也可以修改。既可以在继承的基础上新增功能，也可以重写父类方法，实现与父类完全不同的功能。

Python中一切皆为对象。那么所有对象的基类是谁呢？答案是object类。object是所有类的基类，它带有所有Python类实例均通用的方法。本任务创建的Book类也不例外，虽然没有指明Book类的父类是谁，但默认其父类就是object类。

直接输出一个实例对象时会输出该对象的地址，但如果想自定义输出内容，就可以通过改写父类object的__str__（）方法来实现，具体代码如下：

```
1    # 改写类的__str__（）方法
2    class Book( ):
3        def __init__(self, name=None, author=None, pub=None):
4            self.title = name
5            self.author = author
6            self.press = pub
7
8        # 改写，同名方法
9        def __str__(self) -> str:
10           return '书名: {}\n作者: {}\n出版社: {}\n'.format(
```

```
11                                                self.title,
12                                                self.author,
13                                                self.press)
14
15
16   book = Book('Python编程基础', '曹文', '机械工业出版社')
17   # 改写前输出的结果
18   #<__main__.Book object at 0x0000020B8F8EA100>
19
20   # 改写后输出的结果
21   # 书名：Python编程基础
22   # 作者：曹文
23   # 出版社：机械工业出版社
24   print(book)
```

__str__()方法本是父类object的一个成员方法，子类Book直接继承并可使用。但子类想以另外一种方式输出其实例对象的话，就可以在子类中定义一个和父类同名的__str__()方法（第9行），这里将__str__()方法改写为返回图书对象的书名、作者和出版社信息，这时再直接输出Book类的实例对象时，就不会输出该对象的地址了。

如果Book类自带格式化的输出，那么Crawler类中将Book的实例对象写入文件时就可以直接写入对象了。进一步改写Crawler类的save_book()方法：

```
1    class Crawler():
2
3        ...
4
5        def save_book(self, file_name: str) -> None:
6            '''将查询结果/书名，写入指定的txt文件'''
7            with open(file_name, mode="w", encoding="utf-8") as fn:
8                # 计数
9                row_count = 0
10               print("===开始写文件===")
11
12               for book in self.book_data:
13                   # 每本图书信息作为一行数据写入
14                   # 格式形如：[1]Python编程基础
15                   row_count = row_count + 1
16                   # 1）由save_book方法来格式化
17                   # fn.writelines("[{0}]书名：{1}\t, 作者：{2}\t,
                   #                                出版社：{3}".format(
```

```
18              #       row_count, book.title, book.author, book.press))
19
20              # 2）由Book来格式化
21              # row_count = self.book_data.index(book)+1
22              fn.writelines('[{0}]\n{1}\n'.format(row_count, book))
23
24          print("===完成写文件===")
25
26  …
```

在上面的代码中，将写文件操作中对图书信息的格式化由save_book（ ）方法（第5行）来实现转由Book类自己实现，因为直接写入图书的实例对象会返回一个格式化的字符串，所以文件对象writelines（ ）就可以直接使用book对象了（第22行）。

3. 调用父类的方法

在本任务中，需要分别爬取当当网和豆瓣网的图书检索信息，所以编写DangDang类和DouBan类分别用于操作当当网和豆瓣网检索图书信息结果页面的HTML文档信息，它们共同的基类/父类是Crawler类。继承关系如图9-15所示。

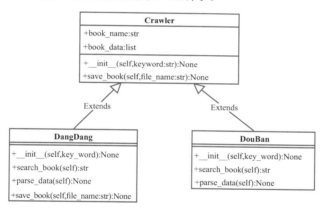

图9-15　类的继承关系

从上面的UML类图中可以看出，search_book（ ）方法和parse_data（ ）方法是两个子类新增的，在父类中没有，且两个子类中实现的功能也不一样，一个针对当当网，另一个针对豆瓣网。此外，因为爬取的当当网数据保存结果要以JSON格式写入文件，所以在DangDang类中重写了父类Crawler的save_book（ ）方法，覆盖父类逐行文本写入的方式，取而代之的是直接写入JSON字符串。在后续的内容中，将详细介绍具体实现方法。

Book类没有显式指定其父类，那么在Python中，子类如何指定其父类，并在子类中调用父类的方法呢？派生类/子类的语法格式如下：

class DerivedClassName(BaseClassName)：
        <statement-1>
        …
        <statement-N>

指明一个类的父类，只需要在类名后面的括号内写上父类的名称，如BaseClassName，表示父类/基类名称。父类必须定义于包含派生类定义的作用域中，否则需要指明模块名，如modname.BaseClassName。当构造类对象时，父类会被记住用来解析属性引用，如果请求的属性在类中找不到，搜索将转往父类中进行查找。如果父类本身也派生自其他某个类，则此规则将被递归应用。如果要在子类中直接引用父类的方法，可以使用super()方法。下面来写一个简单的DangDang类，继承自Crawler类，只有构造函数。

```
1   # 调用父类的方法
2   # 父类
3   class Crawler():
4       def __init__(self, keyword: str) -> None:
5           # 父类的构造函数
6           self.book_name = keyword
7
8       def get_title(self)->str:
9           print(f'图书名：{self.book_name}')
10
11
12  # 子类
13  # 指明父类为Crawler
14  class DangDang(Crawler):
15      def __init__(self, keyword: str) -> None:
16          # 子类的构造函数
17          # 调用父类的方法，初始化父类
18          super().__init__(keyword)
19
20      def get_title(self)->str:
21          Crawler.get_title(self)
22
23
24  spider = DangDang('Python编程基础')
25
26  # 图书名：Python编程基础
27  spider.get_title()
```

class DangDang(Crawler)表示DangDang类的父类为Crawler类（第14行）。Crawler类只包含了一个表示图书名的属性book_name和一个输出图书名称的get_title()成员方法。子类DangDang在构造函数中需要完成父类的初始化，直接使用super().__init__(keyword)调用父类的构造函数并传递必要的参数完成父类初始化（第18行）。

此外，在派生类中的重载方法实际上可能想要扩展而非简单地替换同名的基类方法。还有一种简单直接调用基类的方法，即调用BaseClassName.methodname(self, arguments)。这里在子类DangDang的get_title(self)（第20行）中，通过Crawler.get_title(self)方式调用了父类的方法。

任务3　检索并爬取当当网图书信息

1. 爬取并解析HTML数据

爬取网络数据其实就是通过程序向网站发起HTTP的访问请求，最终获得一个特定的数据，一般为JSON或一个HTML网页。这和前面讲过的通过网络API查询地理坐标数据、GPS图片信息的地理逆编码在本质上没有区别，都是通过程序发起请求。不过，这里将使用效率更高的requests模块替代Python自带的urllib模块。实现数据爬取的代码如下：

```python
1   from crawler import Crawler
2   import requests
3
4
5   class DangDang(Crawler):
6       '''从当当网查询图书，使用bs4+html.parser'''
7
8       def __init__(self, keyword: str) -> None:
9           # 初始化父类
10          super().__init__(keyword)
11
12      def search_book(self) -> str:
13          # 按图书名称查询图书，爬取搜索结果网页
14          # http://search.dangdang.com/?key=python
15          # 以字典的形式传递参数
16          search_key = {"key": self.book_name}
17          # 将访问伪装为浏览器
18          headers = {"User-Agent": "Mozilla/5.0"}
19
20          try:
21              # 发起访问请求
22              resp = requests.get(url="http://search.dangdang.com",
23                                  params=search_key,
24                                  headers=headers,
25                                  timeout=10)
26
27              # 设置字符编码
28              resp.encoding = 'gbk'
29              return resp.text
30
31          except Exception:
32              raise Exception("网络错误")
```

```
33
34
35    if __name__ == "__main__":
36        spider = DangDang('python')
37
38        # 测试search_book( ) 方法
39        print(spider.search_book( ))
```

首先，因为用要用到Crawler基类和requests模块，所以先导入了这两个模块（第1、2行）；然后，在构造函数的实现部分，通过super( )完成了父类的初始化（第10行）。search_book(self)成员函数用于向当当网发起查询图书的请求，并获取查询结果页面的HTML DOM（document object model）文档，使用requests的get请求向当当网发起图书查询需要按其格式"key=keywords"的固定形式传入参数，也可以把查询参数装入字典变量进行整体赋值。这里将查询参数装入了字典变量search_key（第16行）。为了避免被网站识别为机器人，可以将程序访问伪装成浏览器的访问，所以设置了headers变量，并配置了User-Agent属性将访问伪装为浏览器（第18行）。最后，通过requests.get( )方法实现对当当网的查询，为了正确识别返回的HTML源码文件，需要设置返回内容的字符编码，这里设置字符编码为GBK中文字符集。

编写完search_book(self)成员方法后，可以在此模块代码中对其进行测试。

完成数据的爬取后，接下来对数据进行解析。要解析数据，先要分析HTML的DOM结构。可以直接使用浏览器在当当网上查询图书后，在页面任意位置右击，在弹出的快捷菜单中选择"检查"（inspect）命令，在右侧窗口中单击"元素"（Elements）选项卡，就可以看到通过程序查询返回的HTML文件内容了。图9-16所示就是以"python"为关键字查询的结果。仔细观察HTML文档会发现，所有的图书查询结果都包含在一个<ul></ul>标签对中，而每一本图书的信息包含在<ul>下的<li></li>标签对中。对数据的解析，就是沿着HTML的DOM结构，抽丝剥茧地找到最终需要的图书信息数据项。

图9-16　当当网图书查询结果网页HTML文档结构

　　BeautifulSoup类提供了使用程序对HTML的操作接口，但BeautifulSoup需要提供一个HTML格式的解析器。这里为了简单，使用了Python自带的html.parser解析器。实现代码如下：

```
1   from book import Book
2   from crawler import Crawler
3   from bs4 import BeautifulSoup
4
5
6   class DangDang(Crawler):
7       '''从当当网查询图书，使用bs4+html.parser'''
8
9       ...
10
11      def parse_data(self) -> None:
12          '''解析网页HTML DOM字符串，从中找出图书信息'''
13
14          # 首先调用类的成员方法search_book()爬取网页
15          # 再使用Python自带的html解析器解html.parser解析网页
16          html_text = BeautifulSoup(self.search_book(),
17                                    "html.parser")
18          # 通过HTML标签的属性特征来查找元素
19          # <ul class="bigimg" id="component_59"></ul>
20          # book_doc = html_text.find(id="component_59")
21          # bs4的find()方法根据tag名、属性等查找元素
22          book_doc = html_text.find(name='ul',
23                                               attrs={
24                                                   'class': ['bigimg'],
25                                                   'id': 'component_59'
26                                               })
27
28          # 每个<li>标签，就是一本图书的数据
29          # bs4的select()方法获得一个element/tag的列表
30          for book_tag in book_doc.select('li'):
31              # 实例化Book对象
32              book = Book()
33              # 搜索文档树
34              # <p class="name" name="title">该节点图书名称广告太多
35              book.title = book_tag.a['title']
36
37              # <p class="search_book_author">
38              # 包括作者、出版日期、出版社3个<span>
```

模块
5

```
39          # book_info=book_tag.select('p[class="search_book_author"]')
40          book_info = book_tag.find(name='p', \
41                                    class_='search_book_author').text
42          # 形如：曹文/2022-06-01/机械工业出版社加入购物车购买电子书收藏
43          # 删除掉非图书信息
44          book_info = book_info.replace('加入购物车', '')
45          book_info = book_info.replace('购买电子书', '')
46          book_info = book_info.replace('收藏', '')
47          # 作者
48          book.author = book_info.split('/')[0]
49
50          # 出版社
51          book.press = book_info.split('/')[2]
52
53          self.book_data.append(book)
54
55   if __name__ == "__main__":
56       spider = DangDang('python')
57
58       # 测试search_book()方法
59       # print(spider.search_book())
60
61       # 测试parse_data()方法
62       spider.parse_data()
63       for book in spider.book_data:
64           print(book)
```

DangDang类的parse_data(self)成员方法用于解析数据，使用BeautifulSoup对象来操作HTML，使用html.parser作为HTML的解析器（第16行）。实例化BeautifulSoup对象后，就可以直接在代码中遍历HTML网页元素了。bs4的find()方法可以根据tag名、属性等查找元素，这里通过class='bigimg'和id='component_59'从完整的HTML文件中提取出只包含搜索结果的图书列表<ul>标签。实际上，HTML网页中，一般id都是唯一，所以仅通过元素的id属性也能正确找出<ul>（第20行）。因为<ul>包含的每一个<li>标签实际上就对应着一本书的信息，那么就可以通过一个循环来遍历所有的<li>标签。BeautifulSoup的select('li')方法可以一次性地找出指定标签名的标签来（第30行）。

BeautifulSoup提供了多种方法获取HTML DOM节点下的节点，例如，这里就用到了find()、select()等方法，除此之外，还可以直接索引标签元素。这里通过li节点下的<a>标签的title属性提取了图书的名称（第35行），通过find()/select()方法提取出了一个包含作者、出版社及出版日期信息的字符串，但该字符串中还包含了网站功能设计用到的"加入购物车""购买电子书""收藏"等字符串，使用字符串的replace()方法做了替换（第44～46行）。每一次循环都创建了一个新的Book实例对象，提取需要的数据后，将Book对象，即一本图书的信息添加到了DangDang类继承的成员属性book_data列表中。当然，最后也可以单独对该方法进行测试。

2. 以JSON格式保存数据

任务要求爬取的当当网的数据需要以JSON格式的方式写入文件中。之前已经讲过用json.dump（）方法可以实现，它能将Python对象转换为适当的json对象。但这里是自定义的Book对象。如何让Python知道自定义的对象与JSON对象之间的转换映射关系呢？这就需要通过改写json.JSONEncoder类的default(self, obj)成员方法来实现。具体代码如下：

```
1    class BookEncoder(json.JSONEncoder):
2        """ 扩展JSONEncoder类，以使得Book对象可以
3            被序列化
4
5        Args:
6            JSONEncoder （class）：JSON序列化的基类
7
8        Returns:
9            str: JSON string
10       """
11       def default(self, obj):
12           if isinstance(obj, Book):
13               return {
14                   'title': obj.title,
15                   'author': obj.author,
16                   'press': obj.press
17               }
18
19           # 调用基类的方法抛出异常
20           return json.JSONEncoder.default(self, obj)
```

json模块的JSONEncoder类用于实现Python数据结构的可扩展JSON编码器。它默认支持Python的基本数据类型，对自定义的类就需要显式地指明转换器了。这里创建了一个BookEncoder的新类，该类继承自json.JSONEncoder类（第1行），并在子类中改写了default（）成员方法（第11行），该方法在子类中实现并使其返回对象obj的可序列化对象。将Book的实例对象obj转换成了一个包含3个key的字典（第13行），而字典类型是dump（）方法可以直接支持的数据类型。

有了自定义对象和json对象之间转换的解码器后，就可以开始在DangDang类中改写其父类Crawler类中的save_book（）成员方法了。详细代码如下：

模块
5

```
1   class DangDang(Crawler):
2       '''从当当网查询图书,使用bs4+html.parser'''
3       ...
4
5       def save_book(self, file_name: str) -> None:
6           '''改写父类方法,以JSON格式保存数据'''
7           with open(file_name, mode="w", encoding="utf-8") as fn:
8               print("=== 开始写文件 ===")
9               for book in self.book_data:
10                  json.dump(book, fn, ensure_ascii=False, \
                                    cls=BookEncoder, indent=4)
11                  fn.write('\n')
12              print("=== 完成写文件 ===")
13
14
15  if __name__ == "__main__":
16      spider = DangDang('python')
17
18      # 测试search_book() 方法
19      # print(spider.search_book())
20
21      # 测试parse_data() 方法
22      # spider.parse_data()
23      # for book in spider.book_data:
24      #     print(book)
25
26      # 测试save_book() 方法
27      spider.parse_data()
28      spider.save_book('query_book/data/book_db.txt')
```

在上面的代码中,对继承到的save_book()成员方法进行了重写,将写入数据的格式类型换成了JSON。json.dump()方法中,为了正确识别Book实例对象,要指定cls参数为创建的BookEncoder类,为了保存中文字符,可以指定ensure_ascii参数为False(第10行)。

当然,也可以对该方法进行测试。最终写入文件的效果如图9-17所示。

```
1  # 当当网爬取图书数据
2  {
3      "title": "Python网络编程 (原书第2版)",
4      "author": "[美] 埃里克·周 (Eric Chou) ",
5      "press": "机械工业出版社"
6  }
7  {
8      "title": "Python程序设计基础 (原书第4版)",
9      "author": "[美]托尼·加迪斯 (Tony Gaddis) ",
10     "press": "机械工业出版社"
11 }
12 ......
13
```

图9-17　爬取当当网图书查询数据

任务4　检索并爬取豆瓣网图书信息

从爬取当当网的查询结果HTML页面可以看出，实际上就是在字符串中识别、提取字符串，然后找到需要的信息。除了使用BeautifulSoup外，还有更多的选择，如正则表达式、XPath等。在爬取豆瓣网的数据中，将通过正则表达式来识别字符串的内容。

1．了解正则表达式

正则表达式（regular expression）是一种描述字符串模式结构的方法，将模式（pattern）与字符序列（string）进行匹配，也就是使用预定义的模式去匹配一类具有共同特征的字符串，如果符合规则的要求，就返回它。所谓模式也是一个字符串，它由一些普通字符和正则表达式元字符（metacharacters）组成，用于与字符串匹配，完成"查找和替换"之类的字符串处理任务。例如，从字符串中找出有规律的手机号码、身份证号码、E-mail、URL等。

Python内置了对正则表达式的支持，提供了re模块。该模块内的函数可以检查某个字符串是否与给定的正则表达式匹配。刚开始接触正则表达式可能会觉得有点难，计算机领域有个笑话：如果你准备用正则表达来解决一个问题，那么就变成两个问题了。代码是最好的编程学习方法，下面先来了解正则表达式的元字符，然后跟着示例代码来理解怎样编写需要的正则表达式。

（1）模式定义

大多数字母和字符只会匹配自己，这就是最简单的正则表达式，例如，字符串"Python"就匹配其自身，表示匹配"Python"字符串。但有些字符却有其特殊的含义，它们既可以表示它的普通含义，也可以影响它旁边的正则表达式的解释，这些字符称为元字符，通过重复它们或改变它们的含义来影响正则表达式的其他部分。此外，正则表达的匹配还分为精准匹配和贪婪匹配。直接给出匹配字符的称为精准匹配，尽可能多地匹配字符则称为贪婪匹配。*、+、?都是贪婪匹配，也就是尽可能多地匹配。下面用一组示例来学习正则表达式的使用。假设待匹配的测试字符串都为test_str = "python, hello wolrd."。常见的正则表达式元字符及匹配示例见表9-1。

表9-1　正则表达式元字符及匹配示例

符　号	含　义	示　例
.	点，匹配除换行符以外的任意单个字符（包括符号、数字、空格等）	模式：r'o.' 匹配：'on', 'o ', 'ol'
?	匹配位于?之前的字符或子模式的0次或1次出现	模式：r'y.?' 匹配：'yt'

（续）

符　号	含　义	示　例
*	匹配位于*之前的字符或子模式的0次或多次出现	模式：r'l.*' 匹配：'llo wolrd.'
+	匹配位于+之前的字符或子模式的1次或多次出现	模式：r'l.+' 匹配：'llo wolrd.'
[ ]	表示一个字符集合/希望匹配的一组字符，匹配位于[ ]中的任意一个字符 可以在两个字符之间加一个连字符"–"表示字符范围 [^]表示反向字符集，匹配任意一个不在[ ]括号中的字符	模式：r'[prx]' 匹配：'p'，'r' 模式：r'[t-z]' 匹配：'y'，'t'，'w' 模式：r'[^a-z]' 匹配：','，' '，' '，'.'
( )	匹配括号内的任意正则表达式，并标识出组合的开始和结尾，将位于( )内的内容作为一个整体来对待	模式：r'(on)' 匹配：'on'
{m, n}	{ }前的字符或子模式重复至少m次，至多n次，包含m或n	模式：r'l{1,2}' 匹配：'ll'，'l'
|	匹配位于|之前或之后的字符	模式：r'(on|ll)' 匹配：'on'，'ll'
^	插入符号，匹配字符串的开头	模式：'^p.?' 匹配：'py'
$	匹配字符串尾或者在字符串尾的换行符的前一个字符	模式：r'd\.$' 匹配：'d.'
\	十分重要的元字符，转义字符	"\\"将匹配一个反斜线"\"，可以通过r"raw"原始字符串替换

　　由于字符*、+、? 等在正则表达式中有特殊的含义，因此它们不能用来匹配相应的普通字符。为了匹配有特殊含义的字符，必须使用转义序列"\"，例如\.\?就表示".?"。"\"除了作为转义序列符使用，还可以表示一些特殊序列，见表9-2。

表9-2　特殊的正则表达式序列

符　号	含　义
\d	匹配任意十进制数字，类似于[0-9]
\D	匹配任意非数字字符，类似于[^0-9]
\s	匹配任意空白字符，类似于[\t\n\r\f\v]
\S	匹配任意非空白字符，类似于[^\t\n\r\f\v]
\w	匹配任意字母和数字字符及下划线，类似于[a-zA-Z0-9_]
\W	匹配任意字母和数字字符，类似于[^a-zA-Z0-9_]

（2）字符匹配

　　Python的re模块还提供了多个函数用于匹配、搜索及找出匹配对象和值，主要有match()、search()和findall()等。

● match（）：从字符串开头去匹配并返回匹配的字符串的match对象，可以调用对象的group（）方法获取匹配成功的字符串。

● search（）：并不局限于字符串的开头，扫描整个字符串找到匹配样式的第一个位置，并返回一个相应的匹配对象（match object）。

● findall（）：以字符串列表或字符串元组列表的形式返回所有非重叠匹配。

无论是match（）还是search（）获得的都是一个匹配对象，要从匹配对象中获取匹配的值还需要使用匹配对象的group（）/groups（）方法。

下面通过几个例子来看一下怎样来使用这些函数。例如，在爬取并解析当当网上图书信息网页数据后，得到一个包括作者、出版日期及出版社信息的字符串，希望能从字符串中找到出版日期的值，怎样编写匹配的模式，也就是正则表达式呢？

```
1  # 正则表达式-日期
2  import re
3
4  book_author = '曹文 /2022-06-01   /机械工业出版社加入购物车购买电子书收藏'
5  # 匹配出版日期：2022-06-01
6  pattern = '[0-9]{4}-\d{2}-\d{2}'
7
8  # ['2022-06-01']
9  re.findall(pattern, book_author)
```

仔细观察一个日期数据的格式（第4行）：

首先是4个数字表示的年份信息，可以用[0-9]匹配任意数字，用{4}表示重复4次，即使用表达式[0-9]{4}匹配4位年份；

其次是一个连接年和月份的连字符"-"，这是一个普通字符，用"-"可以直接匹配；

然后，就是2个数字表示的月份，这里用另一种表示方式"\d"特殊表达式序列表示任意十进制整数，用重复修饰符{2}表示2个数字，即使用\d{2}表示月份；

最后，是一个连接月份和日的连字符，以及2位数字的日信息。

最终，得到了一个能匹配日期类型的模式字符串"[0-9]{4}-\d{2}-\d{2}"（第6行）。

在使用Python的re模块来进行正则表达式的操作之前需要导入模块（第2行），编写好匹配模式后，使用re.findall（）函数可以找出匹配成功的字符串（第9行）。

为进一步加深理解，再看一个匹配邮箱的示例，代码如下：

```
1  # 正则表达式 - 邮箱
2  import re
3
4  author_info='大家好，我的联系方式是caowen@msn.cn，欢迎大家反馈。'
5
6  # 匹配邮箱的模式
```

模块5

257

```
 7    pattern = r'[a-zA-Z0-9_.]+@[a-zA-Z]+.(com|cn|org)'
 8
 9    # 扫描整个字符串并返回第一个成功的匹配
10    # group( )匹配对象函数来获取匹配的值
11    if matched := re.search(pattern, author_info):
12        # 'caowen@msn.cn'
13        print(matched.group( ))
14    else:
15        print('没有匹配成功。')
```

众所周知，邮箱的地址由一个"@"符号分隔的两个部分组成，左边是邮箱的名称，右边是邮箱服务器的域名地址，无论是邮箱名称还是域名，一般都由英文26个字母的大小写字符、阿拉伯的10个数字，以及下划线等组成，可以使用"[a-zA-Z0-9_.]"模式来匹配。"[a-zA-Z0-9_.]+"表示由字符、数字和下划线组成的字符串可以出现1次或多次，字符"@"和"."仅匹配自身，"(com|cn|org)"表示在3种通用顶级域名中匹配任意一种（第7行）。re模块的search( )函数会扫描整个字符串，如果匹配成功的话就会返回一个匹配对象。要获取匹配到的值，可以只用匹配对象的group( )方法（第13行）。

在是否匹配成功判断的条件语句（第11行）中，有一个新的语法符号":="，它是Python的赋值表达式（assignment expression），因其外形很像海象的眼睛和长牙，被昵称为海象运算符（the walrus operator）。在条件语句中使用海象运算符，可以将赋值操作和条件判断合二为一，避免了在正则表达式的使用中进行两次匹配操作。如果不是使用海象运算符，传统做法需要两次匹配：一次用于检测匹配是否发生，另一次用于提取子分组。

（3）字符替换

利用正则表达式除了可对字符串进行搜索外，还能以各种方式修改字符串，如分割、替换等，提供的主要函数有：

- split( )：将字符串拆分为一个列表，在正则匹配的任何地方将其拆分。
- sub( )：找到正则匹配的所有子字符串，并用不同的字符串替换它们。
- subn( )：与sub( )相同，但返回新字符串和替换次数。

字符串也提供了split( )方法，但仅支持按空格或固定字符串进行拆分，而正则表达式re模块的split( )方法在分隔符中更具有通用性，提供了更广阔的使用方式。sub( )/subn( )的使用场景是找到模式的所有匹配项，并用不同的字符串替换它们。例如，在当当网搜索图书信息并将搜索结果的HTML网页文件爬取下来后，要解析其中的作者、出版社、出版日期等数据项。但在获得的字符串中，除了包含所需要的信息外，还有诸如"加入购物车""购买电子书""收藏"等网站功能需要的字符串，这就需要对其进行剔除操作。

```
1    # 正则表达式 —— 字符替换
2    import re
3
4    book_author = '曹文 /2022-06-01    /机械工业出版社加入购物车购买电子书收藏'
5
6    # 剔除无关信息
7    # '曹文/2022-06-01/机械工业出版社'
8    re.subn(r'(加入购物车|购买电子书|收藏|\s)', '', book_author)
```

在上面的代码中，要从字符串（第4行）中剔除"加入购物车""购买电子书""收藏"，以及空格字符，所以设计了一个正则表达式模式"(加入购物车|购买电子书|收藏|\s)"。它表示匹配其中的任意4段字符串，subn()函数的第一个参数是正则表达式模式，第二个参数是要替换的字符，这里是要删除的，所以替换字符为空字符，最后会将匹配的字符全部替换成空字符串后返回，达到了按模式匹配剔除的目的（第8行）。

2. 使用正则表达式解析数据

要爬取豆瓣网的数据，只要按豆瓣网查询图书信息的格式准备好查询参数，通过requests发起访问请求就可以了。爬取数据的详细代码如下：

```
1    from crawler import Crawler
2    import requests
3
4    class DouBan(Crawler):
5        '''从豆瓣网查询图书，使用正则表达式解析'''
6
7        def __init__(self, keyword: str) -> None:
8            super().__init__(keyword)
9
10       def search_book(self) -> str:
11           # 伪造头部
12           headers = {"User-Agent": "Mozilla/5.0"}
13
14           # cat=1001表示搜索结构为书籍的分类
15           search_key = {"cat": "1001", "q": self.book_name}
16
17           try:
18               # 发起访问请求
19               resp = requests.get(url="https://www.douban.com/search?",
20                                   params=search_key,
21                                   headers=headers,
22                                   timeout=10)
```

```
23
24                  # 设置字符编码
25                  resp.encoding = 'utf-8'
26                  return resp.text
27
28          except Exception:
29                  raise Exception("网络错误")
30
31
32  if __name__ == "__main__":
33      spider = DouBan('python')
34
35      # 测试search_book( )方法
36      print(spider.search_book( ))
```

在DouBan类中，同样是通过super( )调用父类的构造函数完成了初始化（第8行），其自身并没有成员属性需要赋初值。在爬取数据的成员方法search_book( )中，也是伪造了一个HTTP请求的头部（第12行），以及将查询参数装入了一个字典对象search_key（第15行）中，其中，"cat"表示豆瓣网的类别参数，"1001"表示图书分类，"q"为查询的参数。

要解析豆瓣网爬取的数据，就要识别其查询结果网页的结构。仔细观察可发现，与当当网不同，豆瓣网是用<div></div>标签对来表示查询结果的，每一个<div>就是一本图书。其网页的DOM结构如图9-18所示。

图9-18 豆瓣网图书查询结果网页HTML文档结构

豆瓣网爬取数据的解析代码如下：

```
1   from book import Book
2   from crawler import Crawler
3   import requests, re
4
5
6   class DouBan(Crawler):
7       '''从豆瓣网查询图书，使用正则表达式解析'''
8
9       ...
10
11      def parse_data(self) -> None:
12          '''直接通过正则表达式从HTML文件中提取包含图书信息的节点'''
13
14          # 从HTML网页中提取所有CSS类型为content的div
15          pattern_str = r'<div class="content">\s*'+ \
16                  r'<div class="title">.*?'+ \
17                  r'<div class="rating-info">.*?</div>\s*</div>.*?</div>'
18
19          # re.S/re.DOTALL可以让"."匹配换行符
20          pattn = re.compile(pattern_str, re.DOTALL)
21          for item in re.findall(pattn, self.search_book()):
22              book = Book()
23              # 从<a/>中直接提取图书名称
24              # ?控制只匹配0或1个，最小匹配、非贪婪的
25              # ( )提取整个字符串中符合括号里的正则的内容
26              book_pattn = r'<a.*?>(.*?)</a>'
27              book_info = re.findall(book_pattn, item)
28              # 只包含一个元素
29              book.title = book_info[0].strip()
30
31              # 提取作者和译者及出版社
32              book_pattn = r'<span class="subject-cast">(.+?)</span>'
33              # 查找的结果列表只有一个数据项，各个值之间用/分割
34              book_info = re.findall(book_pattn, item)[0].split('/')
35              # 翻译的图书有作者和译者
36              if len(book_info) > 3:
37                  book.author = f'{book_info[0].strip()} 著, \
                                      {book_info[1].strip()} 译'
38                  book.press = book_info[2].strip()
39              else:
```

```
40                    book. author = book_info[0]. strip()
41                    book. press = book_info[1]. strip()
42
43                # 添加到成员属性
44                self. book_data. append(book)
45
46
47   if __name__ == "__main__":
48       spider = DouBan('python')
49
50       # 测试search_book() 方法
51       # print(spider. search_book())
52
53       # 测试parse_data() 方法
54       # spider. parse_data()
55       # for book in spider. book_data:
56       #       print(book)
57       # 测试save_book() 方法
58       spider. parse_data()
59       spider. save_book('query_book/data/book_db.txt')
```

从豆瓣网返回的查询结果HTML页面DOM结构可以看出，每一本图书被装在一个
"<div class='content'>…</div>"中，而需要提取的数据就包含在其中的子元素
<div>里面，具体为"<div class='title'>"，该<div>包含的"<div class='rating-
info'>"包括了图书的作者、出版社等信息。也就是说，每本图书的信息包含在一个3
层嵌套的<div>中，因此编写了提取该部分信息的正则表达式pattern_str（第15行）。
这里为了可读性更强，分3行编写，实质上就是一个字符串变量。HTML源代码文件中有
很多换行符，为了让"."能匹配换行符，在把该正则表达式编译成一个匹配模式时，为
compile()方法指定了re. DOTALL参数（第20行）。利用编译好的模式对象pattn，通
过正则表达式模块的re. findall()方法一次性将所有包含图书信息的"<div>…</div>"
提取出来，然后通过一个循环进一步对其中需要的数据项进行提取。匹配书名的正则表达
式为"<a. *?>(. *?)</a>"，表示从一个超链接标签<a></a>中提起，提取的部分为圆括
号部分"(. *?)"，表示非贪婪匹配。匹配作者和出版社等信息的正则表达式为"<span
class='subject-cast'>(. +?)</span>"，包含在一对"<span>…</span>"中，通过
"(. +?)"可以进行提取。

最终，从豆瓣网爬取数据并写入文件的效果如图9-19所示。

```
  1  # 豆瓣网爬取图书数据
  2  [1]
  3  书名：Python网络编程（原书第2版）
  4  作者：[美]埃里克·周（Eric Chou）
  5  出版社：机械工业出版社
  6
  7  [2]
  8  书名：Python程序设计基础（原书第4版）
  9  作者：[美]托尼·加迪斯（Tony Gaddis）
 10  出版社：机械工业出版社
 11  ……
```

图9-19　爬取豆瓣网图书查询数据

单元小结

面向对象编程（OOP）中，封装、继承和多态是其重要的三大特性，之所以使用类（class），是因为它可以将数据及数据的操作组织到一起，从而创造一个可复用的组件（component）。Python支持面向对象编程的所有标准特性：类的继承机制支持多个基类、派生类能覆盖基类的方法、类的方法能调用基类中的同名方法。Python的内置类型可以用作基类，供用户扩展。派生类继承基类的方法和属性成员，既可以增加新的属性和方法，还可以覆盖/改写基类中相同的方法。

扫一扫，查看视频

Python中一切皆为对象。类是描述对象成员方法和属性的数据结构原型，每个类声明都以class关键字开头，然后是缩进代码块，可包含类文档字符串、类变量和类方法。对象是类的实例，类是创建对象的模板，一个类模板可以创建多个实例对象。对象的成员包括实例成员和类成员，类成员具有全局范围，而实例成员具有局部范围。实例变量将数据安全地封装在类结构中，并且是在创建类实例时初始化，且通过点表示法引用并被寻址。实例第一次创建时使用__init__（）构造函数进行初始化，不同的实例之间通过self前缀进行区分。事实上，对象的成员变量是动态的，可以在创建类时定义，也可以在实例化后动态增加。

类的成员名称以双下划线字符在名义上表示私有，但Python并没有严格意义上的私有成员。虽然Python已经提供了自动垃圾回收机制，一般不需要自己管理内存，但是用del关键字可以删除对象并调用类的析构函数。

类的属性相当于类的全局变量，为类的所有实例对象所共享，而实例对象的属性属于自己私有，只能供对象自己访问。如果在类外修改类属性，必须要通过类名去引用然后修改，如果通过实例对象引用修改的话，会为实例对象创建一个新的对象属性。一般来说，对象的方法主要是供实例对象使用，类的方法供类使用，而类的静态方法供类和对象使用，类的静态方法方便将外部函数集成到类中来。

模块
5

关于类和实例对象的属性和方法，归纳总结见表9-3。

表9-3　类和实例对象的属性和方法

序　号	名　　称	定　　义	使　　用
1	实例变量	在类的构造函数中加前缀self.var，或用obj.var动态增加	只能给实例对象使用，obj.var
2	类变量	直接在类中不带self前缀定义，或在类外使用ClassName.var	读：ClassName.var或obj.var 写：ClassName.var=value
3	实例方法	函数的第一个参数为实例对象自身self	只能给实例对象使用，obj.method
4	类方法	函数的第一个参数为类自身cls，使用@classmethod装饰器	ClassName.method或obj.method
5	静态方法	普通函数，参数任意；使用@staticmethod装饰器	ClassName.method或obj.method

总之，在面向对象编程中，可以把类看成一个"名词"、把属性看成一个"形容词"、而把方法可以看成一个"动词"。类将属性和方法封装在一起，并向外提供访问接口，高内聚、低耦合的代码组织提供了模块化软件开发的可能。类还可以继承已有的功能，提高软件的复用率，同时在继承的基础上还能表现出与父类不同的行为特性，呈现出多态性。

模块 6

Web 应用程序设计

- 学习单元 10　用 Flask 开发系统监控看板应用 // 266

学习单元10
用Flask开发系统监控看板应用

学习目标

- 💻 理解Web应用程序的工作原理
- 💻 理解HTTP的请求和响应
- 💻 了解MVC架构模式并编写代码
- 💻 了解RESTWeb服务编程
- 💻 掌握以Flask框架开发简单Web程序
- 💻 具有追求卓越的工匠精神

扫一扫，查看视频

任务概述

1. 系统监控看板

Web应用程序是互联网兴起后的一种软件体系架构模式，即B/S（browser/server，浏览器/服务器）结构，用户只需要一个浏览器就可以使用应用程序。相较于传统的C/S（client/server，客户端/服务器）结构，B/S结构在客户端无须安装软件，只要联网就可以使用，客户端零安装、零维护，系统的扩展性较强。

在学习单元2的输出计算机信息图卡中，介绍过如何获取计算机的运行状态数据以监控计算机的运行情况是否健康，获取数据后是直接在控制台（console）进行格式化输出的，这样不仅用户体验不友好，且不能实时更新数据。在本学习单元中，将创建一个Web网站，制作一个提供实时计算机CPU和内存使用情况的可视化看板，数据每2s自动刷新一次。内存信息主要包括占用率，以及内存总大小、已使用和可使用大小，CPU包括每个时刻的占用率。为了提升程序的友好性，采用图表来呈现数据，在左侧使用仪表盘图显示内存的占用率，右侧用折线/面积图显示CPU占用率。为简化演示，本任务只简单获取并展示了内存和CPU的运行数据，其他如磁盘使用情况、网络吞吐量、系统进程等计算机运行状态数据可依此扩展。

最终的运行效果如图10-1所示。

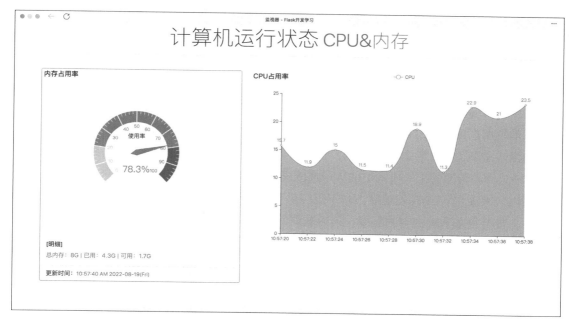

图10-1　系统监控看板

2. 任务分析

❶ 目标解构：系统监控看板是一个典型的Web应用程序，可以拆分成3个主要部分：一是前端UI（user interface，用户接口），也就是直接和用户面对面的网页界面，它将用于呈现CPU和内存的占用率等信息；二是后台的数据，这里主要是要获取计算机的CPU和内存的占用率，以及内存的消耗数据；三是中间层（业务逻辑层），主要是将从后台获取的数据转化成相应的图表，同时，处理客户端的访问请求，并将最终的结果发送给客户端。

❷ 模式识别：前端UI的设计主要包括仪表盘图和折线图两个图形的绘制，以及整体页面的布局设计。前端开发需要专业技术，这里可以通过寻找开源、现成的第三方库来实现：图表可以使用之前学习过的pyecharts模块、页面布局可以使用BootStrap库。后台数据的获取比较简单，可以使用学习过的psutil模块来实现。中间的业务逻辑层是本单元编写代码的重点，需要使用获取到的数据创建仪表盘图和折线图，还要处理客户端和服务器之间的访问请求——响应循环。此外，随着前后端开发分离的兴起，前端一般只专注于UI设计，后端只提供数据，二者再通过Ajax进行调用。

❸ 模式归纳：Web应用程序工作的核心主要有两个部分：一个是客户端（browser）和Web服务器（web server）之间的HTTP访问（request）和响应（response）。对于早期的静态网站开发，Web服务器只需简单地响应浏览器发来的HTTP请求，并将存储在服务器上的HTML等文件返回给浏览器即可；另一个是Web服务器和应用服务器（application server）之间的通信处理，需要根据客户端发送过来的参数等进行计算处理动态地得到结果再发送给客户端，一般需要编写CGI（common gateway interface，通用网关接口）程序来实现，它约定了用户如何编写代码和Web服务器进行通信并处理客户端的业务请求。客户端

模块
6

267

与服务器有两种交互模式：一种是服务器将UI+数据全部准备好后一次性发送给客户端；另一种是服务器只将客户端需要的数据返回给客户端，UI的构建在客户端完成，客户端通过Ajax调用数据。

❹ 算法设计：前端UI可以借助BootStrap库来解决页面布局、色彩搭配等问题，且不需要太专业的前端知识。此外，使用pyecharts库可以方便地创建仪表盘图和折线图等漂亮的图表。后端数据直接使用psutil模块获取。根据任务需要，以JSON格式作为客户端和服务器数据交换格式（事实上，考虑到前后端分离设计的需要，pyecharts图表的配置参数本身也是以JSON格式动态传递的）。中间层的Web服务器和应用服务器通信采用基于Python的Flask框架可以大大简化Web开发难度，它不仅提供了对服务器的编程支持，还提供了前端模板程序引擎，支持复杂前端内容的展现。前端数据的实时刷新将采用Ajax技术，在前端网页中定期调用服务器数据，更新图表显示。

3. 任务准备

（1）Flask框架

Flask是一个使用Python编写的轻量级Web应用程序框架，借助该框架可以快速开发Web应用系统。Flask依赖Werkzeug WSGI⊖（web server gateway interface，Web服务器网关接口，读作"wiz-ghee"）套件和Jinja模板引擎，前者为Flask框架提供了一个和Web服务器通信的底层库，后者为客户端展现提供了模板渲染引擎。

Werkzeug是一个全面的WSGI Web应用程序库，它最初是WSGI应用程序的各种实用程序的简单集合，并已成为先进的WSGI实用程序库之一。Werkzeug不强制执行任何依赖项，开发人员可以选择模板引擎、数据库适配器，甚至如何处理请求。

Jinja是一个快速、富有表现力、可扩展的模板引擎。模板中的特殊占位符允许编写类似于Python语法的代码，然后传递模板数据以呈现最终网页文档，即视图的渲染。目前，使用的是Jinja 2版本。

无论是Flask，还是Werkzeug和Jinja 2都是第三方模块，需要单独安装，但只需要安装Flask库系统会自动安装其依赖的Werkzeug和Jinja 2模块。这3个模块都是同一个作者Armin Ronacher开发的，它们之间的关系如图10-2所示。

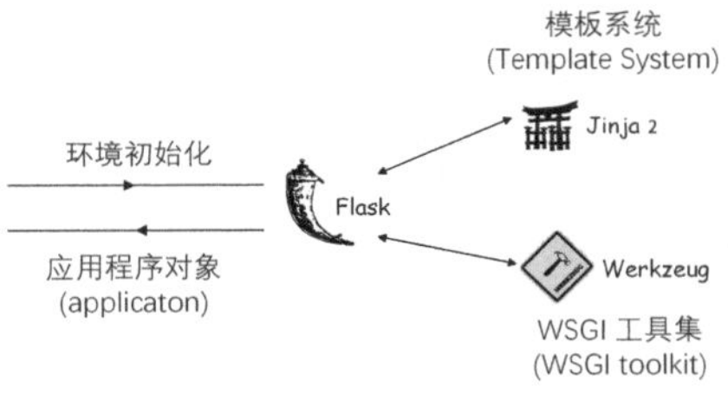

图10-2　Flask框架（Framework）

（2）BootStrap

BootStrap是一个基于HTML+CSS+JavaScript开发的用于快速开发Web应用程序和网站的前端框架。它包含了功能强大的内置组件，且易于定制，其响应式（responsive）CSS能够自适应于台式计算机、平板计算机和手机的屏幕大小，为开发人员创建前端UI提供了一个简洁统一的解决方案，使得Web开发更加快捷。BootStrap目前的最新版本是BootStrap 5

⊖ WSGI只是一种规范、接口协议，并没有官方的实现。它指明了Web服务器和Python Web应用程序之间如何通信，在PEP 333中定义，使得用Python写的Web应用程序可以和Web服务器进行交互。

（本任务将采用该版本），借助其响应式栅格系统、可扩展的预制组件，以及基于JQuery的强大的插件系统，能够快速完成原型或者整个App的构建，且不需要专业的美工设计基础。

（3）Ajax

Ajax（asynchronous JavaScript and XML，异步JavaScript和XML）是一组Web开发技术，它在客户端使用各种Web技术来创建异步Web应用程序。使用Ajax，Web应用程序可以从服务器异步发送和检索数据，这意味着可以更新网页的某些部分，而无须重新加载整个页面。异步操作是相对应同步而言的，在传统Web程序中，客户端向服务器发起一个访问请求后，要一直等到服务器的响应后才能进行下一步操作，这期间除了等待服务器的应答，不能干其他的事。而异步则不同，向服务器发送请求后可以并行地去进行其他操作，当接收到服务器的响应后，客户端将自动进行相应处理。使用Ajax和不使用Ajax两种模式的对比如图10-3所示。

图10-3　传统Web与基于Ajax的Web应用

与传统的Web应用程序（同步方式）相比，Ajax允许通过在后台与Web服务器交换数据来异步更新网页，通过将数据交换层与表示层分离，Ajax允许网页及扩展的Web应用程序动态更改内容，而且这种更新是非阻塞式的。

任务1　开发三层架构的监控看板Web应用

1. 了解三层结构的Web应用程序

平时在上网时，打开浏览器，输入网址就可以看到Web网页了，这背后其实经过了一系列复杂的路由选择和网页内容渲染，最后还要借助HTTP将HTML网页内容从服务器传送到客户端的浏览器，才最终显示在用户面前。平常所说的Web，是WWW（world wide web，万维网）的简称，其中包含了3项主要构建技术：一个是HTML（hypertext mark language，超文本标记语言）用于创建网页，一个是HTTP（hypertext transfer protocol，超文本传送协议）用于传递网页文档内容，再一个是URL（uniform resource locator，统一资源定位器）用于指定资源在互联网上的位置。

在Web应用程序结构中，最为经典的是三层结构划分，即表示层（presentation tier）、应用层（application tier）和数据层（data tier）。所谓的层是指具有不同的名称，但执行类似的功能。Web应用系统的三层结构如图10-4所示。

模块
6

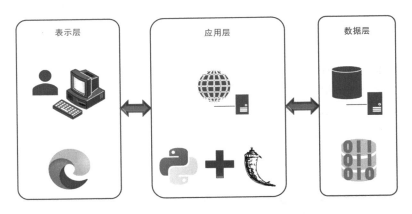

图10-4　Web应用系统的三层结构

（1）表示层

表示层（也称为前端或UI）是应用程序的用户界面和通信层，最终用户在其中与应用程序交互，其主要目的是向用户显示信息并从用户那里收集信息。Web表示层通常使用HTML、CSS和JavaScript开发。

（2）应用层

应用层（也称为逻辑层或中间层，business logic layer，BLL）是应用程序的核心。在此层中，根据项目需求处理在表示层中收集的信息。应用层还可以添加、删除或修改数据层中的数据。应用层使用Python等开发，并使用API调用与数据层进行通信。

（3）数据层

数据层（也称为数据访问层，data access layer，DAL）是存储和管理应用程序处理信息的位置，这可以是诸如MySQL之类的关系数据库，或者是文件等非结构化数据，该层直接操作数据库。

简单理解，表示层提供用户界面，应用层处理用户输入/输出的业务逻辑，而数据层存储数据。在三层结构的Web应用程序中，所有通信都通过应用程序层进行，表示层和数据层一般不直接相互通信。

2. 创建Flask Web应用程序

使用Flask框架可以快速开发一个Web应用程序，而不用关心Web服务器和Python应用程序之间烦琐的通信细节。客户端发送到服务器的访问请求可以分为两类：一类是不需要解析的网页CSS、图片、JS等静态文件；另一类是需要获取动态结果而执行的Python代码文件。前者由Web服务器直接处理发送给客户端，而后者既需要Python执行环境，还需要Web框架来处理Web服务器和应用服务之间的通信。访问一个Python的Web程序示意图如图10-5所示。

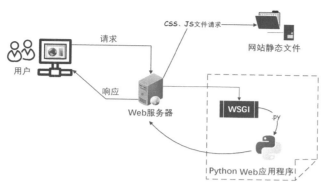

图10-5 访问Python Web应用程序

Python Web应用程序要实现，需要WSGI（web server gateway interface，Web服务器网关接口）作为Web服务器和应用服务器之间的通信的桥梁，Flask是基于Werkzeug实现的WSGI工具包和Jinja 2模板引擎。借助于Werkzeug和Jinja 2，可以在更抽象的层面编写复杂的Web应用，利用Flask框架，Web的开发也变得更简单。

（1）路由和视图函数

所有Flask Web应用都需要创建一个Flask实例对象，它以主模块名或包的名称为参数构建Flask实例，一般__name__变量就是所需的值。Flask用这个构造函数参数的值确定应用的位置，并依此确定应用中其他静态文件、模版文件等的位置。

客户端发送一个HTTP请求后（通常就是一个URL地址），服务器需要知道将该URL地址交由哪些Python代码来处理。Flask框架中维持了一个URL与Python函数之间的映射关系，称为路由（route），对应的处理函数就是视图函数。Flask中，使用实例对象提供的app.route()装饰器来定义路由，它把函数注册为特定事件的处理程序。

下面来看一个非常简单的Flask程序。一个完整的Flask Web应用一般会包含：一个应用实例对象、一个路由和一个视图函数。

```
1    # 简单的Flask应用
2    from flask import Flask
3
4    # 以当前模块名为参数构建Flask实例
5    app = Flask(_name_)
6
7    # 网站首页，路由的装饰器—— 注册路由
8    # 将URL和视图函数绑定
9
10
11   @app.route('/')
12   @app.route('/home')
13   def index( ):
14       return 'hello world!'
```

模块6

271

```
15
16
17   if __name__ == "__main__":
18       # 在本地开发服务器上运行Flask应用程序
19       app.run(debug=True)
```

在上面的代码中，首先，要创建一个Flask Web应用就要引入该模块（第2行），并使用模块名为参数构建一个Flask的实例对象（第5行）。此外，还创建了一个视图函数index（）（第13行），功能非常简单，就是返回一个"hello world!"的字符串给客户端浏览器（第14行）。然后再通过@app.route（）装饰器将首页的访问URL与视图函数index（）绑定，这样在客户端浏览器中就访问到该函数了。通过上面的代码中可以发现，一个视图函数上绑定了两条路由信息，这就意味着可以通过http://127.0.0.1:5000/或者http://127.0.0.1:5000/home（第11、12行）两条URL路径都能访问网站的首页。最后，要启动Flask Web服务器，可以使用Flask实例对象的app.run（）方法（第19行）。这里传入了一个"debug=True"参数，表明Flask应用是在调试模式下运行的。在该模式下，服务器会加载重载器（reloader）和调试器（debugger）。重载器会监视项目中的所有源代码文件，若发现有修改，会自动重启服务器，保持功能最新；当程序遇到未处理的异常时，调试器会将程序的调试信息显示到客户端浏览器上，以便能快速定位和溯源问题。

需要注意的是，Flask自带的Web服务器是一个功能、性能都比较弱的开发服务器，在开发阶段用于测试还可以，但在生产环境中进行部署时，需要更为专业的Web服务器，且不要设置为调试模式，以免造成网络安全风险。

程序的执行效果如图10-6所示。

图10-6　简单的Flask Web应用

（2）"请求—响应"循环的参数传递

可以发现，Web应用程序就是在不断地从客户端发起HTTP访问请求，然后在服务器完成结果计算，再将结果从服务器发送回客户端，也就是HTTP响应，而开发Web程序就是在处理这些"请求—响应"循环，要编写许多的视图函数来处理不同的URL访问。这些HTTP的"请求—响应"循环中，不可避免地会需要进行访问参数的传递，下面将介绍两种处理方式。

1）动态路由传递参数。

动态路由是指在HTTP访问请求的URL中允许尖括号"<variable_name>"部分可变。它是@app.route（）装饰器中的一种特殊句法，调用视图函数时，Flask会将动态部分作为关键字参数传递给视图函数，这样就可以得到一个个性化的请求响应。此外，还可以通过使用<converter:variable_name>为变量增加一个转换器，它为参数指定了数据类型。

下面来看一个例子。

```
1    # 路由+传值—动态路由传递参数
2    from flask import Flask
3
4    app = Flask(__name__)
5
6    # 可以指定变量类型，默认为string，还有int、float、path、any等
7    # @app.route('/user/<string:name>')
8    @app.route('/user/<name>')
9    def user(name):
10       return f'hello {name}.'
11
12
13   if __name__ == "__main__":
14       app.run(debug=True)
```

在使用@app.route（）装饰器绑定
视图函数时，在路径后面带了个尖括号的
<name>（第8行），"name"将同时会作
为视图函数user(name)的形参（第9行），
在视图函数内直接使用（第10行）。在浏览
器中输入"/user/caowen"会发现，字符串
值"caowen"被作为参数传递给了服务器的
视图函数。程序的运行效果如图10-7所示。

图10-7　动态路由传参

路由中的动态部分默认使用字符串类型，也可以是其他类型。在变量传值时可以同时指
定类型转换器，形如<string:name>（第7行）。常见的几种转换器类型见表10-1。

表10-1　动态路由变量转换器类型

序　号	类　型	含　义
1	string	默认值，接收任何不包含斜杠的文本
2	int	接收正整数
3	float	接收正浮点数
4	path	类似string，但可以包含斜杠
5	uuid	接收UUID字符串

2）应用和请求上下文传参。

Flask Web应用程序中需要处理许多数据，例如，要访问连接数据库的配置信息、查询
用户姓名的参数数据等。为了避免大量必需数据引用导致的混乱，Flask使用所谓的上下文
（context）临时把某些对象变成全局可访问，使用上下文跟踪代码执行需要的数据。有两种
上下文类型：应用上下文（application context）和请求上下文（request context）。

● 应用上下文：跟踪应用程序级数据。应用程序可以简单地理解为创建Flask实例对
象"app = Flask(__name__)"时创建的这个app对象。应用上下文中存储的值作用于整

模块
6

273

个Web应用程序。它并不直接将值传递给每个视图函数，而是访问current_app和g代理。Flask在处理请求时自动推送应用程序上下文，它指向处理当前活动的App。

● 请求上下文：保存了客户端和服务器交互的数据。常见的请求上下文对象有：封装了HTTP请求的request、记录请求会话信息的session等。request主要针对的是HTTP的请求，session主要针对的是用户。

request表示每次HTTP请求，而application表示响应WSGI请求的应用本身，即Flask实例对象。application的生命周期大于request，一个application存活期间，可能发生多次HTTP请求，也就会有多个request。

下面来看一个通过请求上下文传参的例子。

```
1   # 路由+传值—— request/查询字符串传递参数
2   from flask import Flask, request
3
4   app = Flask(__name__)
5
6
7   # URL地址格式： GET /user/?name=caowen HTTP/1.1
8   @app.route('/user/')
9   def user():
10      name = request.args.get('name')
11      return f'<h1> hello {name}. </h1>'
12
13  if __name__ == "__main__":
14      app.run(debug=True)
```

要使用请求上下文，需要先从flask模块中引入request对象（第2行），这样以后就可以直接在视图函数中使用了，就像是一个全局变量一样。request对象包含了客户端发送的HTTP请求的全部信息。其中，args是一个字典，存储了通过URL查询字符串传递的所有参数。这里通过args的get()方法查询获取变量name的值（第10行）。

在客户端发起带参数的request请求，要在参数前使用问号"？"，完整的访问URL地址为http://127.0.0.1:5000/user/?name=caowen，其中name就是参数的名称，等号后面就是传递的值。

程序的运行效果如图10-8所示。

图10-8　查询字符串传递参数

Flask在分派请求之前会先激活应用上下文和请求上下文，此时就可以在当前线程中使用其中的对象了，请求处理完成后再将其删除。没有激活上下文之前引用上下文对象会导致错误。Flask的上下文全局变量见表10-2。

表10-2　Flask的上下文全局变量

序　号	对　象	上下文类型	含　义
1	current_app	应用上下文	处理当前请求的应用程序的代理，可以使用app. app_context（）在应用实例中获得应用上下文
2	g	应用上下文	Flask的一个实例，用作临时存储的对象。当前请求的全局变量，不同的请求会有不同的全局变量，每次请求都会重设这个变量
3	request	请求上下文	请求对象，封装了客户端发出的HTTP请求中的内容
4	session	请求上下文	用户会话，存储请求与服务器之间需要"记住"的值，如登录后的用户名

（3）使用模版美化视图

从上面的示例可以看出，虽然在视图函数中可以向客户端发送字符串的值，也可以发送HTML标签，但使用还是非常受限的，通过Python代码产生HTML不仅效率低，还容易出错。Flask模板技术提供了高效的前端UI生产力。

模板是包含静态数据和动态数据占位符的文件，而模板引擎使用指定的数据生成最终的文档。Flask使用Jinja 2作为默认的模板引擎，当然，也可以使用其他模板引擎。模板文件中既包含了HTML、CSS等之类的静态内容，也包含了在请求上下文中才能确定的动态内容，Jinja模板引擎最终会将动态数据占位符位置用后端获得的数据来替换，并将动态内容与静态内容融合在一起形成最终的响应结果文档，这一过程称为渲染。

Jinja模板引擎定义了其自身的语法规范，看上去很像Python，与Python不同的是，代码块使用分界符分隔，而不是使用缩进分隔。Jinja模板文件中包含了变量（variable）和表达式（expression）。Jinja语句与模板中的静态数据通过特定的分界符分隔：位于一对"{{"和"}}"之间的部分是一个会输出到最终文档的表达式；位于一对"{%"和"%}"之间的部分表示流程控制语句，如if和for；位于一对"{#"和"#}"之间的部分为注释。

- {% … %}：流程控制语句。
- {{ … }}：表达式值。
- {# … #}：注释。

创建好的模板使用render_template（）方法可以完成渲染，只要提供模板名称和需要作为参数传递给模板的变量即可。

下面用模板文件来创建一个简单的问候程序。

模块6

275

```
1    # 使用模板，默认使用Jinja 2引擎
2    from flask import Flask, render_template
3
4    # 在jupyter中编写代码，指定模板文件所在目录
5    app = Flask(__name__, template_folder='../flask_psutil/templates/')
6
7
8    @app.route('/user/<name>')
9    def user(name):
10       # render_template()会渲染一个包含HTML的模板
11       # HTML的模板可以使用Jinja
12       return render_template('user_info.html', user_name=name)
13
14
15   if __name__ == "__main__":
16       app.run(debug=True)
```

在上面的代码中，首先引入了模板渲染的模块render_template（第2行）。在创建 Flask应用实例对象时，使用template_folder关键字参数指明了模板文件所在的位置（第5 行）。如果不指明路径，要确保模板文件处于项目的templates子目录中。视图函数user()通 过动态路由获取用户姓名变量"<name>"的值，并通过模板渲染函数render_template() 将该值以变量名user_name传入到模板文件中，同时，还指明了视图函数将使用templates子 目录中的user_info.html模板文件（第12行）。

然后，再来创建模板文件。在默认情况下，Flask会在项目目录中的templates子目录中 寻找模板文件，所以要先在项目文件夹中创建一个templates子目录，再在其中创建模板文件 user_info.html。模板文件的完整HTML代码如下：

```
1    flask_psutil/templates/user_info.html
2    <html>
3
4    <head>
5       <title>使用模板</title>
6    </head>
7
8    <body>
9       <span>Jinja模板引擎: </span>
10      <h1>你好, {{ user_name }} ! </h1>
11   </body>
12   </html>
```

模板文件使用Jinja语法，直接显示变量user_name的值（第10行），其余部分都是简 单的HTML文档。最后输出的效果如图10-9所示。

图10-9　使用jinja引擎渲染模板

3. 使用模板继承自定义404页面

模板在Python的Web开发中应用广泛，既提供了UI设计，还提供了编程特性动态获取显示数据，使用模板能够有效地将业务逻辑和页面逻辑分离。

（1）使用宏复用代码

Jinja中的宏（macro）就像是Python中的函数，可以将共性的代码装入宏中，提高代码的复用率，减少DRY（Don't repeat yourself，DRY）。

在模板中使用一对"{% macro … %}"和"{% endmacro %}"标签定义一个宏，使用"{{ … }}"或者"{{ callmacro_name（ ） }}"和"{{ endcall}}"调用宏。

下面来看一个在模板中使用宏的例子。

```
1   # 在模板中使用宏
2   from flask import Flask, render_template
3
4   app = Flask(_name_, template_folder='../flask_psutil/templates/')
5
6
7   @app.route('/user/')
8   def user( ):
9     # 字典键值对
10    user = {
11      'name':'caowen',
12      'gender':'male',
13      'city':'changsha'
14    }
15
16    return render_template('user_card.html', user_info=user)
17
18
19  if _name_ == "_main_":
20    app.run(debug=True)
```

模块
6

277

宏是模板中的编程技术，在服务器代码中关联不大。在上面的代码中，只需要准备好宏代码需要的数据，这里用一个字典存储了一个用户的姓名、性别和所在城市的信息（第10~14行），最后在使用render_template（）函数渲染user_card.html模板时（第16行），将要发送给模板的数据以关键字参数的形式传递过去即可。这里用的user_info=user关键字参数传值，也就是说，模板的宏代码中，可以使用user_info参数名来引用服务端发送的动态数据。

模板文件user_card.html的源代码如下：

```
1    <html>
2    <head>
3       <title>使用宏</title>
4    </head>
5    <body>
6       <h1>Jinja模板-宏: </h1>
7       <!--定义一个宏 -->
8       {% macro user_card(user) %}
9          <p>你好, {{ user['name'] }} ! </p>
10         <ul>
11           {% for k,v in user.items( ) %}
12              <li>[{{ loop.index }}] {{ k }}—{{ v }}</li>
13           {% endfor %}
14         </ul>
15      {% endmacro %}
16
17      <!--调用宏 -->
18      {{ user_card(user_info) }}
19
20   </body>
21
22   </html>
```

模板文件中定义了一个宏"macro user_card(user)"（第8行），宏内的代码既有HTML标签，也有Jinja代码。"{% for info in user %}"和"{% endfor %}"对是宏的一个循环程序块（第11~13行），注意，程序语句要放到一对"{%"和"%}"中间。通过循环，将形参传过来的字典变量用列表（<ul>和<li>）的形式输出。对字典的遍历与Python中对字典的操作是一样的，k和v分别代表字典数据项的键和值的变量，可以使用一对"{{"和"}}"输出变量值，其中loop.index表示一个从1开始计数的循环迭代计数器（第12行）。调用宏与在Python中调用函数差不多，可以使用宏名和实参列表，但需要将调用的代码置于"{{ macro_name( )}}"中（第18行）。

程序最终的显示效果如图10-10所示。

图10-10　在模板中使用宏

除了上面提到的loop.index，for循环中还有一些特殊的变量，见表10-3。

表10-3　Jinja for循环中常见的几个特殊变量

序　号	变　量	含　义
1	loop.index	循环的当前迭代，从1开始计数
2	loop.index0	循环的当前迭代，从0开始计数
3	loop.firse	是否为循环的第一个元素
4	loop.last	是否为循环的最后一个元素
5	loop.length	循环序列中元素的个数
6	loop.previtem	来自循环的上一个迭代中的项
7	loop.nextitem	来自循环的下一个迭代中的项

（2）使用模板块创建父模板

Jinja最强大的部分是模板继承，模板继承允许建立一个基本的"骨架"模板作为母版，包含网站各页面的共性部分，并将不同的部分定义成块（block），也就是一些占位符（placeholder），子模板可以覆盖这些块。定义块的标签是"{% block <block_name>%}"，块标记所做的就是告诉模板引擎子模板可以覆盖模板中的那些占位符。一个模板文件中可以定义多个块，但每个块都要用"{% endblock %}"标签表示结束。模板的继承关系中，使用"{% extends <base_temp>%}"表示继承父模板，如果要在子模板中调用父模板中的内容，可以使用"{{ super() }}"函数。将在下一个小节中演示具体的使用方法。

（3）使用BootStrap自定义404页面

404页面是客户端在浏览网页时，服务器无法正常提供信息，或是服务器无法回应，且不知道原因时所返回的页面。Web服务器默认的404错误反馈的用户体验不够好，下面将结合BootStrap框架提供的组件来设计一个自定义的404页面。

首先，来编写服务器的Flask Web应用代码。

```
1    # 使用模版，引入BootStrap，自定义404页面
2    from flask import Flask, render_template
3
```

模块6

```
4
5    app = Flask(__name__, template_folder='../flask_psutil/templates/', \
                                       static_folder='../flask_psutil/static/')
6
7    @app.errorhandler(404)
8    def page_not_find(e):
9        # 发送给客户端的信息
10       message = {
11           'code': 404,
12           'msg': '程序出错啦，页面已经飞走了！'
13       }
14       # **解包字典变量
15       return render_template('404.html', **message)，404
16
17
18   if __name__ == "__main__":
19       app.run(debug=True)
```

在构建一个Flask应用实例对象时，还可以通过Flask的构造函数参数指定应用的模板文件和静态资源文件所在的文件夹（第5行）。如果不明确指定的话，就必须要把模板文件放到项目目录下的templates子目录下，把静态资源文件放到static子目录下。这里是放到默认子目录下的，所以也可以不指定，但该代码如果是在Jupyter Notebook中进行测试，或者模板、静态资源文件放到了别的目录下，可能会出现找不到文件的错误。

Flask使用@app.errorhandler()装饰器来修饰错误对应的处理函数，其中的参数是错误代码，这里表明视图函数page_not_find()是用来处理404错误代码的函数（第7行）。视图函数中构建了一个发送给客户端的错误信息字典message（第10行），包括错误代码和自定义错误提示信息，最后将字典变量解包后作为模板渲染函数的参数返回，渲染函数render_template()还指定了要渲染的模板文件是404.html，同时也还将错误代码404作为视图函数返回的一部分（第15行）。

然后，就可以开始编写模板文件了。创建一个名为base.html的母模板文件，详细代码如下：

```
1    <!doctype html>
2    <html lang="zh-CN">
3    <head>
4      <!--必需的 meta 标签 -->
5      <meta charset="utf-8">
6      <meta name="viewport" content="width=device-width,
                                      initial-scale=1, shrink-to-fit=no">
7
8      <!-- Bootstrap 的 CSS 文件 -->
```

```
 9    {% block styles %}
10      <link rel='shortcut icon' type="image/x-icon"
                          href='{{ url_for("static",filename="favourite.ico") }}'>
11      <link rel='stylesheet'
                  href='{{ url_for("static",filename="css/bootstrap.min.css") }}'>
12    {% endblock %}
13
14    {% block head %}
15      <title>{% block title %}{% endblock %} – Flask开发学习</title>
16    {% endblock %}
17  </head>
18  <body>
19    {% block content %}
20
21    {% endblock %}
22
23    <!-- JavaScript文件是可选的，但大部分时候需要 -->
24    <!--既可以用集成包bootstrap.bundle.js，也可以分开、按序加载-->
25    {% block scripts %}
26      <script type='text/javascript'
              src='{{ url_for("static", filename="js/bootstrap.bundle.min.js") }}'>
              </script>
27    {% endblock %}
28  </body>
29  </html>
```

基模板文件中定义了许多的块区域，在HTML文件的head、title、body及script部分在添加母版必要的内容外，都设置了一个块用于子模板文件的继承和替换，每个块都有一个名字，并以"{% endblock %}"结束。此外，基模板文件还加载了BootStrap框架所需要的CSS文件和JavaScript文件，这样在任何地方都可以使用BootStrap定义好的样式和组件了。关于BootStrap的详细使用请参见官网手册，这里只需要准备好BootStrap运行所需的环境，即引入CSS和JavaScript静态文件即可。

在上例中，引入静态文件（包括引入图片）使用了url_for（）函数动态构建资源的URL地址，这样可以避免使用硬编码（hard coded）带来的问题。例如，静态文件的路径做了修改，需要在所有引用的地方都要修改绝对路径，而url_for（）函数使用Flask应用保存的URL映射中保存的信息生成URL地址，例如，这里引入网站ICO文件的代码"{{ url_for("static", filename="favourite.ico") }}"（第10行），就是在项目目录的static子文件夹下去寻找一个名为favourite.ico的ICO图标文件，再经过Jinja模板引擎的url_for（）函数处理后，得到该ICO图标文件的绝对路径为http://127.0.0.1:5000/static/favourite.ico。当然，也可以再进一步指明静态文件所在static目录下的子目录，例如，这里引入BootStrap CSS文件就是放在static文件夹所在的static/css子文件夹，文件路径为css/bootstrap.min.css。

模块
6

281

最后，开始编写最终的404模板文件了，详细代码如下：

```
1    {% extends "base.html" %}
2
3    {% block title %}404{% endblock %}
4
5    {% block content %}
6    <div class='container'>
7      <h1 class='font-weight-bold'>
8        <span class="text-danger">{{code}}</span>
9      </h1>
10     <button class="btnbtn-primary" type="button" disabled>
11       <span class="spinner-border spinner-border-sm"
                                          role="status" aria-hidden="true"></span>
12       <span class="sr-only">Loading…</span>
13     </button>
14     <button class="btnbtn-primary" type="button" disabled>
15       <span class="spinner-grow spinner-grow-sm"
                                          role="status" aria-hidden="true"></span>
16       {{msg}}
17     </button>
18     <hr>
19     <img class="img-fluid"
                      src="{{ url_for('static', filename='images/404_page.png') }}"
                                                          alt="404 page">
20   </div>
21   {% endblock %}
```

模板的继承使用"{% extends %}"语句，子模板404.html文件因为继承了基模板（第1行），所以只需要编写相较于基模板而言需要覆盖的块（block）部分内容，这里主要是编写了HTML中body部分的{% block content %}块内容（第5行）。content块内的HTML代码直接源自BootStrap组件中的旋转器（spinners），再结合按钮（button）并添加了一张自定义的图片文件"404_page.png"（第19行）。

需要注意的是，BootStrap前端框架功能非常强大、设计优雅，其移动优先、响应式的网页设计能让人们快速构建出Web前端。这里仅是复制了官网案例中非常短的一个代码片段，如果想进一步学习该框架，可登录官网查找教程（tutorial）。

模板中还使用{{ <variable> }}将服务器返回的code（第8行）和msg（第16行）两个变量显示输出。最后，创建的自定义404页面效果如图10-11所示。若要测试效果，只需要在浏览器地址栏中输入一个不存在的URL地址就可以触发。

图10-11 自定义404页面

4. 创建监控看板

开发一个计算机CPU和内存占用率的可视化图表系统，可以借助之前学习过的pyecharts模块，它提供了丰富的图表模板。这里选择使用折线/面积图（line）来显示CPU占用率，使用仪表盘图（gauge）来显示内存的占用率。在Flask中使用pyecharts，有两种工作模式：一种是全部工作在服务器完成，把图和数据生成好后发送给客户端；另一种是前后端分离，前端只向服务器申请数据，将数据准备好后再在客户端中创建图表。这里用第一种模式来实现，下一小节用后一种模式实现。

为了体现Web应用程序分层结构的设计思想，把监视器Web应用项目的代码按三层结构组织代码，如图10-12所示。

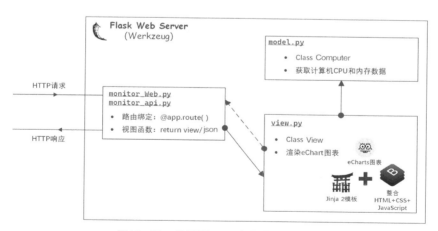

图10-12 监视器Web应用的分层结构

● 数据层：创建model.py代码文件，创建Computer类，CPU和内存占用率数据由该类代码获取。

● 表示层：创建view.py代码文件，创建View类，结合pyecharts模块构建前端的两个图表，数据从数据层代码class Computer获取。客户端模板的渲染代码pyecharts官网已

模块
6

283

经实现了，所以不需要再写宏，这里也暂时不需要BootStrap，在下一小节对该程序进行迭代升级时将会用到。

● 应用层：创建monitor_web.py代码文件，创建Flask应用实例对象，处理HTTP访问请求和路由分发、视图函数处理等。

（1）创建CPU占用率折线图

首先，创建数据层的Computer类，该类要获取的数据比较简单，就是CPU的占用率和内存的占用率以及剩余大小等。使用psutil模块获取相关数据可以直接使用学习单元2中介绍过的知识，调用psutil相应的函数，并进行进制转换后就可以得到最终需要的数值。model.py的具体代码如下：

```
1   import psutil
2   from datetime import datetime
3
4
5   class Computer():
6       '''模型类，用于获取数据'''
7
8       # cpu占用率为类的成员，没有self
9       # 字典类型，key为时间，value为占用率
10      cpu_percents = {}
11
12      @classmethod
13      def cpu(cls) ->dict:
14          '''每执行一次获取一个实时比例值，最多不超过10个'''
15
16          # 可读字符串表示的当地时间
17          now = datetime.now().strftime('%H:%M:%S')
18          cls.cpu_percents[now] = psutil.cpu_percent(interval=1)
19
20          # CPU占用率，保持时间最近的10个值
21          if len(cpu_keys := cls.cpu_percents.keys()) > 10:
22              cls.cpu_percents.pop(list(cpu_keys)[0])
23
24          return cls.cpu_percents
25
26      @staticmethod
27      def memory() -> tuple:
28          # 系统当前时间
29          time_stamp=datetime.now().strftime('%H:%M:%S %p %Y-%m-%d(%a)')
30
31          # 内存大小
```

```
32        memo = psutil. virtual_memory ( )
33        # 单位为KB，换算成GB
34        memo_total = round (memo. total / 1024 / 1024 / 1024)
35        memo_used = round (memo. used / 1024 / 1024 / 1024, 1)
36        memo_available = round (memo. available/1024/1024/1024, 1)
37        memo_percent = memo. percent
38
39        return time_stamp, memo_total, memo_used, \
                                            memo_available, memo_percent
40
41
42   if __name__ == "__main__":
43        # 测试CPU占用率
44        # for i in range (10):
45        #     print (Computer. cpu ( ))
46
47        # 测试内存使用情况
48        print (Computer. memory ( ))
```

与学习单元2中获取计算机运行数据不同的是，这里使用面向对象的方式来实现，编写Computer类来封装对CPU和内存数据的获取功能。CPU占用率折线图中，横轴（x轴）表示时间，纵轴（y轴）表示比例值。因此，使用一个字典来存储取到的CPU占用率数据，字典的键为时间、值为占用率。同时，因为只需要最近的数据，所以字典的大小保持10个数据项，每新添加一个数据项，就删除一个时间最远的数据项。考虑到CPU占用率数据字典是所有客户端的HTTP访问请求都需要共享的数据，所以这里把cpu_percents字典定义为类的变量（第10行），而操作/获取CPU占用率的成员函数cpu（）使用@classmethod装饰器将其定义为类函数（第12、13行）。因为字典是无序的，要删除字典中的第一个元素，就要将字典的所有键转换成列表之后，按索引list (cpu_keys) [0]访问第一个元素将其删除（第22行）。为了减少重复取值，还使用了海象运算符":="获取字典的所有键（第21行）。

内存占用率虽然只需要一个浮点型数值，但为了进一步丰富内存状态数据显示，这里还获取了内存的总大小、已经使用和剩余大小的值，此外，还提供了获取内存数据时的时间戳，即系统时间值。这里考虑到客户端对获取内存数据发起的HTTP访问请求都是独立的、带时间戳的，因此，对获取内存元组数据的成员函数memory（）用@staticmethod装饰器将其定义为一个类的静态方法，实际上成为一个工具函数。

有了数据之后，就可以开始构建前端的UI了。CPU的折线图代码如下：

```
1    from model import Computer
2    from pyecharts. charts import Line, Gauge
3    import pyecharts. options as opts
```

```
4
5
6   class View ( ):
7       '''视图类，调用模型类的数据创建图表'''
8
9       def cpu_line(self) -> Line:
10          '''CPU占用率的折线图'''
11
12          # 从Model中获取CPU占用率的数据
13          cpu_percents = Computer. cpu( )
14
15          # 创建Line_area_style图表
16          c = (
17            Line(
18              init_opts=opts. InitOpts(
19                  page_title='Flask Web开发',
20                  width='800px',
21                  height='500px',
22                  # 使用本地echart的js文件
23                  js_host='/static/js/'
24              )
25            )
26            # 配置x、y轴的数据项
27            . add_xaxis(list(cpu_percents. keys( )))
28            . add_yaxis("CPU", list(cpu_percents. values( )), is_smooth=True)
29            # 配置图表显示效果
30            . set_series_opts(
31                areastyle_opts=opts. AreaStyleOpts(opacity=0. 5),
32                label_opts=opts. LabelOpts(is_show=True),
33            )
34            . set_global_opts(
35                title_opts=opts. TitleOpts(title='CPU占用率'),
36                xaxis_opts=opts. AxisOpts(
37                  axistick_opts=opts. AxisTickOpts(is_align_with_label=True),
38                  is_scale=False,
39                  boundary_gap=False,
40                )
41            )
42          )
43
44          return c
```

　　在视图类中，首先导入数据层model模块中的Computer类，用以获取后台数据（第1行），所有的UI处理代码都装入classView视图类中（第6行）。视图类中定义了一个cpu_line(self)成员函数，它返回一个折线图图表（第9行）。折线图的配置可以参考官网上的案例。为了减少运行环境对互联网的依赖，项目中已经将图表正确显示所需的前端JS文件echarts.min.js部署到本地/static/js/文件夹中了，所以在折线图的构造函数中通过配置参数js_host进行了指定。折线图x轴配置为字典的键，即时间序列，y轴配置为字典的值，即占用率序列（第27～28行）。

　　最后，就可以创建应用层的代码了。应用层代码在monitor_web.py文件中，主要是创建Flask实例对象、处理路由及分发，以及创建视图函数等。详细代码如下：

```
1    from view import View
2    from flask import Flask, Markup, redirect, url_for
3
4    # 接收模块名作为参数
5    app = Flask(__name__)
6
7
8    # 多种路由接收首页，且直接转到CPU占用率视图
9    @app.route('/')
10   @app.route('/index')
11   @app.route('/home')
12   def index():
13       # redirect()函数使得HTTP转向
14       # url_for()获得URL路径
15       return redirect(url_for("cpu"))
16
17
18   # 装饰器将URL和函数绑定，只接收GET方法
19   @app.route('/cpu', methods=['GET'])
20   def cpu():
21       v = View()
22       c = v.cpu_line()
23       # render_embed()用于渲染图表并输出HTML字符串
24       # 防止XSS攻击，Markup()对HTML进行安全标记，并将其转化为str类型
25       return Markup(c.render_embed())
26
27
28   if __name__ == "__main__":
29       # host=127.0.0.1
30       # port=5000
31       app.run(debug=True)
```

应用层需要引入视图类的对象（第1行），此外，这里还将用到Markup、redirect、url_for等函数，也需要从flask模块中一并导入（第2行）。

Flask中，一个视图函数可以绑定多个路由URL地址，这里将@app.route('/')、@app.route('/index')和@app.route('/home')三个路由URL都绑定到了处理访问首页的同一个视图函数index()（第9~11行）。这也就意味着，可以使用以下三种路径来访问首页：

- http://127.0.0.1:5000/
- http://127.0.0.1:5000/index
- http://127.0.0.1:5000/home

这里，希望访问网站的首页时就直接跳转到访问CPU占用率的视图。使用redirect()函数能将客户端的访问请求进行重定向。而url_for()函数除了在前端模板中用于动态加载静态文件外，还能根据视图函数名称得到要转向的URL。它用视图函数名作为参数，返回对应的URL。于是，将二者配合起来使用，使用url_for("cpu")获得访问CPU占用率视图函数的URL地址，使用redirect()转向到该URL地址（第15行）。

Web应用程序中可以针对HTTP请求的不同方法进行不同的处理，也就是将HTTP请求的不同方法路由绑定到不同的视图函数。请求方法指示了要对给定Request-URI标识的资源执行的动作。HTTP/1.1支持的常见HTTP请求方法有：

- GET：获取资源（URI），可以理解为读取或者下载数据，使用GET的请求应仅检索数据。
- HEAD：获取资源的元信息，用于获取报头，要求响应与GET请求相同，但没有响应正文。
- POST：向资源提交数据，用于使用HTML表单将数据发送到服务器，相当于写入或上传数据，这通常会导致服务器状态的更改。
- PUT：类似POST方法，将目标资源的所有当前表示形式替换为请求负载，以创建或更新资源。

当使用Flask时，应当熟悉HTTP方法。默认情况下，一个路由只回应GET请求，可以使用route()装饰器的methods参数来处理不同的HTTP方法。这里，对访问CPU占用率数据的视图函数所响应的HTTP请求方法限定为GET（第19行）。

此外，pyecharts图表对象的render_embed()方法实现渲染图表并输出HTML字符串，这正是需要返回给客户端浏览器显示的内容，当返回HTML（Flask中的默认响应类型）时，为了防止注入攻击，所有用户提供的值在输出渲染前必须被转义。这里，使用Markup()函数对HTML进行安全标记，并将其转化为str类型（第25行）。

最后，就可以测试程序运行的效果了。启动应用程序后，默认将会在本地IP的5000端口上运行，当然，也可以指定在其他的端口。在浏览器中输入http://127.0.0.1:5000/或者http://127.0.0.1:5000/cpu就将看到图10-13所示的效果。

注意：每发起一次请求只能获得当时时间节点的数据，但系统并不会自动更新，需要手动刷新浏览器才能看到新的数据。可以发现，每刷新一次就会增加一个新数据项，图10-13所示是刷新多次后的结果。

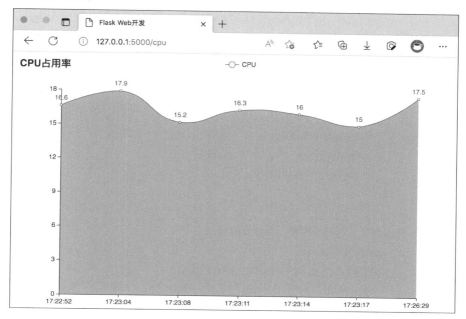

图10-13　CPU占用率折线图

（2）创建内存占用率仪表盘图

创建内存占用率图表和CPU占用率图表非常相似，因为在model.py文件中的Computer类中已经完成了获取内存数据功能的开发，所以只需要在View.py文件的class View中添加创建pyecharts仪表盘图并在monitor_web.py文件中添加处理访问请求的代码。

首先来创建仪表盘图，在class View中添加memory_gauge(self)成员函数，代码如下：

```
1   class View( ):
2       '''视图类，调用模型类的数据创建图表'''
3
4       …
5
6       def memory_gauge(self) -> tuple:
7           '''内存使用情况的仪表盘图'''
8
9           # 获取数据，这里实际只使用了一个占用率数据项
10          time_stamp, total, used, available, percent = Computer.memory( )
11          # 明细数据，装入一个字典
12          val = {
13              'stamp':time_stamp,
14              'total':total,
15              'used':used,
```

```
16              'available':available
17          }
18
19      c = (
20          Gauge(
21              init_opts=opts.InitOpts(
22                  width='500px',
23                  height='500px',
24                  page_title='Flask Web开发',
25                  js_host='/static/js/'
26              )
27          )
28          .add("", [("使用率", percent)],
29              radius="50%",
30              detail_label_opts=opts.LabelOpts(
31                  formatter="{value}%", font_size=24)
32              )
33          .set_global_opts(title_opts=opts.TitleOpts(title="内存占用率"))
34      )
35
36      return c, val
```

在上面的代码中，由于除了仪表盘图表以为，还有内存状态数据要作为函数的返回值，因此memory_gauge（）（第6行）成员函数的返回值类型为元组。

应用层的代码比较简单，就是将仪表盘图发送给客户端，具体代码如下：

```
1   …
2
3   @app.route('/memo', methods=['GET'])
4   def memo():
5     v = View()
6     # 这里只需要图表，不需要明细数据
7     c, val = v.memory_gauge()
8     return Markup(c.render_embed())
9
10  …
```

与CPU折线图类似，memo（）函数只响应HTTP请求的GET方法（第3行），这里只需要显示图表不需要数据，所以丢弃了从View类memory_gauge（）成员函数中传递过来的内存详情数据（后面任务中将会用到）。

最终的效果如图10-14所示。

图10-14　内存占用率仪表盘图

内存的仪表盘图也是静态数据，要获取新的数据，就需要刷新一次客户端请求。

任务2　开发前后端分离的监控看板Web应用

1.　了解MVC架构的Web应用

随着Web开发技术的发展，典型的三层结构也暴露出一些问题，例如，一些前端技术中夹杂了大量后端的代码（例如，在JSP中，既要写Java的代码，又要写HTML代码），在考虑视图呈现的同时，既考虑了逻辑业务层的工作，甚至还要兼顾数据访问层的需求，这大大增加了各层代码之间的聚合度，使得代码的维护和复用难度增大。MVC架构的出现使问题得以解决。MVC（model-view-controller，模型—视图—控制器）架构模式也包括三层，分别是：模型层、视图层和控制层，如图10-15所示。

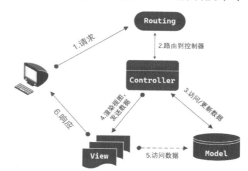

图10-15　MVC架构模式

（1）模型层

模型包含与应用程序相关的数据，一般通过模型层直接与数据库服务器进行通信，对数据进行最终的操作，但是该模型不处理有关如何呈现数据的任何逻辑。

（2）视图层

视图层用于向用户显示模型的数据，View元素处理如何与模型的数据链接，但不提供有关此数据的全部内容或用户如何使用这些数据的任何逻辑。

（3）控制层

控制层又称控制器，位于模型层和视图层之间，是MVC架构模式中的"司令部"。它侦听视图中触发的所有事件和操作（需要用哪一个模型来处理），并对事件执行适当的响应（需要用哪一个视图来显示）。

模块6

在MVC架构模式中，不同的开发人员可以专注于自己的工作，同时在不同的分层上工作，前端工程师考虑如何设计视图，后端工程师编写控制层代码，而数据库工程师考虑如何优化数据库访问。前端对Web服务器的访问都聚集到控制器上了，由控制器进行路由接入和"分发"（dispatch）处理。此外，模型可以具有多个视图，这样程序可以提供一套数据，但可以被手机端和PC端同时使用，这也大大提高了软件开发的生产效率。

2. 开发应用编程API

实际上，在B/S结构的软件中，可以把对服务器请求的数据、文件等都看成是资源，且每一个资源都有一个URI（uniform resource identifier，统一资源标识符）。特别是在前后端分离的开发中，服务器不再向客户端发送解析之后的HTML文件，而只发送客户端需要的数据，数据的表现逻辑通过JS实现，这称为RIA（rich Internet application，富互联网应用）。

JSON格式的响应是服务器和客户端之间传递某资源的一个表现形式。用Flask写这样的API是很容易上手的，如果从视图返回一个字典，那么它会被转换为一个JSON响应，如果字典还不能满足需求，还需要创建其他类型的JSON格式响应，可以使用jsonify（ ）函数。该函数会序列化任何支持的JSON数据类型。jsonify（ ）不仅会将内容转换为JSON，而且也会修改HTTP的返回对象response的Content-Type为application/JSON。

下面来看一个服务器返回JSON数据的例子。

```
1   # 返回JSON数据
2   import psutil
3   from flask import Flask, jsonify
4
5   app = Flask(_name_)
6
7
8   @app.route('/cpu_json')
9   def cpu_percent_json():
10      # 获取CPU占用率
11      cpu_percent = psutil.cpu_percent(interval=1)
12
13      # 序列化值
14      # jsonify()函数返回一个JSON类型的Response
15      resp = jsonify({
16          'cpu_per': cpu_percent,
17          'statu_code': 200
18      })
19      # 返回JSON
20      return resp
21
22
```

```
23  if __name__ == "__main__":
24      app.run(debug=False)
```

这里首先引用了jsonify( )函数（第3行）；视图函数cpu_percent_json( )将返回CPU占用率和200的状态码；最后，jsonify( )函数将服务器的字典值转换成JSON后再返回（第15行）。

最终的运行效果如图10-16所示。

图10-16　Web服务器返回JSON格式数据

3. 创建前后端分离的监控看板

我们知道，对HTTP的每一个HTTP请求一般会有一个对应的响应，Flask视图函数的返回值会自动转换为一个响应对象。如果返回值是一个字符串，那么会被转换为一个包含作为响应体的字符串、一个200 OK状态代码和一个TEXT/HTML类型的响应对象；如果返回值是一个字典，那么可以调用jsonify( )来产生一个JSON数据返回值的响应。利用该特性，可以创建一个前后端分离的项目，即前端准备好HTML模板文件，借助BootStrap便捷美化UI设计，再利用JS发起Ajax访问请求，以获取服务器的JSON数据，再在前端显示。服务器的响应不再是一个完整的HTML页面代码，而仅是JSON格式的数据。

根据MVC的软件架构体系，梳理任务文件目录结构，如图10-17所示，包括多个文件夹和文件。其中，flask_psutil/static/文件夹用于存储静态资源文件，里面又包含了css、js和images这3个子文件夹，用于存放图片、JS文件等。为了客户端能使用Ajax发起服务器访问请求，在js文件夹中用到了jquery-3.5.1.js，以及生成pyecharts图表用到的文件echarts.min.js，这些文件都可以在官网上下载。flask_psutil/templates/目录存放的是模板文件，这里既有pyecharts模块用到HTML文件，也有本任务将要用的文件。本任务用到的只有base.html和index.html两个前端文件。

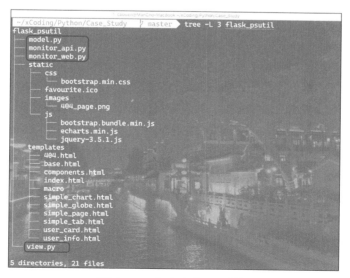

图10-17　任务文件目录结构

3个Python代码文件，包括模型层的model.py、视图层的view.py，以及控制层的monitor_api.py。

（1）模型层开发

模型层为用户准备好后端所需要的数据，这里因为业务需求比较简单，不需要额外的数据库、文件等访问开销，且在上一个小节中已经实现了利用psutil模块获取到了CPU和内存的占用率等数据，本小节的功能中可以直接使用，不需要再编写新的代码。

（2）视图层开发

视图层代码与上一个版本相比，因为不再向客户端返回解析后的HTML文件，取而代之的是JSON数据，因此需要新增两个函数，详细代码如下。

```
1    import json
2
3    class View( ):
4        '''视图类，调用模型类的数据创建图表'''
5        ...
6
7        def cpu_line_api(self) ->json:
8            '''配合前后端分离设计，将配置参数值转成JSON格式，
9            以便在前端HTML页面中通过JS调用配置'''
10
11           # CPU占用率API，返回JSON数据
12           c = self.cpu_line( )
13
14           # 用dump_options_with_quotes( )获取全局options，JSON格式
15           return c.dump_options_with_quotes( )
16
17       def memory_gauge_api(self) -> tuple:
18           # 内存占用率仪表盘图表
19           c, val = self.memory_gauge( )
20           return c.dump_options_with_quotes( ), val
```

为了更好地注解函数返回值，这里引入了json模块（第1行）。创建pyecharts图表的基本过程是在服务器生成图表的各项配置，然后将配置值以JSON格式返回客户端，再通过JS在客户端完成创建和显示。pyecharts图表对象的dump_options_with_quotes( )方法可以直接获取配置的JSON格式值，因此，这里可以直接调用上一个版本中生成图表的函数（第12、19行），再直接将图表对象转换成JSON配置（第15、20行）。内存信息除了返回仪表盘图表外，还将时间戳、总大小、剩余大小等值作为一个字典对象返回。

（3）控制器层开发

控制层代码有3个路由绑定，一个是网站的首页，另外两个分别是CPU和内存JSON数据的返回。前者直接通过render_template( )函数将首页定向到index.html页面，获取CPU和内存占用率等信息都是通过index.html页面中的JavaScript前端代码实现的。

控制层的详细代码如下：

```
1   from view import View
2   from flask import Flask, jsonify, render_template
3
4   app = Flask(__name__)
5
6
7   @app.route('/')
8   def index():
9       # 使用给定上下文，从模板文件夹呈现模板
10      return render_template("index.html")
11
12
13  @app.route('/cpu_json', methods=['GET'])
14  def cpu_json():
15      v = View()
16      # 直接将CPU折线/面积图配置项目返回浏览器
17      # 浏览器通过JavaScript代码再配置Line图
18      return v.cpu_line_api()
19
20
21  @app.route('/memo_json', methods=['GET'])
22  def memo_json():
23      v = View()
24      c, val = v.memory_gauge_api()
25      # 将以字典或JSON格式返回数据
26      # jsonify(c_memo=v.memory_gauge_api())
27      return jsonify({
28          'c_memo': c,
29          'stamp':val['stamp'],
30          'total':val['total'],
31          'used':val['used'],
32          'available':val['available']
33      })
34
35
36  if __name__ == '__main__':
37      app.run(debug=True)
```

视图函数cpu_json()和memo_json()都是返回JSON数据。因为在视图类中已经实现了JSON格式的版本，所以可以直接使用视图类view的成员方法cpu_line_api()获取CPU占用率数据（第18行）。而内存占用率的成员方法memory_gauge_api()返回的是一个元组，也可以将图表配置的JSON数据作为一个字典数据项装入一个字典后，再使用jsonify()

函数总体转换成JSON格式返回给客户端。

（4）模板的开发

在前后端分离项目开发中，最后剩下的工作就是客户端HTML页面的设计和JS脚本的编写了。这里，仍然使用base.html文件为模板文件的父模板，再创建一个index.html的模板文件，该模板继承自base.html母板。index.html的开发包括两部分：一部分是页面设计，另一部分是客户端JS代码的编写。

HTML页面的设计代码如下：

```
1   {% extends "base.html" %}
2
3   {% block title %}监视器{% endblock %}
4
5   {% block content%}
6
7   <div class="container">
8     <h1 class="display-4 text-center">计算机运行状态
                         <small class="text-muted"> CPU&内存</small></h1>
9     <hr>
10    <br/>
11    <!--图表-->
12    <div class="row">
13      <!--内存 5列宽 -->
14      <div class="col col-5">
15        <!--卡片组样式 -->
16        <div class="card-group">
17          <div class="card bg-light border-secondary">
18            <!--占用率图 -->
19            <div id="memo_gauge" style="width:500px; height:450px;"></div>
20            <!--详情数据 -->
21            <div class="card-body">
22              <h6 class="card-title text-dark"> [明细]</h6>
23              <p class="card-text text-danger">
24                总内存: <span id="m_total">0</span>G |
25                已用: <span id="m_used">0</span>G |
26                可用: <span id="m_available">0</span>G
27              </p>
28            </div>
29            <!--获取数据时间戳 -->
30            <div class="card-footer">
31              更新时间: <small class="text-muted">
                                 <span id="time_stamp"></span></small>
```

```
32              </div>
33            </div>
34          </div>
35        </div>
36        <!-- CPU  7列宽 -->
37        <div class="col col-7">
38        <div id="cpu_line"   style="width:800px; height:500px;"></div>
39        </div>
40      </div>
41    </div>
42
43    {% endblock %}
```

模板文件继承自base.html（第1行），UI设计部分主要是改写父模板的content块（第5行），这里加入了一个container CSS类的DIV元素（第7行），BootStrap栅格系统（grid system）将页面划分成等宽的12列，内存显示部分和CPU显示部分分别占5列和7列。显示内存部分使用了卡片（card）组件，卡片内容从上到下布局，分别是内存占用率的仪表盘图（第19行）、数据详情和获取数据时间戳。所有要显示数据的DOM元素都定义了一个id属性值，以便在后续的JS中进行操作。

最后，来完成JavaScript代码的编写。JavaScript主要完成pyecharts图表的创建和发起Ajax数据访问。详细代码如下：

```
1    {% block scripts %}
2        <!--继承父模板scripts处的内容-->
3        {{ super( ) }}
4        <script type='text/javascript' src='{{ url_for("static",
                                           filename="js/jquery-3.5.1.js") }}'></script>
5        <script type='text/javascript' src='{{ url_for("static",
                                           filename="js/echarts.min.js") }}'></script>
6        <script>
7          var cpu_chart = echarts.init(document.getElementById('cpu_line'),
                                           'white',  {renderer: 'canvas'});
8          var memo_chart = echarts.init(
                                    document.getElementById('memo_gauge'),
                                           'white',  {renderer: 'canvas'});
9
10         function cpu_fetchData( ) {
11           $.ajax({
12             type: "GET",
13             url: "http://127.0.0.1:5000/cpu_json",
14             dataType: 'json',
15             success: function (result) {
```

模块
6

```
16                //指定图表的配置项和数据
17                cpu_chart.setOption(result);
18              }
19          });
20        }
21
22        function memo_fetchData() {
23          $.ajax({
24              type: "GET",
25              url: "http://127.0.0.1:5000/memo_json",
26              dataType: 'json',
27              success: function(result) {
28                //将获取的JSON数据解码
29                //可以使用点号.或中括号[]来访问对象的值
30                memo_chart.setOption(JSON.parse(result.c_memo))
31                $('#m_total').html(result["total"])
32                $('#m_used').html(result["used"])
33                $('#m_available').html(result["available"])
34                $('#time_stamp').html(result["stamp"])
35              }
36          });
37        }
38
39        $(
40          function() {
41            cpu_fetchData(cpu_chart);
42            setInterval(cpu_fetchData, 2000);
43
44            memo_fetchData(memo_chart);
45            setInterval(memo_fetchData, 2000);
46          }
47        );
48    </script>
49  {% endblock %}
```

脚本部分覆盖父模板的scripts代码块（第1行），父模板中已经引入了JavaScript文件，因此需要在此基础上叠加引入，可以使用super()函数（第3行）包含父模板中的JS脚本文件。除此之外，还引入了任务需要的jquery-3.5.1.js（第4行）和echarts.min.js（第5行）。前者封装了原生态的JavaScript，借助JQuery可以方便地编写Ajax、引用DOC元素等；后者是pyecharts的JavaScript库。

然后，将要编写的JS代码都放入一对"<scripte></script>"标签中（第6行、第48行）。首先，定义了cpu_chart（第7行）和memo_chart（第8行）两个JS变量，分别对应利用两个DIV元素创建的占用率图表对象，后面的代码中将通过操作这两个对象来配置pyecharts图表元素。定义两个函数cpu_fetchData()（第10行）memo_fetchData()

（第22行），分别用来获取CPU和内存的服务器数据，函数体内就是发起一个Ajax请求（第11行），并在返回成功时，交由回调函数处理（第15行）。$.ajax()用于发起一个Ajax请求（第11行），通过一个字典的键值对形式配置Ajax访问请求的参数：type表示HTTP请求的方法，默认为GET；URL表示要发送的请求地址；dataType表示返回的数据类型，这里指定为JSON类型；success表示成功返回后要执行的回调（callback）函数，这里主要是使用返回的值来配置pyecharts的图表参数。回调函数在处理返回值时，使用JSON.parse()方法对JSON对象进行解析后再使用，使用$(#id).html()方法设置HTML DOC元素显示的内容（content）。

最后，为了实现定时刷新的效果，使用setInterval()定时器函数每隔2s调用一次cpu_fetchData函数（第42行）和memo_fetchData函数（第45行），向服务器发送获取数据的请求。最终的效果如图10-1所示。

≫ **单 元 小 结** ≫

扫一扫，查看视频

本单元综合运用Flask+BootStrap+pyecharts实现了一个类MVC架构的简单计算机系统监控看板Web应用程序，完整演示了Web应用系统的开发过程，通过对Flask的扩展，还能便捷地实现企业级开发需求。

基于高内聚低耦合的软件设计思想，选择适当的Web架构能提高Web应用系统代码的复用性和可维护性，有助于提高软件开发的效率。常见的Web架构有经典的三层架构、MVC架构等。特别是MVC架构能够很好地支撑前后端分离的开发模式。

Web应用程序的开发是一个技术综合性较强的工作，涉及前端UI、后台数据（库），以及中台业务逻辑编程，程序还需要运行在Web服务器之上。前端要求了解HTML、CSS及JavaScript等，后台要求了解MySQL、文件等数据的存储与访问，中间层需要编写Python代码处理业务需求，一般还需要借助Web应该开发框架实现与Web服务器的通信。

Flask是一个使用Python编写的轻量级Web应用框架，基于Werkzeug WSGI工具包和Jinja 2模板引擎。Flask框架被认为是一个"微"（micro）框架，它旨在使入门变得快速而简单，并能够扩展到复杂的应用程序。Flask的目标是保持核心简单而又可扩展，不强制执行任何依赖项或项目布局，不会替人做出许多决定，开发人员可以选择他们想要使用的工具和库，例如，选用何种数据库、使用何种模板引擎，都是非常容易改变的。

借助于Web应用框架，开发人员只需要专注于业务逻辑的处理，具体来说，就是处理HTTP的请求—响应循环。本任务中主要涉及的Flask框架知识有路由（route）、模板（template）和Flask应用实例对象，以及应用上下文（application context）和请求上下文（request contexts），主要使用了request对象获取客户端请求的参数。

模块
6

附录A
搭建Python开发环境

A.1 安装Python解释器

扫一扫，查看视频

1. 在Windows系统中安装Python

Windows 10系统中推荐通过Microsoft Store来安装Python。Microsoft Store即微软应用商城，是微软官方的应用程序分发渠道。通过Microsoft Store可以一站式完成Python的安装和环境变量的配置，开箱即用。

首先，在Microsoft Store中搜索Python，找到需要的版本，如图A-1所示。（本书所有代码在Python 3.9中调试通过。）

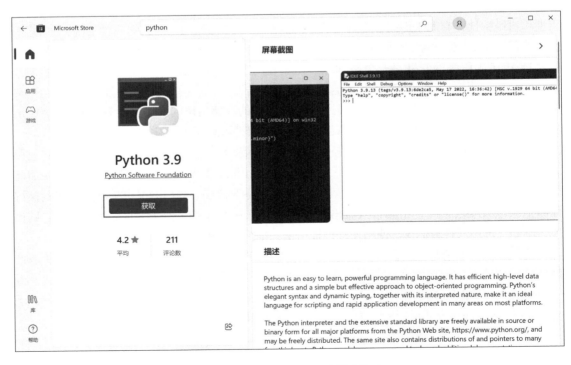

图A-1 在Microsoft Store中搜索Python

然后，单击"获取"按钮即可自动完成安装。Python自动安装过程如图A-2所示。

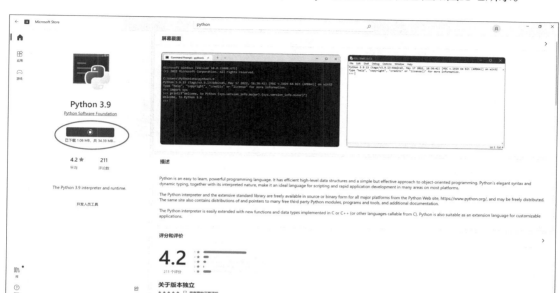

图A-2　Python自动安装过程

安装完Python后，可以打开命令行窗口或其他终端程序输入"python"查看是否能进入Python交互式编程环境，如图A-3所示。

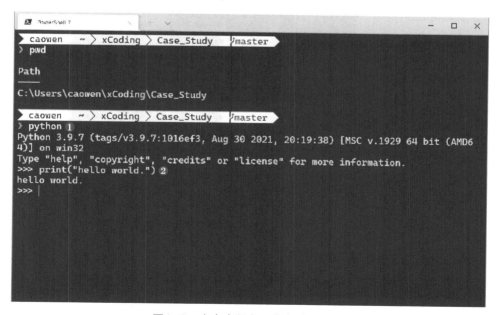

图A-3　在命令行窗口中启动Python

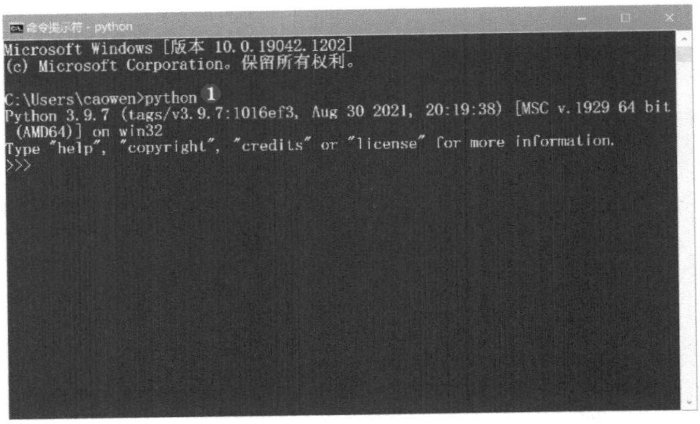

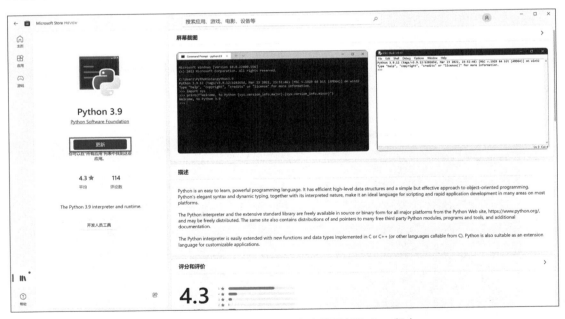

图A-3　在命令行窗口中启动Python（续）

以后，当Python有新版本发布时，就可以直接在Microsoft　Store中进行更新。需要注意的是，在Python的3.7、3.8、3.9和3.10几个版本之间存在极个别不兼容的地方，所以各个版本提供独立版本号的安装，不支持直接跨版本的升级安装，如直接从3.7版本升级到3.9。但是，小版本号是不独立的，主要是一些bug的修复，所以，Python　3.9.0可以直接升级到3.9.1，如图A-4所示。

图A-4　在Microsoft Store中直接更新Python版本

2．在macOS系统中安装Python

在macOS系统中安装Python，既可以从官网下载PKG安装包进行安装，也可以通过Homebrew进行安装。下载PKG安装包的安装方式如无特殊要求只要按照提示单击"下一步"按钮就能正确完成安装。下面简要介绍通过Homebrew的安装方法。

首先，在Homebrew中搜索Python 3 "brew search python3"；然后，使用 "brew install python3" 命令安装Python，后续将自动下载并完成安装，如图A-5所示。如果没有指定Python的版本，将安装最新版本。

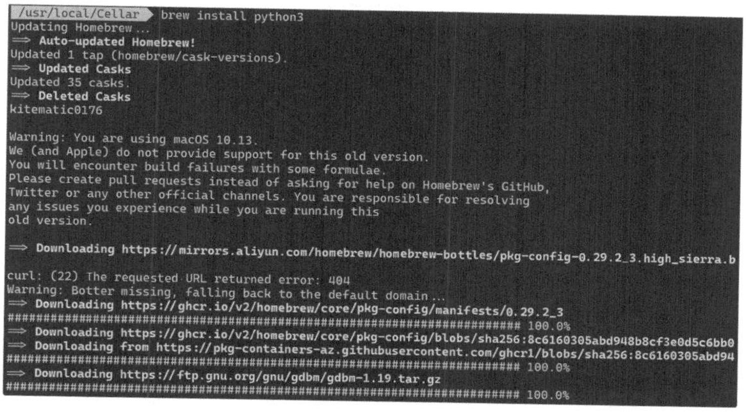

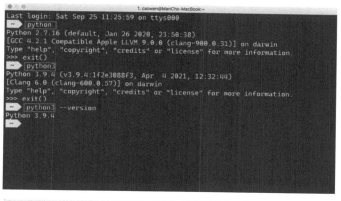

图A-5　通过Homebrew安装Python

安装完成后即可启动命令行工具（Terminal或iTerm2等）并在其中运行Python。需要注意的是，无论是macOS还是Linux，大多发行版本都预装了Python 2，建议保留系统自带的Python 2版本，单独安装需要的Python 3版本。Python 3和Python 2不兼容。

像macOS、Linux等系统中，大多已经预装了Python 2的版本，直接在终端中输入 "python" 命令会进入Python 2版本，使用命令 "python --version" 可以查看Python的版本，如图A-6所示。

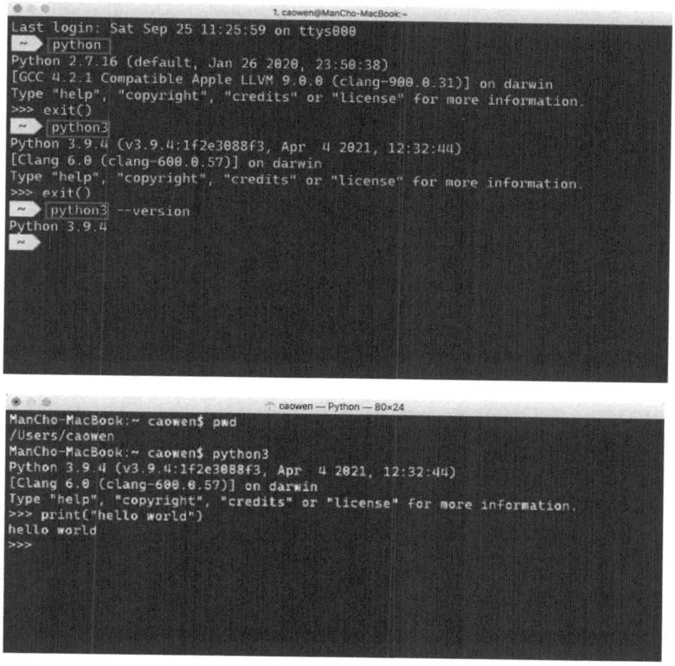

图A-6　在Terminal和iTerm2中运行Python

A.2 安装和配置Visual Studio Code

1. 安装Visual Studio Code

Visual Studio Code是微软开发的一个轻量的、免费的开源编辑器，在Windows、macOS、Linux上都有相对应的版本。它内置了对JavaScript、TypeScript、Node.js的支持，但可以通过安装插件支持Python、Java、PHP等开发。

要安装Visual Studio Code，可以到其官网去下载安装包。Visual Studio Code一直持续改进，基本上每个月都会发布一个更新版本，连续版本号之间的差别不大，根据安装的插件不同，界面可能会有细微差别，其主要组成部分如图A-7所示。

图A-7　Visual Studio Code

● 活动栏（activity bar）：位于窗口左侧，用于在不同视图之间进行切换，比如查看代码文件、版本控制、调试程序等。

● 编辑区（editor groups）：编辑文件的主要区域，可以同时打开多个文件进行编辑，打开的文件可以垂直或水平排列。

● 侧边栏（side bar）：根据项目和工作区的不同，显示的内容可能也不同，一般用于显示与当前工作项目相关联的内容，如Python编译器的版本、Git源码管理的当前分支名称、当前代码的警告和错误数量等。

● 面板（panels）：编辑器下方可以展示不同的面板，例如，集成的终端（terminal/console）、Debug信息的输出、代码的错误信息等。通过选项卡（tab）可以在不同面板之间进行切换。

● 状态栏（status bar）：显示打开文件或项目的相关信息，例如，当前光标处在编辑文件的哪行哪列、文件的编码格式是UTF8还是GBK、是Python代码还是Java代码。

Visual Studio Code的官网提供了详细的使用介绍和使用技巧说明，对Python开发也配有简单教程。

2. 安装Python开发所需的插件

Visual Studio Code本质只是一个文本编辑器，类似于记事本，并不具备直接的Python开发支持，主要通过插件来扩展其功能。要使用Visual Studio Code来编写Python程序，一是要安装好Python解释器，二是要安装好Visual Studio Code及其扩展插件，如图A-8所示。

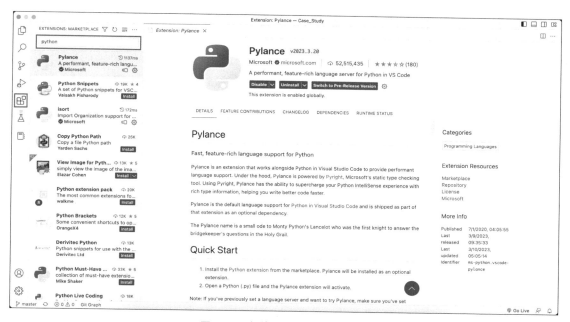

图A-8　安装Python开发的插件

使用本书进行Python学习，推荐安装如下插件：

● Python：微软编写的支持Python开发的插件，关联Python解释器，能使编辑、编译、调试无缝连接。为了提供更好的Python开发用户体验，安装该插件会自动安装Pylance和Jupyter。插件/扩展上有标星图标的表示推荐。

● Pylance：高效的Python语言支持，依赖于Python插件，打开一个.py文件时，该插件/扩展会被自动激活。

● Jupyter：提供对Jupyter Notebook的支持，基于网页的形式编辑和运行代码。

● Visual Studio IntelliCode：为Python代码编写提供AI支持，是代码智能助手。

● Python Docstring Generator：为Python代码编写注释，主要是块注释。

● REST Client：便捷地发送HTTP请求，接收并查看响应。

A.3 在VS Code中编写"hello world"

Visual Studio Code提供了智能代码补全/提示功能，对程序员非常友好，不仅能提高写代码的效率，也能缩短程序的调试时间。Visual Studio Code的代码调试功能也非常强大，对bug的定位非常精准，错误提示信息准确。此外，还内置了对Git的支持，既可以通过命令，也可以通过图形化操作界面来方便地管理源代码仓库。

下面就来动手实践，编写第一个Python程序"hello world"。

1）创建项目文件夹。在计算机上创建一个文件夹EXPERIMENT用于保存程序代码。

2）在VS Code中打开代码文件夹。打开Visual Studio Code，在【活动栏】中选择"EXPLORE"→"OpenFolder"，选择/打开创建的EXPERIMENT文件夹。

3）创建hello_world程序文件夹。在VS Code的左侧文件/夹浏览区单击"New Folder"按钮（图A-9中❷标号处）创建一个文件夹，名称为hello_world。

4）新建Python代码文件。单击"New File"按钮（图A-9中❸标号处），创建Python源代码文件hello_world.py。编写代码，输出"hello world."。

5）运行Python程序。单击右上角的三角形"Run Code"按钮（图A-9中❹标号处），可以执行当前的Python源程序文件，执行结果可以在面板区域的终端看到。

图A-9　编写并运行"hello world"程序

附录B
Python快速参考

Python速查（Beginner's Python Cheat Sheet）

I/O和变量

```
name = input("请输入你的名字:")
print("Hi, ", name)
```

变量:	数值和字符串:
msg = "hello world. "	msg = "hello" + "" + "world. "
print(msg)	print(msg)

帮　助

help(module | function)	显示模块/函数的详细使用手册
dir([object])	显示对象/模块的名称、方法、属性列表
type(obj)	获取对象的类型
id(obj)	对象的内存地址

导　入　模　块

```
import <module_name>
from <module_name> import name
from <module_name> import *
```

运算符与操作数	字符串和数值的常用函数
<ul><li>+-*/（加减乘除法）</li><li>//（整除）</li><li>%（求余）</li><li>**（幂）</li><li>+=、-=、*=、/=（增强型赋值）</li><li>x、y = y、x（同步赋值）</li><li>in、not in（成员测试）</li></ul>	字符串:<ul><li>str(obj)：将对象转字符串</li><li>upper()/lower()：字符串转大/小写</li><li>count(sub)：统计子串出现的次数</li><li>find(sub)：查找子串出现的位置</li><li>isdigit()：判断字符串是否为数字</li><li>split([sep])：分隔子串</li></ul>数值:<ul><li>int()/float()：将对象转为整数/浮点数</li><li>max(s)/min(s)：求最大/最小值</li><li>pow(x, y)：x的y次幂</li><li>ord(c)/chr(n)：字符与ASCII之间转换</li></ul>

格式化输出和进制转换

格式化:	进制转换:
<ul><li>%引导符</li><li>str. format()函数</li><li>f字符串/计算字符串</li></ul>	<ul><li>bin()：二进制转换</li><li>oct()：八进制转换</li><li>hex()：十六进制转换</li></ul>

（续）

关 系 运 算	逻 辑 运 算
● >、<、==（大于、小于、等于） ● !=（不等于） ● >=、<=（大于或等于、小于或等于）	● and（与运算，有短路计算） ● or（或运算，有短路计算） ● not（取反）
循 环 语 句	**分 支 语 句**

while condition:
    statements
 	
# range（ ）可以生成序列 	
for e in sequence:
    statements
	if condition:
	    statements
	[elif condition:
	    statements]
	[else:
	    statements]

列表（list）	**字典（dict）**
● list（ ）：创建/转换列表 ● append（ ）：在尾部添加元素 ● extend（ ）：扩展列表 ● clear（ ）：清除列表 ● copy（ ）：复制列表 ● count（ ）：统计元素在列表中的个数 ● index（ ）：元素在列表中的索引 ● insert（ ）：插入元素 ● pop（ ）：按位置删除列表元素 ● remove（ ）：按值删除列表元素 ● sort（ ）：物理排序	● dict（ ）：创建/转换字典 ● clear（ ）：清除字典 ● copy（ ）：复制字典 ● get（ ）：获取指定的键对应的值 ● items（ ）：字典的所有键值对 ● keys（ ）：字典的所有键 ● values（ ）：字典的所有值 ● fromkeys（ ）：从键创建字典 ● pop（ ）：删除指定的键的元素 ● update（ ）：更新字典元素
元组（tuple）	**集合（set）**
● tuple（ ）：创建/转换元组 ● count（ ）：统计元素在元组中的个数 ● index（ ）：元素在元组中的索引	● intersection（ ）：交集 ● difference（ ）：差集 ● union（ ）：并集 ● symmetric_difference（ ）：补集
函 数	
定义： def function_name（parameters）： statements ● 默认值参数	调用： function_name（arguments） ● 位置参数 ● 关键字参数 ● 不定长参数
文 件	**异 常**

with open（file_path） as fn:
    statements
 	
● model：r、w、a、b
	try:
	    statements
	except [exception_type] [, var]:
	    statements

类 与 对 象	

类的定义：
class Class_Name（[super_class]）：
    def __init__（self）：
        statements
    def method（self, parameters）：
        statements
	对象实例化与方法调用：
	#实例化
	obj_ref = Class_Name（arguments）
	
	#方法调用
	obj_ref.method_name（arguments）

参 考 文 献

[1] 佩恩．教孩子学编程 [M]．李军，译．北京：人民邮电出版社，2016.

[2] 马瑟斯．Python编程：从入门到实践 [M]．袁国忠，译．北京：人民邮电出版社，2016.

[3] 梁勇．Python语言程序设计 [M]．李娜，译．北京：机械工业出版社，2015.

[4] 教育部考试中心．全国计算机等级考试二级教程：Python语言程序设计　2021年版 [M]．北京：高等教育出版社，2021.

[5] 佩尔科维奇．程序设计导论：Python计算与应用开发实践　原书第2版 [M]．江红，余青松，译．北京：机械工业出版社，2019.

[6] 加迪斯．Python程序设计基础：原书第4版 [M]．苏小红，叶麟，袁永峰，译．北京：机械工业出版社，2019.

[7] 霍斯特曼，尼塞斯．Python程序设计：原书第2版 [M]．董付国，译．北京：机械工业出版社，2018.

[8] 格林贝格．Flask　Web开发：基于Python的Web应用开发实战　第2版 [M]．安道，译．北京：人民邮电出版社，2018.

[9] 上野宣．图解HTTP [M]．于均良，译．北京：人民邮电出版社，2014.

[10] 黄天羽，李芬芬．高教版Python语言程序设计冲刺试卷：含线上题库 [M]．北京：高等教育出版社，2018.

[11] 教育部高等学校计算机科学与技术教学指导委员会．高等学校计算机科学与技术专业人才专业能力构成与培养 [M]．机械工业出版社，2010.

[12] 南怀瑾．南怀瑾选集：第三卷 [M]．上海：复旦大学出版社，2003.

[13] 李约瑟．中国科学技术史 [M]．北京：科学出版社，1990.

[14] 国务院第七次全国人口普查领导小组．2020年第七次全国人口普查主要数据 [M]．北京：中国统计出版社，2021.

[15] 国务院第七次全国人口普查领导小组办公室．中国人口普查年鉴：2020 [M]．北京：中国统计出版社，2022.